Ingenieurwissenschaftliche Bibliothek
Engineering Science Library

Herausgeber/Editor: István Szabó, Berlin

Henning Tolle

Optimierungsverfahren

für Variationsaufgaben mit gewöhnlichen
Differentialgleichungen als Nebenbedingungen

Springer-Verlag
Berlin Heidelberg New York 1971

Dipl.-Ing. Dr. rer. nat. HENNING TOLLE
ERNO Raumfahrttechnik GmbH, Bremen

Mit 88 Abbildungen

ISBN 978-3-642-51637-5   ISBN 978-3-642-51636-8 (eBook)
DOI 10.1007/978-3-642-51636-8

Vorwort

Die vorliegende Einführung in Optimierungsverfahren mit Differentialgleichungen als Nebenbedingungen ist aus einem Vorlesungszyklus
entstanden, den ich gemeinsam mit S. R e g e n b e r g im Oktober
1966 im "Brennpunkt für Navigation" der Technischen Universität Berlin auf Anregung von Professor Dr.-Ing. E. R ö ß g e r und Privat-
Dozent Dr.-Ing. H. Z e h l e gehalten und später im Rahmen eines
Lehrauftrages der Technischen Universität Berlin fortgesetzt habe
[75].

Der Band bildet eine gewisse Ergänzung zu der sehr ausführlichen
und schönen Behandlung der klassischen Variationsrechnung durch
P. F u n k [11] und der Darstellung der linearen und nichtlinearen
Programmierung durch L. C o l l a t z und W. W e t t e r l i n g
[7], die in den letzten Jahren im Springer-Verlag erschienen sind.

Es werden ausgehend von dem in den dreißiger Jahren dieses Jahrhun-
derts gegebenen Zugang zur Variationsrechnung von C. C a r a t h é -
o d o r y [6] im wesentlichen Verfahren behandelt, die erst nach
1950 entstanden sind.

Grundsätzlich sind physikalisch-technisch interessanten Variationsaufgaben durch die Newtonschen Bewegungsgleichungen häufig gewöhnliche Differentialgleichungen als Nebenbedingungen zugeordnet. Da
nur in Ausnahmefällen analytische Lösungen für solche Problemstellungen möglich sind und die numerische Behandlung umfangreicher Differentialgleichungssysteme früher rechentechnische Schwierigkeiten bereitet hat, ist dieser Aufgabenkreis in der klassischen Variationsrechnung
i.a. nur bezüglich seiner theoretischen Aspekte betrachtet worden.

Das Aufkommen der Digitalrechenanlagen gestattete nun ab ca. 1950 die durch die Variationsrechnung gelieferten Formeln auch praktisch zu benutzen und auch von mehr numerisch als analytisch orientierten Ansätzen auszugehen. Dies wirkte sich sehr befruchtend aus, zumal insbesondere in der Regelungstechnik und Raumfahrtechnik Anwendungsgebiete vorliegen, für die mitunter bereits relativ kleine Optimierungsgewinne interessant sind.

Hat man bei einer Optimierungsaufgabe eine freie Zeitfunktion, die man möglichst günstig für die zu lösende Aufgabe wählen kann, so erscheint im übrigen stets eine Bestimmung des absolut optimalen Verlaufs dieser Funktion, selbst wenn er evtl. technisch kaum realisierbar ist, aus zwei Gründen angebracht:

1. Man muß sowieso irgendeinen Verlauf für freie Funktionen wählen. Ein Anhaltspunkt durch einen Optimalverlauf ist dafür sehr praktisch.

2. Man möchte bei der Wahl irgendeines technisch günstigen Verlaufs zumeist wissen, inwieweit sich die Leistung des Systems durch Verbesserung des Zeitverlaufes der freien Funktion weiter anheben läßt oder nicht.

Der Wunsch, die Systemleistung möglichst groß zu machen, ist also nicht der einzige Grund für die Frage nach der Optimallösung.

Das Buch wendet sich an Ingenieure aller Fachrichtungen und den technisch oder an der Entwicklung der Methoden interessierten Mathematiker. Um einfach einen Überblick zu geben, wurden nur die wesentlichen Hilfsmittel (notwendige Bedingungen) betrachtet und mathematische Beweise und tieferliegende Fragen, wie die Betrachtung der zweiten Variation etc., weitgehend übergangen. Statt dessen wurde versucht, die Vor- und Nachteile der einzelnen Verfahren und ihre Zusammenhänge mit zu erläutern. Dies ist auch der wesentliche Unterschied zu den entsprechenden amerikanischen Büchern, wie "Optimization Techniques" [16], in denen von Spezialisten für die Einzelverfahren die Methoden unabhängig in Einzelkapiteln geschildert werden.

Um die Fragen der Auswahl und Anwendung der Verfahren zu vertiefen, wurde jeweils ein systematisches Beispiel eingehend erörtert. Daß diese Beispiele fast ausschließlich der Raumfahrttechnik entstammen, liegt daran, daß S. R e g e n b e r g für die Vorlesung im Brennpunkt für Navigation so ausführliche Beispielrechnungen durchgeführt hat, daß die Hauptbeispiele direkt daher übernommen werden konnten; es bedeutet aber nicht, daß die hier beschriebenen Verfahren nur für die Raumfahrttechnik interessant sind.

Bei den Bezeichnungen wurde versucht, die üblichen Bezeichnungen der grundlegenden Arbeiten weitgehend zu simulieren, wobei evtl. Zusatzkennzeichnungen, wie ein (-) bei H beim Pontryaginschen Maximumprinzip, dafür benutzt werden, daß nicht zweimal dieselbe Bezeichnung für verschiedene oder nur im Prinzip ähnliche Größen Verwendung finden. Die Formeln sind in den einzelnen Abschnitten durchnumeriert und werden aus demselben Abschnitt direkt - z. B. (75) - zitiert, während sie aus anderen Abschnitten mit Voranstellung des Kapitels - z. B. (I.75) - angeführt werden. Die einzelnen Kapitel sind so gehalten, daß sie im Prinzip unabhängig gelesen werden können, wobei in Kauf genommen wurde, daß mitunter geringfügige Wiederholungen bzw. Überschneidungen auftreten.

Für eine Reihe von Anregungen habe ich Herrn Dr. rer. nat. D. W e d e l , Bremen, zu danken. Der Geschäftsführung der ERNO Raumfahrttechnik GmbH bin ich für das entgegenkommende Verständnis für die Arbeit an diesem Buch verpflichtet. Besonders möchte ich aber die Unterstützung durch Herrn Dr.-Ing. E. D. D i c k m a n n s , Oberpfaffenhofen, hervorheben, der sich liebenswürdigerweise der Mühe einer sorgfältigen Durchsicht des Manuskriptes unterzogen und viele wertvolle Verbesserungsvorschläge gemacht hat.

Bremen, Herbst 1970   Henning Tolle

Inhaltsverzeichnis

I. Grundlagen

1. Übersicht über die zu erörternden Verfahren und ihre Zusammenhänge

1.1. Aufgabenstellung

Die einfachste Optimierungsaufgabe ist die Bestimmung derjenigen
Werte von unabhängigen Veränderlichen, die eine vorgegebene Funktion von diesen Veränderlichen zu einem Maximum oder Minimum machen,
d.h. im simpelsten Falle die Ermittlung der Werte von t, für die
gilt:

$$(1) \qquad l = l(t) = \begin{cases} \text{Max.} \\ \text{bzw. Min.} \end{cases}$$

Die nächst komplexere Aufgabe ist, diejenigen Ableitungen von Funktionen von Veränderlichen zu finden, die den Integralwert einer
Funktion von den Funktionen von Veränderlichen und ihren Ableitungen einen Extremwert annehmen lassen. Hier lautet die einfachste
Forderung: Suche diejenigen Werte von $y'(t)$, für die erfüllt ist:

$$(2) \qquad J = \int_{t_A}^{t_E} L[t, y(t), y'(t)] dt = \begin{cases} \text{Max.} \\ \text{bzw. Min.} \end{cases}$$

$$\text{mit } y(t_A) = A; \; y(t_E) = E$$

Bei physikalischen Aufgabenstellungen hat man es im allgemeinen mit
mehreren Funktionen der unabhängigen Veränderlichen zu tun, wobei
ein Teil dieser Funktionen zudem noch einer Reihe gewöhnlicher Differentialgleichungen gehorchen muß, z.B. den Newtonschen Bewegungsgleichungen $\vec{K} = m\vec{b}$. Bezeichnet man die durch die Differentialgleichungen festgelegten Funktionen als Lagekoordinaten $x_j(t)$ und die
freien Funktionen als Steuerfunktionen $u_1(t)$, so hat man nunmehr als
Grundaufgabe: Bestimme diejenigen Steuerfunktionen $u_1(t)$, für die gilt:

$$(3) \quad P = \int_{t_A}^{t_E} L[t, x_j(t), u_l(t)] = \begin{cases} \text{Max.} \\ \text{bzw. Min.} \end{cases}$$

mit den Nebenbedingungen

$$\dot{x}_j = g_j[t, x_{\hat{j}}(t), u_l(t)]$$

und den Randbedingungen

$$x_j(t_A) = A_j \; ; \; x_j(t_E) = E_j$$

$$j, \hat{j} = 1, 2, \ldots m$$
$$l = 1, 2, \ldots k$$

Während der klassische Weg zur Lösung gewöhnlicher Extremalaufgaben wie (1) die Differentialrechnung ist, wurde für die Lösung von Aufgaben der Art (2) von E u l e r und L a g r a n g e die Variationsrechnung entwickelt (vgl. z.B. [11]).

Wir werden uns im wesentlichen mit der Aufgabenstellung (3) beschäftigen, wobei die zu behandelnden Methoden die folgenden sind:

1. Das Pontryaginsche Maximumprinzip

2. Die entsprechende Entwicklung der Variationsrechnung

3. Das Gradientenverfahren

4. Das Bellmansche Verfahren des "Dynamic Programming"

Die Aufgabenstellung (2) wird uns allerdings als Ausgangspunkt unserer Erörterungen nützlich und notwendig sein, zumal auch in den meisten neueren Arbeiten zu Optimierungsaufgaben die Kenntnis der Grundbegriffe der Variationsrechnung stillschweigend vorausgesetzt wird.

1.2. Charakterisierung der verschiedenen Optimierungsverfahren

Wir wollen nun kurz eine skizzenhafte Gegenüberstellung der Hauptmerkmale der von uns im Verlaufe des Buches zu erörternden Lösungswege für die Optimierungsaufgaben versuchen.

Der klassische mathematische Weg zur Erörterung einer Aufgabe ist
ihre analytische Diskussion. Die Variationsrechnung leitet demzu-
folge analytische Bedingungen her, denen die Lösungen der Aufgabenstellung (2) gehorchen müssen. Dabei sind vier Problemkreise zu
unterscheiden:

1. Die Aufstellung von notwendigen Bedingungen

2. Die Aufstellung von hinreichenden Bedingungen

3. Die Frage nach der Existenz von Lösungen überhaupt und

4. Die Frage nach der Eindeutigkeit der Lösung.

Wir wollen uns auf die Diskussion der notwendigen Bedingungen beschränken, zumal in vielen Fällen eine Beantwortung der restlichen
Fragen aus der physikalischen Problemstellung unmittelbar gewonnen
werden kann.

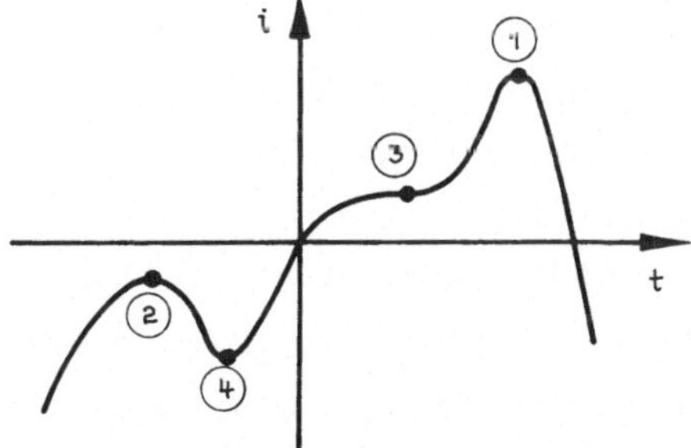

Abb. I.1 Durch $\dfrac{di}{dt} = 0$ gekenn-
zeichnete Punkte

Was man von den notwendigen Bedingungen allein erwarten darf, kann
man aus der gewöhnlichen Extremwertrechnung herleiten. Die notwendige Bedingung $di/dt = 0$ kennzeichnet in Abb. I.1 die Punkte (1) bis
(4). Statt des z.B. gesuchten absoluten Maximums (1) kann man ein
lokales Maximum (2), einen stationären Wert (3) oder sogar ein Minimum (4) erhalten, wobei sich der stationäre Wert und das Minimum
i.a. leichter aussondern lassen als das lokale Maximum.

Eine sehr interessante Eigenschaft der Variationsrechnung ist, daß
die notwendigen Bedingungen auf zwei verschiedene, aber gleichwertige Weisen dargestellt werden können.

Um dies plausibel zu machen, beachten wir, daß bei vorgegebenem Anfangspunkt der durch geeignete Wahl von $y'(t)$ für (2): $J = \int_{t_A}^{t_E} L[t,y(t),y'(t)]dt$ zu bestimmende Extremwert für jeden Endpunkt (t_E,y_E) i.a. (bis auf singuläre Fälle) eindeutig gegeben ist, der Extremwert S von J also eine reine Ortsfunktion $S(t_E,y_E)$ darstellt. Dann kann man aber schreiben:

$$S = \int ds = \int \left(\frac{\partial S}{\partial t}\, dt + \frac{\partial S}{\partial y}\, dy \right)$$

und aus den partiellen Ableitungen für S und dem gewöhnlichen Differential für y unter dem Integral vermuten, daß man - je nachdem, ob man die Größe des Extremwertes S oder die günstigste Verbindung $y(t)$ der Randpunkte in den Vordergrund stellt - bei der Suche nach Bedingungen, die die Extremallösung kennzeichnen, auf partielle oder gewöhnliche Differentialgleichungen geführt wird. Dabei sollten beide Darstellungen - wie in der projektiven Geometrie die zueinander dualen Punkt- und Ebenenkoordinaten - nebeneinander angewendet werden können, je nachdem, wie man die einfachsten Gleichungen erzielt. Dies ist auch tatsächlich der Fall.

Während bei Optimierungsaufgaben der Art (2) der hier angedeutete doppelte Zugang über gewöhnliche Differentialgleichungen, die "Eulerschen Gleichungen", und eine partielle Differentialgleichung, die "Hamilton-Jacobische Differentialgleichung", durchaus genutzt wird, dominiert bei der analytischen Untersuchung von Optimierungsaufgaben mit Nebenbedingungen die Aufstellung von gewöhnlichen Differentialgleichungen als notwendige Bedingung für das Optimum, da man so am einfachsten zu physikalischen Deutungen und numerischen Lösungen kommt.

Dementsprechend ist es nicht überraschend, daß das Pontryaginsche Maximumprinzip, das eine analytische Herleitung der notwendigen Bedingungen für die Optimierungsaufgabe (3) gibt, hauptsächlich auf gewöhnliche Differentialgleichungen zur Kennzeichnung der Optimalwerte ergebenden Kurvenzüge $x_j(t)$ führt. Es unterscheidet sich von

der klassischen Variationsrechnung, in der natürlich auch bereits
Optimierungsaufgaben mit Nebenbedingungen behandelt werden, in zwei
Punkten

1. Es wird erstmalig die Unterscheidung zwischen Steuerfunktionen und Lagekoordinaten vorgenommen bei einer Beschränkung auf die Aufgabenstellung (3) bzw. Verallgemeinerungen
   dieser Aufgabenstellung, so daß nur ein Teilbereich der Fragestellungen der klassischen Variationsrechnung erfaßt wird.
2. Es ist bei den Steuerfunktionen zulässig, daß sie aus
   einem abgeschlossenen Bereich stammen, womit die klassische Variationsrechnung, die ganz allgemein mit offenen Bereichen für die abhängigen Variablen arbeitet, wesentlich erweitert wird.

Die Beschränkung auf die Aufgabenstellung (3) verbunden mit der
Unterscheidung von Lagekoordinaten und Steuerfunktionen und dem Hinweis,
daß so die meisten physikalisch-technischen Optimierungsaufgaben erfaßt
werden können, war der Anstoß zu vielen neueren Spezialuntersuchungen.
Die Bedeutung der Bereichsbeschränkung für die Steuerfunktionen wird
am besten an Hand eines vereinfachten Beispiels klar.

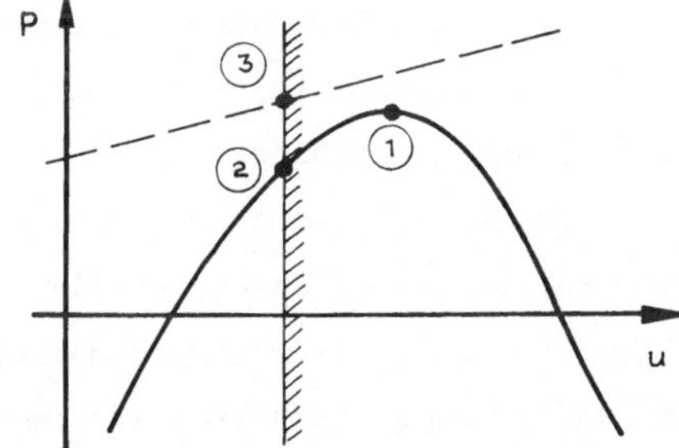

Abb. I.2 Einfluß von Schranken
auf die Extremwertfrage

Haben wir eine zeitlich konstante Steuerfunktion und ein P(u) wie
in der Abb. I.2, so ist bei Vorliegen keiner Beschränkung der Wert
(1) und bei Vorliegen der eingetragenen rechten Schranke für u der
Wert (2) der Maximalwert. Ist P(u) eine Gerade, etwa die gestrichelt
eingetragene Linie, so hat man ohne Beschränkung von u keinen end-
lichen Maximalwert. Daß Einschränkungen für die Steuerfunktionen in
den meisten technischen Aufgabenstellungen vorliegen, erkennt man,
wenn man z.B. u als Durchsatz eines regelbaren Raketentriebwerkes
ansetzt. Es ist evident, daß der Durchsatz nur zwischen Null und
einem durch das Triebwerk vorgegebenen Maximalwert schwanken kann,
also $0 \leq u \leq u_{max}$ gilt.

Der Behandlung unserer Aufgabe (3) nach dem Pontryaginschen Maximumprinzip und den Methoden der klassischen Variationsrechnung ist im übrigen gemeinsam, daß i.a. die den Extremalwert ergebenden Steuerfunktionen $u_k(t)$ durch die Lagekoordinaten $x_j(t)$ und gewisse Zusatzfunktionen $\lambda_s(t)$, $s = 1, 2, \ldots, m$, ausgedrückt werden können, wobei die Zusatzfunktionen wieder m gewöhnlichen Differentialgleichungen 1. Ordnung gehorchen müssen. Sie bilden zusammen mit den m Differentialgleichungen für die x_j ein System von $2m$ Differentialgleichungen, für das m Anfangswerte $x_j(t_A) = A_j$ und m Endwerte $x_j(t_E) = E_j$ vorgegeben sind. Will man also die spezifischen Extremalen $x_j(t)$ eines bestimmten Beispiels haben, so muß man sich mit der Lösung des Randwertproblems für nichtlineare, gewöhnliche Differentialgleichungen erster Ordnung auseinandersetzen, was i.a. nur numerisch möglich ist.

Man kann sich deshalb fragen, ob es nicht denkbar ist, die Optimierungsaufgaben direkt numerisch zu lösen, statt auf dem Umweg über die analytischen Bedingungsgleichungen für das Vorliegen eines Optimums. Dies leisten das Bellmansche "dynamische Programmieren" und das Gradientenverfahren. Man muß sich allerdings dabei im Klaren sein, daß man bei den numerischen Verfahren nur die Einzellösung des untersuchten Beispiels erhält, während die analytischen Bedingungsgleichungen des Pontryaginschen Maximumprinzips und der klassischen Variationsrechnung unter Umständen allgemeine Aussagen über den Charakter der Lösungen des Optimierungsproblems erlauben, ohne daß die Einzellösungen bekannt oder numerisch ermittelt sind.

Das Gradientenverfahren geht von irgendeiner Lösung der als Nebenbedingungen bestehenden Differentialgleichungen bei der Aufgabe (3) aus, indem man etwa Steuerfunktionen vorgibt, von denen man hofft, daß sie günstig sind. Das zu einem Extremwert zu machende Integral formt man in einen zu einem Extremwert zu machenden Endwert um. Sodann fragt man, wie sich eine Veränderung der vorgegebenen Steuerfunktionen auf Endwerte auswirkt. Hieraus leitet man eine schrittweise Veränderung der Steuerfunktionen ab, bei der möglichst rasch die evtl. vorgegebenen Endbedingungen erreicht werden (s. Abb. I.3)

und zugleich der zu extremierende Endwert möglichst stark in der
gewünschten Richtung verändert wird. Das Verfahren ist beendet,
wenn die vorgegebenen Endbedingungen ausreichend genau erfüllt sind
und der zu extremierende Endwert einen durch Veränderung der Steuerfunktionen nicht mehr zu verbessernden Wert erreicht zu haben
scheint. Man erhält dabei praktisch nur wieder lokale Extremwerte
und die Lösungskurven hängen von den willkürlich gewählten Ausgangskurven ab, da nur die Teile der Ausgangskurven verformt werden, die
einen starken Einfluß auf den zu extremierenden Wert haben. Andererseits erhält man bei jedem Schritt eine Verbesserung des zu extremierenden Wertes und erkennt, welche Teile der Lösungskurven für
die Extremierung bedeutungsvoll sind, was insbesondere bei Bestehen
von Einschränkungen für die zulässigen Lösungskurven von Bedeutung
sein kann.

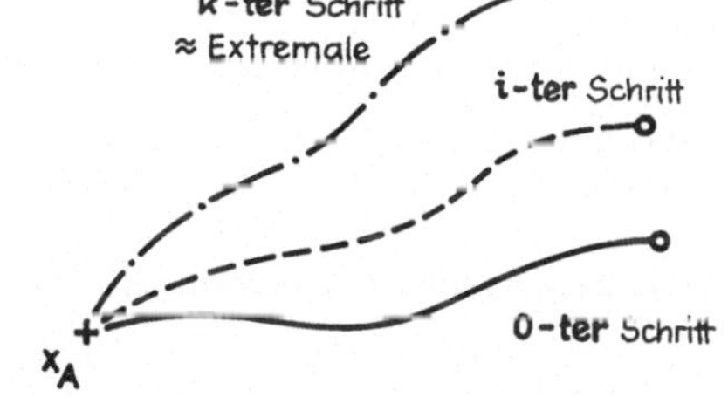

Abb. I.3 Vorformung einer Nähe-
rungslösung durch das Gradientenverfahren

Diese Eigenschaften, verbunden mit einer gewissen Freiheit in der
Gestaltung des Verfahrens, machen das Gradientenverfahren für den
Ingenieur sehr attraktiv.

Die Verbesserung des zu extremierenden Endwertes wird über die Berechnung eines Satzes von zu den linearisierten Nebenbedingungen
adjungierten Differentialgleichungen durchgeführt. Diese zugeordneten Differentialgleichungen fallen mit den Differentialgleichungen erster Ordnung zusammen, die sich z.B. aus dem Pontryaginschen
Maximumprinzip als notwendige Bedingung für das Vorliegen des Opti-
malfalles ergeben.

Dies erlaubt, das Gradientenverfahren mit den numerischen Lösungen
des Randwertproblems für die Bestimmung der Extremalen $x_j(t)$, das
bei der indirekten analytischen Behandlung der Optimierungsaufgabe
auftritt, in Zusammenhang zu bringen.

Grundsätzlich hat man drei Aufgaben bei der Bestimmung der Extremalen:

1. Die Erfüllung der Randbedingungen $x_j(t_A) = A_j$; $x_j(t_E) = E_j$

2. Die Erfüllung der gewöhnlichen Differentialgleichungen für die $x_j(t)$ und $\dot{\lambda}_s(t)$ und

3. Die Erfüllung der Optimalitätsbedingung.

Die normale Lösung - der klassische Weg der Variationsrechnung - ist die Berechnung der $u_k(t)$ als Funktionen der $x_j(t)$, $\lambda_s(t)$ und Lösen der damit nur von $x_j(t)$, $\lambda_s(t)$ abhängigen gewöhnlichen Differentialgleichungen, indem man die Abhängigkeit der Endwerte $x_j(t_E)$ von Veränderungen $\delta\lambda_j$ der freien Anfangswerte $\lambda_j(t_A)$ in eine Reihe entwickelt.

Ein zweites Verfahren, das als verallgemeinertes Newton-Raphsonsches Verfahren bezeichnet wird, geht von einer Reihenentwicklung und Linearisierung in den Differentialgleichungen aus bei exakter Erfüllung der Randbedingungen, so daß nun die Erfüllung der Differentialgleichungen iterativ versucht wird.

Das Gradientenverfahren kann aus einer Reihenentwicklung und Linearisierung des zu extremierenden Wertes P hergeleitet werden, wenn man die Aufgabenstellung (3) - wie schon erwähnt - so umformt, daß P eine reine Funktion der Endwerte wird: $P \equiv P[t_E, x_j(t_E)]$. Damit läßt sich das Gradientenverfahren als logische Alternative zu den anderen numerischen Lösungswegen des Optimierungsproblems (3) auffassen.

Die Herleitung des Gradientenverfahrens aus einer Reihenentwicklung von P ist aber nicht nur in diesem Zusammenhang interessant, sondern bietet zugleich den Zugang zu einigen Erweiterungen des Verfahrens: Bricht man nicht nach dem linearen Glied der Reihenentwicklung ab sondern nach den quadratischen Gliedern, so kommt man zum Gradientenverfahren zweiter Ordnung, berücksichtigt man nicht alle, sondern nur einen Teil der quadratischen Glieder, so erhält man das "Extr. H"-Verfahren.

Das Bellmansche Verfahren des "Dynamic Programming" scheint zunächst
keine direkte Verknüpfung mit den bisher geschilderten Methoden zur
Lösung der Optimierungsaufgabe (3) zu besitzen. Es folgt aus einer
Besinnung auf die Grundlagen der numerischen Rechnung:

Jedes numerische Verfahren geht von einer Auflösung der kontinuierlichen Abhängigkeiten in diskrete Schritte aus. Beschränken wir uns
zunächst auf die Aufgabe, in der x_1,x_2-Ebene diejenige Lösungskurve
unserer Optimierungsaufgabe (3) zu finden, die die Punkte A, E so
verbindet, daß P ein Maximum wird. Dann ist das primitivste numerische Vorgehen das, den Bereich zwischen dem Anfangs- und Endpunkt
in ein möglichst feinmaschiges Gitterwerk einzubetten und sämtliche
nur möglichen Verbindungswege abzusuchen, wodurch man eine jeweils
stückweise den Gitterrichtungen folgende Kurve als Annäherung an
die Optimalkurve erhält (Abb. I.4).

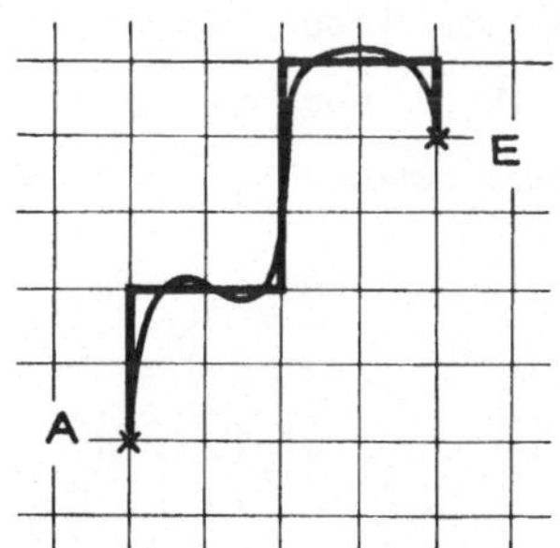
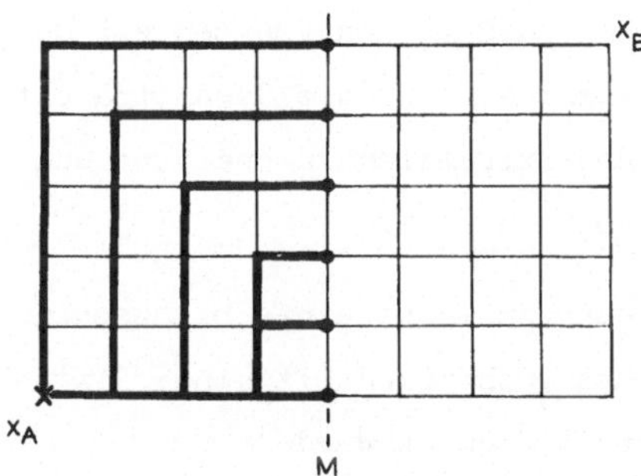

Abb. I.4　Annäherung
beim Gitterverfahren

Abb. I.5　Ansatz zum Prinzip
der Teiloptimalität

Dieses Verfahren hat den Vorteil, daß nicht nur ein lokaler Vergleich stattfindet, sondern der gesamte Bereich abgesucht wird, wodurch alle diffizilen mathematischen Untersuchungen über hinreichende Bedingungen, Eindeutigkeit und Existenz entfallen.

Die freien Steuerfunktionen werden jeweils durch die gewählte Git-
terrichtung, in der man fortschreitet, festgelegt.

Einschränkungen für die Bewegung selbst erschweren die Aufgabe nicht, sondern wirken sich nur positiv aus, indem der abzusuchende Bereich und damit der Aufwand verkleinert wird.

Der kritische Punkt des Verfahrens ist der Aufwand, der insbesondere mit der Zahl der Dimensionen des Problems stark anwächst. So muß man z.B. für eine dreidimensionale Raketenbahn, die nach den Newtonschen Bewegungssätzen auf drei Differentialgleichungen 2. Ordnung und damit auf sechs Differentialgleichungen 1. Ordnung als Nebenbedingungen führt, bei einem Gitterwerk von 10 Schritten alle Verbindungen über $10^6 = 1$ Million Punkte und bei 100 Schritten alle Verbindungen über 10^{12} Punkte absuchen.

Es ist die Leistung von B e l l m a n , daß er beim Verfügbarwerden der digitalen Rechenanlagen das Gitterverfahren für Optimalprozesse aufgegriffen und dabei systematisch genutzt hat, daß für eine Optimalkurve auch jedes Teilstück der Kurve optimal ist, wodurch man viel Sucharbeit sparen kann. Hat man nämlich die günstigsten Wege von x_A bis zu den Punkten auf der Linie M bestimmt (Abb. I.5), so braucht man für die Gesamttrajektorie in x_A...M nur noch die gefundenen Extremalen zu beachten und nicht weiterhin auch alle möglichen Wege in x_A...M.

Dieser zunächst einfach aussehende Gedanke ist für einen automatischen Suchprozeß mit einem Digitalrechner nicht immer einfach zu formulieren und wurde von B e l l m a n und seinen Mitarbeitern in sehr eleganter Form zu der allgemeinen Methode des "Dynamic Programming" ausgebaut, das sich im übrigen nicht nur auf die hier betrachtete Problemstellung (3) beschränkt.

Beim "Dynamic Programming" bleiben alle Vorteile des simplen Gitternetzabsuchens erhalten, aber trotz einer erheblichen Reduzierung des Suchaufwandes gegenüber der Gittermethode leider auch die Schwierigkeiten des starken Anwachsens des Arbeitsaufwandes bei einer größeren Anzahl von Dimensionen des Problems.

Natürlich kann man das numerische Vorgehen von B e l l m a n durch einen Grenzwertprozeß wieder auf einen Satz von analytischen Bedin-

gungen für das Vorliegen des Optimums zurückführen. Was wird sich
dann ergeben? Wir berechnen den Wert von P längs der vorgegebenen
Richtungen x_1 = const und x_2 = const, erhalten also in jedem Punkt
die beiden partiellen Ableitungen $\frac{\partial P}{\partial x_1}$ und $\frac{\partial P}{\partial x_2}$. D.h. wir gehen von
dem Extremalwert und seinen partiellen Ableitungen aus und erkennen
somit im Bellmanschen dynamischen Programmieren den zum Pontryaginschen Maximumprinzip dualen Zugang für unsere Optimierungsaufgabe
(3). Zugleich ist damit die volle Analogie der Behandlungsmethoden
für die Aufgabe (3) zu den Behandlungsmethoden der Grundaufgabe (2)
hergestellt.

1.3. Schematische Verknüpfung und zeitliche Einordnung der Verfahren

Um den Aufbau des Buches und die vorstehend geschilderten Zusammenhänge zu verdeutlichen, ist auf Seite 12 versucht worden, eine gra-
phische Darstellung der Verknüpfung der verschiedenen Verfahren zu
geben. Mit eingetragen sind die ungefähren Jahreszahlen der Entstehung der neueren Theorien und Literaturstellen, die für eine Vertie-
fung des hier behandelten Stoffes empfohlen werden können.

Mit diesem Schema wollen wir die allgemeine Übersicht abschließen
und uns den Verfahren im einzelnen zuwenden.

2. Allgemeine Skizzierung der Variationsrechnung

2.1. Erläuterung der Hauptbegriffe über den Zugang von
Carathéodory

2.1.1. Der Zugang von Carathéodory. Wir wollen als erstes an Hand
der einfachsten Aufgabenstellung die Grundbegriffe der Variationsrechnung erläutern, da so einmal das Verständnis der Probleme mit
Differentialgleichungen als Nebenbedingungen verbessert wird und

Schematische Verknüpfung und zeitliche Einordnung der behandelten Optimierungsverfahren

Aufgabe $\int L(t,y,y')dt = \text{Extr.}$	Aufgabe $\int L(x_j,u_l)dt = \text{Extr.};\ \dot{x}_j = g_j(x_i,u_l)$		
	indirekte Verfahren		direkte Verfahren
	analytische Bedingungen	numerische Lösung	
Eulersche gewöhnl. Diff.-Gleichungen als notwendige Bedingung für ein Optimum	Mayersches, Lagrangesches, Bolzasches Problem als allg. Erweiterung der Variationsrechnung auf Probleme mit Nebenbedingungen		
Theorie von Miele für lineare Integranden 1958; [53]	Pontryaginsches Maximum-Prinzip Pontryagin u.a. 1956; [26]	Iterative Erfüllung der Randwerte	
Zugang von Carathéodory zur Variationsrechnung 1935; [6]	Adaption der klassischen Verfahren für Probleme mit Nebenbedingungen an die Pontryaginsche Aufgabenstellung Cavoti 1965; [31]	Iterative Erfüllung der gewöhnl. Diff.-Gleichungen (Nebenbedingung und notw. Bedingung) (Hestenes 1949; [43]) McGill u. Kenneth 1964; [37]	
Hamilton-Jacobische partielle Differentialgleichung als notwendige Bedingung für ein Optimum			Iterative Erreichung des Optimalwertes = Gradientenverfahren (allgemein: [Hadamard 1908; [39]) 1. Ordnung: Kelley 1961; [46] 2. Ordnung: Kelley u.a. 1963; [47] Extr. H: [Stancil 1964; [64] "Dynamic Programming" Bellman 1955; [3]

zum anderen in fast allen Arbeiten über Optimierungsprobleme die Kenntnis dieser Grundbegriffe stillschweigend vorausgesetzt wird.

Dabei wollen wir, um den Umfang der Erörterungen möglichst lesbar zu halten, nicht die ganze Tiefe der mathematischen Begründungen diskutieren und uns im wesentlichen auf die notwendigen Bedingungen beschränken.

Wir benutzen einen Zugang zur Variationsrechnung, der von C a r a- t h é o d o r y in [6] angegeben wurde, und zwar in der von F u n k in [11] verwendeten vereinfachten Darstellung, bei der die Existenz der Lösungen nicht mit bewiesen, sondern vorausgestzt wird.

Wir betrachten dementsprechend das Problem (Abb. I.6), von einer Ausgangskurve T durch geeignete Wahl der Fortschreitungsrichtung $y'(t)$ denjenigen Weg zu einem Punkt $P(t_1,y_1)$ zu finden, für den das Integral

$$J = \int_{t_A}^{t_1} L[t,y(t),y'(t)]dt$$

ein Minimum wird. Den Minimalwert selbst, dessen Existenz wir - wie gesagt - voraussetzen wollen, bezeichnen wir mit

$$S \equiv S(t_1,y_1)$$

Dabei haben wir mit $S(t_1,y_1)$ zum Ausdruck gebracht, daß der Minimalwert natürlich in seiner Größe von der Wahl des Punktes $P(t_1,y_1)$ abhängt.

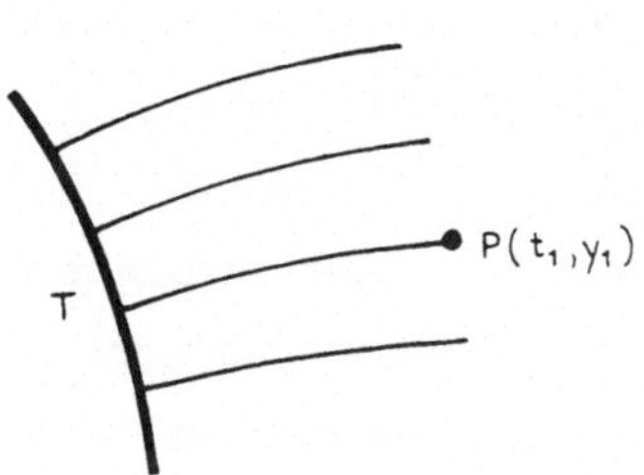

Abb. I.6 Reguläres Extre-
malenfeld (vgl. [11])

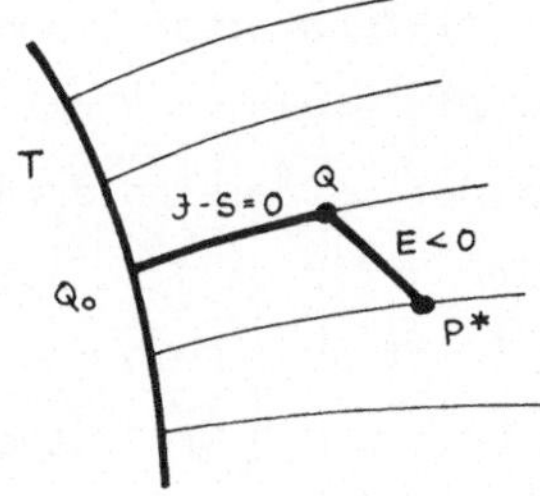

Abb. I.7 Ansatz zum Nachweis,
daß mit $J - S \geq 0$ auch $E \geq 0$ gilt

Wir nehmen weiter an, daß in einem gewissen Gebiet um die Anfangskurve T genau eine Kurve (Extremale) durch jeden Punkt P geht, längs
der das Integral J ein Minimum wird. Man nennt dies ein reguläres
Extremalenfeld (Abb. I.6). Wir nehmen zudem an, daß $L(t,y,y')$ und
$S(t_1,y_1)$ zweimal stetig differenzierbar sind.

$S(t_1,y_1)$ ist eine reine Ortsfunktion im Extremalenfeld in der t,y-
Ebene. Damit gilt für jede Kurve C:

$$S = \int_{t_A}^{t} (S_t + S_y y')d\tau$$

wenn wir die partiellen Ableitungen nach t und y wie üblich kurz
mit S_t, S_y bezeichnen.

Aus der Definition von S als Minimalwert von J folgt:

$$(4) \qquad J - S = \int_{t_A}^{t} \{L(\tau,y,y') - S_t - S_y y'\}d\tau \geq 0$$

wobei der Wert Null genau dann angenommen wird, wenn (4) längs einer
Extremalen gebildet wird.

Mit (4) ist aber notwendig auch der Integrand:

$$(5) \qquad E \equiv L(\tau,y,y') - S_t - S_y y' \geq 0$$

Man sieht dies so ein: Nehmen wir an, es gäbe ein Linienelement
(t^*,y^*,y'^*) für das (5) nicht erfüllt wäre. Wir betrachten dann die
Richtung y'^* im Punkt $P^*(t^*,y^*)$ und beachten, daß wegen der Stetigkeit von L, S_t, S_y nach unseren Voraussetzungen (L, S zweimal
stetig differenzierbar) auch E stetig ist, also über eine gewisse
Strecke, bis etwa zum Punkt Q kleiner Null bleibt. Ist nun Q_0 der
Fußpunkt der Extremalen durch Q zu T, so ist längs $Q_0 Q$ der Wert von
(4) gleich Null, da J ja auf der Extremalen sein Minimum annimmt.
Längs QP^* ist aber $E < 0$ also auch $I - S < 0$, so daß der Gesamtwert
von (4) beim Weg $Q_0 QP^*$ entgegen der Voraussetzung < 0 sein würde.

Fassen wir (5) als Funktion der geeignet zu wählenden Fortschreitungsrichtung y' auf, so können wir gemäß den Regeln der gewöhnli-

chen Extremwertsberechnung das günstigste y', das wir mit $p(t,y)$
bezeichnen wollen, aus der notwendigen Bedingung:

$$(6) \qquad \frac{\partial E}{\partial y'} = 0$$

berechnen. Die Einschränkungen, die der Festlegung des Minimalwertes
aus dieser Bedingung anhaften, haben wir schon im Abschnitt 1 kurz
erörtert.

Aus (6) erhält man:

$$(7) \qquad S_y = L_{y'}[t,y,p(t,y)]$$

und, da das Minimum von (5) = 0 ist, gilt mit (7):

$$(8) \qquad S_t = L[t,y,p(t,y)] - p(t,y)L_{y'}[t,y,p(t,y)]$$

Aus der gewöhnlichen Differentialgleichung wissen wir noch, daß,
damit ein Minimum vorliegt, mit (6) auch gelten muß:

$$(9) \qquad \frac{\partial^2 E}{\partial y'^2} = L_{y'y'}[t,y,p(t,y)] \geq 0$$

Damit haben wir als notwendige Bedingungen ein gemischtes System
von Differentialgleichungen gefunden: in (7) und (8) treten gewöhnliche und partielle Ableitungen zugleich auf. Ferner ergab sich die
für ein Minimum notwendige Bedingung (9), die Legendresche Bedingung
heißt, und die notwendige Bedingung (5), die sich mit S_t, S_y aus
(7), (8) schreibt:

$$(10) \qquad E(t,y,p,y') = L(t,y,y') - L(t,y,p) - (y'-p)L_{y'}(t,y,p) \geq 0$$

Sie wird Weierstraßsche Bedingung genannnt.

2.1.2. Eulersche und Hamilton-Jacobische Differentialgleichung. Wir
wollen nun aus dem gemischten Differentialgleichungssystem (7), (8)
die partiellen bzw. die gewöhnlichen Ableitungen eliminieren und so
eine gewöhnliche bzw. partielle Differentialgleichung als Ersatz
dieser notwendigen Bedingung erhalten:

Wegen der vorausgesetzten zweimaligen stetigen Differenzierbarkeit
von $S(t,y)$ können wir (7) nach t und (8) nach y ableiten und S durch
die Bedingung $S_{yt} = S_{ty}$ eliminieren.

Man hat:

$$L_{y't} + p_t L_{y'y'} = L_y + L_{y'} p_y - L_{y'} p_y - p L_{y'y} - pp_y L_{y'y'}$$

oder umgeordnet:

$$(11) \qquad L_{y'y'}(p_t + pp_y) + L_{y't} + L_{y'y}p - L_y = 0$$

Beachten wir, daß gilt:

$$y' = p(t,y) \rightarrow y'' = p_t + p_y p$$

so lautet (11)

$$L_{y'y'}y'' + L_{y'y}y' + L_{y't} - L_y = 0$$

bzw.

$$(12) \qquad \frac{d}{dt}L_{y'} - L_y \equiv - [L] = 0$$

Wir haben eine gewöhnliche Differentialgleichung 2. Ordnung gefunden, die "Eulersche" Differentialgleichung.

Für die Elimination von $p(t,y)$ setzen wir der Einfachheit halber

$$L_{y'y'}[t,y,p(t,y)] > 0$$

voraus. Dann läßt sich die Gleichung (7) nach $p(t,y)$ auflösen. Diese
Auflösung ist nicht notwendig eindeutig (vgl. dazu [12]). Wir wollen
dies aber hier der Einfachhalt halber voraussetzen und haben damit:

$$p(t,y) = \psi(t,y,S_y)$$

Dies können wir in die Gleichung (8) einführen. Man verwendet dabei
die Abkürzung:

$$(13) \qquad H(t,y,S_y) \equiv L(t,y,\psi) - \psi \cdot L_{y'}(t,y,\psi)$$

Die als Hamiltonsche Funktion bezeichnet wird und findet:

$$(14) \qquad S_t - H(t,y,S_y) = 0$$

Dies ist die Hamilton-Jacobische partielle Differentialgleichung.

Aus dem Zugang von C a r a t h é o d o r y , der ein System ge-
mischter Differentialgleichungen gibt, folgt also unmittelbar die

von uns in Kapitel 1 angedeutete Dualität. Je nachdem, ob man die Grundgleichungen (7), (8) nach einer Beziehung für die optimale Fortschreitungsrichtung y'(t) oder für den Extremwert S(t,y) auflöst, erhält man eine gewöhnliche oder eine partielle Differentialgleichung, so daß diese beiden Bedingungen vollständig gleichwertige, je nach besserer Anwendungsmöglichkeit zu wählende notwendige Bedingungen sind.

Man kann diese Dualität in einem größeren Zusammenhang sehen, wenn man sich an die Theorie der partiellen Differentialgleichungen 1. Ordnung erinnert. Dort ist bekannt und auch geometrisch veranschaulicht, daß zu jeder allgemeinen partiellen Differentialgleichung 1. Ordnung

$$(15) \qquad F(t,y,S,S_t,S_y) = 0$$

ein System gewöhnlicher Differentialgleichungen

$$
(16) \quad
\begin{aligned}
&\frac{dt}{d\sigma} = F_{S_t}; \quad \frac{dy}{d\sigma} = F_{S_y}; \quad \frac{dS}{d\sigma} = S_t F_{S_t} + S_y F_{S_y} \\[2mm]
&\frac{dS_t}{d\sigma} = - (S_t F_S + F_t); \quad \frac{dS_y}{d\sigma} = - (S_y F_S + F_y)
\end{aligned}
$$

zugeordnet ist, die charakteristischen Gleichungen, die zur Konstruktion der Lösungen von (15) verwendet werden können.

Die Hamilton-Jacobische partielle Differentialgleichung zeichnet sich unter den Gleichungen (15) dadurch aus, daß die Gleichungen (16) degenerieren. Die erste Gleichung ergibt $dt = d\sigma$ und man erhält als charakteristische Gleichungen für (14):

$$
(17) \quad
\begin{aligned}
&\frac{dy}{dt} = - H_{S_y}(t,y,S_y); \quad \frac{dS_y}{dt} = H_y(t,y,S_y) \\[2mm]
&\frac{dS_t}{dt} = H_t(t,y,S_y); \quad \frac{dS}{dt} = S_t - S_y H_{S_y}(t,y,S_y)
\end{aligned}
$$

Dabei bilden die beiden oberen Gleichungen (17) bereits ein in sich geschlossenes vollständiges Differentialgleichungssystem, mit dem man $y(t)$ und $S_y(t)$ berechnen kann, während S_t und S dann durch anschließende Integration der beiden letzten Gleichungen mit diesen Funktionen folgen.

Die Lösung der partiellen Differentialgleichung ist also in diesem Spezialfall durch die Integration eines Systems von zwei gewöhnlichen Differentialgleichungen 1. Ordnung ersetzbar. Da ein solches System einer Differentialgleichung 2. Ordnung äquivalent ist, entspricht die Eulersche Gleichung dem wesentlichen Teil der charakteristischen Gleichungen der Hamilton-Jacobischen partiellen Differentialgleichung. Die Transformation der Eulerschen Gleichung in das System (17) nennt man Legendresche Transformation.

2.1.3. **Transversalität.** Der Zusammenhang zwischen dem Extremwert S und den Extremalen $y(t)$ läßt sich aber auch noch anders deuten als durch die Beziehung zwischen der Fläche S und ihren Charakteristiken.

Setzt man nämlich $L = \sqrt{1 + y'^2}$ so wird

$$J = \int L\,dt = \int \sqrt{1 + y'^2}\,dt = \int ds$$

die Bogenlänge, die Extremalen werden Geraden und $S(t,y)$ ist der Abstand des Punktes $P(t,y)$ von der Ausgangskurve.

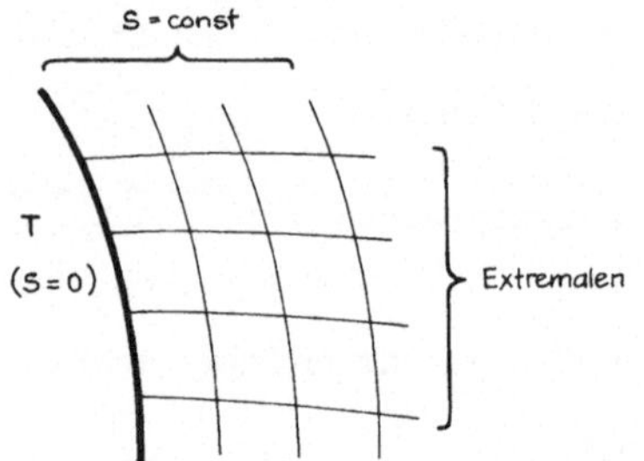

Abb. I.8 Feld der zueinander transversalen Extremalen und Kurven gleichen Extremwerts

Für ein beliebiges L kann man deshalb S als geodätischen Abstand und die Extremalen als Linien kürzesten Abstandes in der vorgegebenen Metrik L bezeichnen. Die Kurvenschar S = const ist dann die Schar gleichen geodätischen Abstandes von der Ausgangskurve T, die S = 0 entspricht, und während ein sich optimal bewegendes Teilchen auf einer Extremalen läuft, stellen die Kurven S = const die Lagen der Wellenfront einer auf der Ausgangskurve entstandenen Störung

dar. Die Betrachtung der Extremalen und der Kurven S = const ist somit eine verschiedenartige Erfassung desselben Vorgangs durch zwei
Kurvenscharen, deren relative Lage (Neigung der Tangenten gegeneinander) man in Verallgemeinerung des Begriffes "orthogonal" (wie er
bei der "euklidischen" Metrik $L = \sqrt{1 + y'^2}$ auftritt) als "transversal"
bezeichnet.

Die Beziehung zwischen der Tangente an Kurven gleichen Extremwerts

$$(18) \qquad S(t,y) = a$$

und der Tangente an die Extremalen, die $S(t,y) = a$ schneiden, läßt
sich leicht aufstellen. Durch Differentation von (18) folgt die
Tangentenrichtung $\frac{dy}{dt}$ an $S(t,y) = a$:

$$(19) \qquad S_t + S_y \frac{dy}{dt} = 0$$

Nun sind die Werte S_y, S_t über die Formeln (7), (8) mit der Extrema-
len-Tangentenrichtung p verknüpft, so daß mit diesen Formeln und
(19) gilt:

$$(20) \qquad [L(t,y,p) - p \cdot L_{y'}(t,y,p)] + L_{y'}(t,y,p) \frac{dy}{dt} = 0$$

Diese Beziehung zwischen p und $\frac{dy}{dt}$ heißt Transversalitätsbedingung.

Ihre Bedeutung liegt darin, daß sie die Randwerte $p(t_A)$, $p(t_E)$ für
die Eulersche Gleichung liefert, wenn nicht ein Randpunkt sondern
eine Randkurve - wie z.B. bisher die Anfangskurve T - vorgegeben ist.

Dazu wollen wir zunächst bemerken, daß die Eulersche Gleichung bzw.
die Hamilton-Jacobische Gleichung unabhängig von der Annahme der
Randbedingungen den Verlauf der Extremalen bzw. der Ortsfunktion
S(t,y) kennzeichnen. Die von uns gemachte Annahme eines Anfangs-
kurven- Endpunkt-Problems vereinfacht nur die Herleitung.

Grundsätzlich müssen zur Lösung der Eulerschen Gleichung die Werte
der unabhängigen Variablen und zwei Randwerte für die abhängige Variable vorliegen, da man es mit einer gewöhnlichen Differentialgleichung 2. Ordnung zu tun hat.

Bei dem Punkt-Punkt-Problem, bei dem t_A, t_E und $y(t_A)$, $y(t_E)$ vorgegeben sind, hat man direkt die mathematische Formulierung eines Randwertproblems.

Ist auf der einen Seite eine Kurve, z.B. die Anfangskurve $y = y^*(t)$
vorgegeben, so liefert (20) mit Hilfe der so bekannten Funktion
$\frac{dy^*}{dt}$ (t) für die Randkurve, den Wert:

$$p(t) = y'(t) = f[t, y^*(t), \frac{dy^*}{dt}(t)] = f^*(t)$$

und man hat damit statt der Werte $t = t_A$, $y = y_A$ den Randwertsatz:

$$y = y^*(t)$$

$$y' = f^*(t)$$

also wieder zwei Bedingungen.

Die auch auftretenden "freien Randwerte", bei denen entweder $t = t_A$,

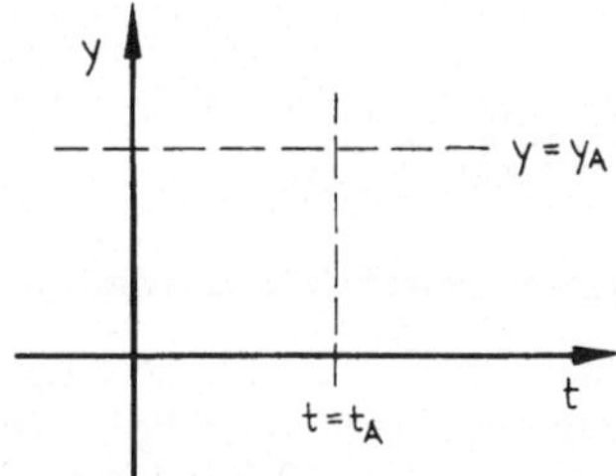

Abb. I.9 Randkurven $y = y_A$, t beliebig und
$t = t_A$, y beliebig

y beliebig oder $y = y_A$, t beliebig vorgegeben ist, sind Spezialfälle
des vorangegangenen Falles, da man hier im (t,y)-Koordinatensystem
die zu den Koordinatenachsen parallelen Geraden $y - y_A = 0$ bzw. $t - t_A = 0$
vorgegeben hat, die die Tangentenrichtungen $dy = 0$, dt beliebig bzw.
$dt = 0$, dy beliebig haben (vgl. Abb. I.9).

Dementsprechend erhält man für (20):

(21)   a) bei y beliebig: $L_{y'}(t_A, y, p) dy = 0$
         b) bei t beliebig: $[L(t, y_A, p) - p L_{y'}(t, y_A, p)] dt = 0$

und da dy bzw. dt beliebig sind, notwendig, daß die Faktoren bei

diesen Differentialen verschwinden. Dann kann man aber wieder nach
p auflösen und erhält als Randkennzeichnung:

$$\text{a) bei } y \text{ beliebig: } t = t_A$$
$$p = f^*(t_A, y)$$

$$\text{b) bei } t \text{ beliebig: } y = y_A$$
$$p = f^*(y_A, t)$$

Natürlich erhält man völlig gleiche Beziehungen, wenn man statt An-
fangskurven Endkurven betrachtet.

<u>2.1.4. Regularität.</u> Wir hatten bei der Herleitung der notwendigen
Bedingungen für das Vorliegen eines Minimums vorausgesetzt, daß das
Extremalenfeld regulär sei, also durch jeden Punkt genau eine Extremale gehen sollte. Ohne auf die genaue Behandlung dieser Voraussetzung eingehen zu wollen, die mit einer weiteren notwendigen Bedingung (vgl. F u n k [11]) verknüpft ist, wollen wir uns an Hand
der eben gegebenen Deutung der Extremalen als Linien kürzesten geodätischen Abstandes ein Beispiel überlegen, bei dem diese Voraussetzung nicht zutrifft, um so ein gewisses Gefühl zu bekommen, wann
man in dieser Richtung aufpassen muß.

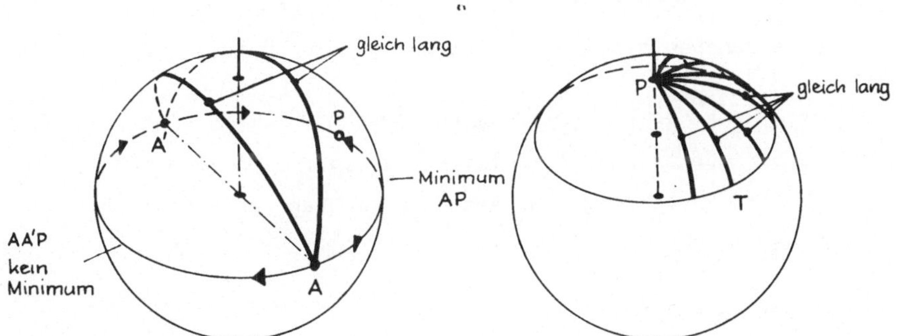

Abb. I.10 Konjugierte Punkte A,A'   Abb. I.11 Nicht reguläres
                                         Extremalenfeld

Dazu betrachten wir die Kugel. Linien kürzesten Abstandes sind bekanntlich die Großkreise. Für das Punkt-Punkt-Problem sind die kürzesten Abstände eindeutig, wenn nicht der dem Anfangspunkt diametral
gegenüberliegende Punkt erreicht wird. Ist dieser Punkt Endpunkt,

dann gibt es beliebig viel gleichlange Abstände, wird er überschritten,
dann ist der Weg, obwohl er die gleichen Kriterien relativ zu den
Nachbartrajektorien erfüllt, nicht mehr der kürzeste Weg. Man nennt
einen solchen Punkt, in dem sich vom selben Anfangspunkt ausgehende
Extremalen schneiden, zum Anfangspunkt konjugiert. Man muß also darauf achten, nicht den nächsten zum Ausgangspunkt konjugierten Punkt
zu überschreiten.

Für das Anfangskurven-Punkt-Problem hat man als Gegenbeispiel für
ein reguläres Extremalenfeld entsprechend den Fall, in dem der Endpunkt Pol der entsprechenden Kugelkappe ist, wenn die Anfangskurve
durch einen beliebigen Kreis auf der Kugel gegeben wird, da dann
die Entfernung zu jedem Punkt auf der Anfangskurve vom Endpunkt aus
gleich groß ist.

2.1.5. Berechnung der Extremalen aus Kurven gleichen Extremwerts und umgekehrt.

Die Deutung der Extremalen und Kurven gleichenExtremwerts
als Trajektorien der Ausbreitung einer Störung und der zugehörigen Wellenfront verlangt, daß sich die Extremalen und die Kurven gleichen Extremwertes als duale Kurven unmittelbar auseinander berechnen lassen. Da
z.B. $y(t)$ aus einer Differentialgleichung 2. Ordnung folgt, hat man es
mit Kurvenscharen mit zwei freien Parametern zu tun.

Die Berechnung des Extremwertes bei bekannten Extremalen $y(t)$ folgt
unmittelbar aus unseren Formeln: Mit $y(t,\alpha,\beta)$ ist auch die optimale
Fortschreitungsrichtung p bekannt und man kann über (7), (8) S_y, S_t
berechnen.

Dann folgt aber aus:

$$(22) \qquad S = \int ds = \int (S_y dy + S_t dt)$$

unmittelbar $S \equiv S(t,y)$ und damit auch die Kurvenschar $S = \text{const.}$

Umgekehrt besagt der Hauptsatz der Hamilton-Jacobischen Integrati-
onstheorie, den wir hier nicht beweisen wollen, daß man aus einem
vollständigen Integral der Hamilton-Jacobischen Differentialgleichung

$$S(t,y,\alpha) = a; \quad S_{t\alpha}^2 + S_{y\alpha}^2 \neq 0$$

die allgemeine Extremale $y(t,\alpha,\beta)$ berechnen kann, indem man setzt:

$$(23) \qquad \frac{\partial S(t,y,\alpha)}{\partial \alpha} = \beta$$

<u>2.1.6. Beispiel für die Behandlung einer Minimalaufgabe mit der Eulerschen und der Hamilton-Jacobischen Differentialgleichung.</u> Wir wollen an einem Beispiel das Vorgehen über die Hamilton-Jacobische partielle Differentialgleichung und die Eulersche gewöhnliche Differentialgleichung miteinander vergleichen.

Dazu betrachten wir die folgende Aufgabe:

Gegeben seien zwei Punkte:

$$P_A \equiv P(t_A;y_A); \quad P_E \equiv P(t_E,y_E)$$

in der t, y-Ebene (Abb. 1.12). Zwischen diesen Punkten sei eine Kurve C gespannt: Welches ist die Kurve C, die bei einer Rotation um die t-Achse die kleinste Mantelfläche für den so entstehenden Rotationskörper ergibt?

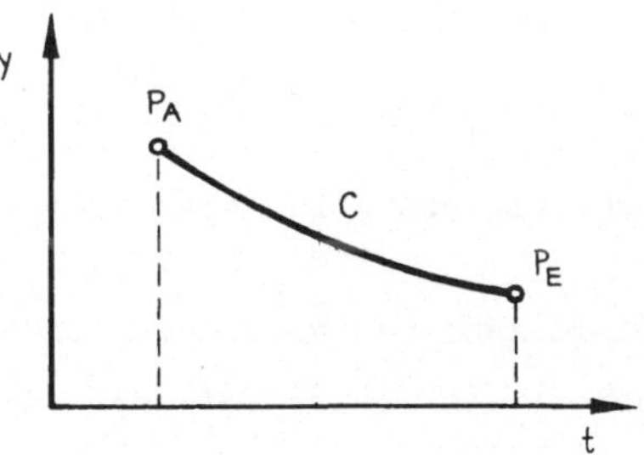

Abb. I.12 Ansatz zur Bestimmung des Rotationskörpers kleinster Mantelfläche

Setzt man den Rotationskörpermantel aus lauter infinitesimalen Mantelstückchen zusammen, so hat man für die Oberfläche:

$$O = 2\pi \int_{t_A}^{t_E} y\,ds = 2\pi \cdot \int_{t_A}^{t_E} y \cdot \sqrt{dt^2 + dy^2}$$

$$= 2\pi \cdot \int_{t_A}^{t_E} y \cdot \sqrt{1 + y'^2}\,dt$$

Mit unserer Definition

$$J = \int_{t_A}^{t_E} L(t,y,y')\,dt$$

gilt:

$$L = 2\pi y \cdot \sqrt{1 + y'^2}$$

Die Eulersche Differentialgleichung war gegeben durch:

$$L_y - \frac{d}{dt} L_{y'} = 0$$

[vgl. (12)] und wir finden:

$$2\pi \cdot \sqrt{1 + y'^2}\Big|_{y' = p} - \frac{d}{dt}\left(2\pi y \cdot \frac{y'}{\sqrt{1 + y'^2}}\Big|_{y' = p}\right) = 0$$

Wir könnten dies integrieren und ausrechnen, machen aber einfacher von Folgendem Gebrauch:

Gilt:

$$L(t,y,y') \equiv L(t,y')$$

so reduziert sich die Eulersche Gleichung auf:

$$\frac{d}{dt} L_{y'} = 0 \rightarrow L_{y'} = const$$

d.h. die erste Integration ist trivial.

Damit kann man aber durch Variablenvertauschung auch für $L(y,y')$ sofort ein erstes Integral angeben. Es ist nämlich:

$$0 = 2\pi \cdot \int_{t_A}^{t_E} y \cdot \sqrt{dt^2 + dy^2} = 2\pi \cdot \int_{y_A}^{y_E} y \cdot \sqrt{1 + t'^2}\,dy$$

also:

$$\frac{d}{dy} L_{t'} = \frac{d}{dy} 2\pi y \cdot \frac{t'}{\sqrt{1 + t'^2}}\Bigg|_{t' = \frac{1}{p}} = \frac{d}{dy} \frac{2\pi y}{\sqrt{p^2 + 1}} = 0$$

und damit:

$$\frac{2\pi y}{\sqrt{p^2 + 1}} = \text{const} = \alpha^*$$

Wir lösen auf und finden:

$$(24) \qquad p = y' = \frac{2\pi}{\alpha^*} \cdot \sqrt{y^2 - \frac{\alpha^{*2}}{4\pi^2}}$$

$$dt = \frac{\alpha^*}{2\pi} \cdot \sqrt{y^2 - \frac{\alpha^{*2}}{4\pi^2}}$$

so daß sich für die zweiparametrige Extremalenschar ergibt:

$$(25) \qquad t = \frac{\alpha^*}{2\pi} \ \text{ar cosh}\left(\frac{2\pi y}{\alpha^*}\right) + \beta^*$$

und α^*, β^* im Einzelfall aus der Vorgabe für $y(t_A)$, $y(t_E)$ folgen.

Für die Kurven konstanten Extremwerts hat man mit (7), (8)

$$(26) \qquad S_y = L_{y'}\Big|_p = 2\pi y \cdot \frac{y'}{\sqrt{1 + y'^2}}\Big|_{y' = p} = 2\pi y \cdot \frac{p}{\sqrt{1 + p^2}}$$

$$(27) \qquad S_t = \left(L - p \cdot L_{y'}\right)_p = 2\pi y \sqrt{1 + p^2} - 2\pi y \frac{p^2}{\sqrt{1 + p^2}} = \frac{2\pi y}{\sqrt{1 + p^2}}$$

wobei für p der in (24) berechnete Wert einzusetzen ist und dann S nach (22) gebildet werden kann.

(26), (27) ergeben mit (24):

$$S_y = 2\pi \cdot \sqrt{y^2 - \frac{\alpha^{*2}}{4\pi^2}}$$

$$S_t = \alpha^*$$

so daß man insgesamt findet:

$$(28) \qquad S = \int \alpha^* dt + \int 2\pi \cdot \sqrt{y^2 - \frac{\alpha^{*2}}{4\pi^2}} \, dy$$

$$= \alpha^* t + \pi y \sqrt{y^2 - \frac{\alpha^{*2}}{4\pi^2}} - \frac{\alpha^{*2}}{2\pi} \cdot \ln\left(y + \sqrt{y^2 - \frac{\alpha^{*2}}{4\pi^2}}\right)$$

und aus $S(t,y,\alpha^*) = \beta^*$ die gewünschte zweiparametrige Schar von Kurven gleichen Extremwerts folgt, die transversale Kurvenschar zu den Extremalen.

Versuchen wir, unsere Aufgabenstellung über die Hamilton-Jacobische partielle Differentialgleichung (14) zu lösen, so müssen wir $p(t,y)$ zunächst durch eine Funktion $\psi(t,y,S_y)$ darstellen, um (14) aufschreiben zu können. $\psi(t,y,S_y)$ folgt aus $S_y = L_{y'}\big|_p$, d.h. aus (26) zu:

$$(29) \qquad p^2 = \psi^2 = \frac{S_y^{\,2}}{4\pi^2 y^2 - S_y^2}$$

Schreibt man nun (14) aus:

$$S_t - L(t,y,\psi) + \psi L_{y'}(t,y,\psi) = 0$$

so hat man:

$$S_t - \left\{ 2\pi y \sqrt{1 + \psi^2} - 2\pi y \cdot \frac{\psi^2}{\sqrt{1 + \psi^2}} \right\} = 0$$

$$S_t - \frac{2\pi y}{\sqrt{1 + \psi^2}} = 0$$

oder unter Verwendung von (29):

$$S_t - \sqrt{4\pi^2 y^2 - S_y^2} = 0$$

Dies ist die gesuchte Hamilton-Jacobische partielle Differentialgleichung.

Um sie zu lösen, machen wir von einem Kunstgriff Gebrauch: Wir erinnern daran, daß, wenn wir S_t, S_y richtig berechnet haben, gelten muß:

$$\frac{\partial S_t}{\partial y} = \frac{\partial S_y}{\partial t}$$

da dies bei einem vollständigen Differential dS der Fall sein muß. Bei dem Ansatz:

$$S_t = \alpha$$

woraus folgt:

$$\sqrt{4\pi^2 y^2 - S_y^2} = \alpha$$

$$S_y = \sqrt{4\pi^2 y^2 - \alpha^2}$$

sind die Variablen y, t getrennt und es gilt tatsächlich:

$$\frac{\partial S_t}{\partial y} = \frac{\partial \alpha}{\partial y} = 0 = \frac{\partial S_y}{\partial t} = \frac{\partial \sqrt{4\pi^2 y^2 - \alpha^2}}{\partial t}$$

so daß wir schreiben können:

$$S = \int \alpha dt + \int 2\pi \cdot \sqrt{y^2 - \frac{\alpha^2}{4\pi^2}}\ dy$$

Diese Formel ist - wie es der Fall sein muß - identisch mit der aus den Extremalen im Fall des Weges über die Eulersche Gleichung her geleiteten Formel (28), wenn wir $\alpha = \alpha^*$ setzen.

Die Extremalen erhalten wir jetzt nach (22) aus $\frac{\partial S}{\partial \alpha} = \beta$ zu:

$$\int dt - \int \frac{\alpha}{2\pi} \cdot \frac{1}{\sqrt{y^2 - \frac{\alpha^2}{4\pi^2}}}\ dy = \beta$$

$$t = \frac{\alpha}{2\pi} \int \frac{dy}{\sqrt{y^2 - \frac{\alpha^2}{4\pi^2}}} + \beta$$

und damit genau wieder (25) mit $\alpha = \alpha^*$, $\beta = \beta^*$.

Es sei noch bemerkt, daß die Kurven (25) als Kettenlinien bekannt sind und daß die Legendresche Bedingung, die am einfachsten durch Ableitung von (26) gewonnen wird, ergibt:

$$L_{y'y'}\Big|_p = \frac{2\pi y}{(1 + p^2)^{3/2}} > 0$$

Man hat es also tatsächlich mit einer Minimalwertbestimmung zu tun.

2.1.7. Die Erdmann-Weierstraßschen Eckenbedingungen. Wir haben in
unserer Herleitung der notwendigen Bedingungen die Voraussetzung
gemacht, daß $S(t,y)$ zweimal stetig differenzierbar ist. Wir wollen
nun unsere Erläuterung der Hauptbegriffe der Variationsrechnung damit abschließen, daß wir für den häufig auftretenden Fall, daß die
Extremale aus Stücken solcher Kurven zusammengesetzt ist, die Bedingungen für das Zusammensetzen der Extremalenstücke betrachten.

Dazu nennen wir K den Eckpunkt zwischen zwei Extremalenstücken S_1,
S_2. Die Gesamtextremale

$$S = S_1(t_A, y_A; t_K, y_K) + S_2(t_K, y_K; t_E, y_E)$$

ist nun als Funktion des Punktes $P(t_K, y_K)$ wieder so zu wählen, daß
sie ein Minimum wird. Dann muß aber gelten:

$$(30) \qquad \frac{\partial S}{\partial t_K} = \frac{\partial S_1}{\partial t_K} + \frac{\partial S_2}{\partial t_K} = 0$$

$$(31) \qquad \frac{\partial S}{\partial y_K} = \frac{\partial S_1}{\partial y_K} + \frac{\partial S_2}{\partial y_K} = 0$$

Wir beachten, daß $S(t,y)$ bei uns immer war $S(t_A, y_A; t, y)$ und eine
Umkehrung der Variablengruppe in S einer Umkehrung des Integrations-
weges, d.h. einer Vorzeichenvertauschung entspricht.

Dann gilt:

$$\frac{\partial S_1}{\partial t_K} = \frac{\partial S_1}{\partial t}\bigg|_{t_K} \quad ; \quad \frac{\partial S_2}{\partial t_K} = -\frac{\partial S_2}{\partial t}\bigg|_{t_K}$$

$$\frac{\partial S_1}{\partial y_K} = \frac{\partial S_1}{\partial y}\bigg|_{y_K} \quad ; \quad \frac{\partial S_2}{\partial y_K} = -\frac{\partial S_2}{\partial y}\bigg|_{y_K}$$

und somit nach (30), (31), daß $\frac{\partial S}{\partial t}, \frac{\partial S}{\partial y}$ stetig über eine solche Ecke
hinweggehen, bzw. gemäß (7), (8) die Stetigkeit:

$$(32) \qquad \left(L - p \cdot L_{y'}\right)_1 = \left(L - p \cdot L_{y'}\right)_2$$

$$(33) \qquad \left(L_{y'}\right)_1 = \left(L_{y'}\right)_2$$

gewahrt bleiben muß. Die Gleichungen (32),(33) werden als Erdmann-Weierstraßsche Eckenbedingungen bezeichnet.

2.2. Theorie der in y' linearen Integranden

2.2.1. Problemstellung. Die Legendresche Bedingung (9) liefert i.a. eine Aussage, ob eine Lösung der Eulerschen Gleichung (15) in Bezug auf die benachbarten Kurven einen Maximalwert oder einen Minimalwert darstellt. Allerdings versagt sie in den Fällen, bei denen gilt:

$$(34) \qquad L(t,y,y') = a(t,y) + b(t,y)y'$$

da dann

$$L_{y'y'} \equiv 0$$

ist.

Die Eulersche Gleichung selbst lautet:

$$\frac{d}{dt}\, b(t,y) - \frac{\partial}{\partial y}\,[\,a(t,y) + b(t,y)y'\,] = 0$$

bzw. ausgerechnet

$$(35) \qquad \frac{\partial b}{\partial t} - \frac{\partial a}{\partial y} = 0$$

Dies ist keine Differentialgleichung mehr, sondern eine Funktion von (y,t), so daß die Kurven mit Extremaleigenschaften nicht länger durch die Vorgabe von Randwerten bestimmt werden können, sondern von vornherein in der y,t-Ebene eindeutig festliegen. D.h. eine beliebig gestellte Extremalaufgabe wird i.a. keine Lösung haben.

Ist der Integrand

$$(36) \qquad L\,dt = a(t,y)dt + b(t,y)dy$$

ein vollständiges Differential, so ist (35) im ganzen Gültigkeits-gebiet der Beziehung (36) erfüllt, da (35) gerade die Integrabili-tätsbedingung darstellt, d.h. die Eulersche Gleichung wird durch ein vollständiges Differential identisch erfüllt; man kann bei jeder

Optimierungsaufgabe zu dem vorliegenden beliebigen $L(t,y,y')$ ein vollständiges Differential addieren, ohne daß die Extremalen geändert werden. Das ist an sich auch selbstverständlich, da das Integral über ein vollständiges Differential vom Wege unabhängig, eine Extremalaufgabe dafür also sinnlos ist.

2.2.2. Feststellung des Charakters der Extremalen bei fehlender Abhängigkeit von y'. Ist $b(t,y) = 0$, d.h. reduziert sich (34) auf

$$(37) \qquad L(t,y,y') = a(t,y)$$

so kann man für die fehlende Legendresche Bedingung eine Ersatzbedingung angeben, die darüber Auskunft gibt, ob die an sich durch (35) als Funktion von (t,y) festgelegten Extremalkurven

$$(38) \qquad \frac{\partial a}{\partial y} = 0$$

ein relatives Minimum oder Maximum angeben.

Dazu setzt man in (37)

$$(39) \qquad z' = y$$

so daß nun der Extremwert von

$$J = \int\limits_{t_A}^{t_E} a(t,z')dt$$

zu betrachten ist. Eine solche Koordinatentransformation kann natürlich die Extremaleigenschaften nicht ändern.

Die Eulersche Gleichung lautet:

$$\frac{d}{dt}\frac{\partial a}{\partial z'} - \frac{\partial a}{\partial z} = \frac{d}{dt}\frac{\partial a}{\partial z'} = 0$$

d.h.

$$(40) \qquad \frac{\partial a}{\partial z'} = const.$$

Die Konstante folgt aus der Transversalitätsbedingung. $z(t_A)$, $z(t_E)$ sind nach unserem Ansatz frei, also optimal zu wählen. Nach (21) gilt:

$$\frac{\partial a}{\partial z'}\, dz\Big|_{t_A} = 0; \quad \frac{\partial a}{\partial z'}\, dz\Big|_{t_E} = 0$$

und damit:

$$\frac{\partial a}{\partial z'}\Big|_{t_A} = \frac{\partial a}{\partial z'}\Big|_{t_E} = 0$$

Die Konstante in (40) ist also Null.

Gegenüber $a(t,y)$ liefert die Legendresche Bedingung aber nun i.a. eine Aussage:

$$\frac{\partial^2 a}{\partial z'^2} \geq 0 \quad \text{bzw.} \quad \frac{\partial^2 a}{\partial z'^2} \leq 0$$

so daß wir beim Wiedereinsetzen von (39) die alte Eulersche Gleichung (38) - wie notwendig - und die zusätzliche Bedingung:

$$\frac{\partial^2 a}{\partial y^2} \begin{cases} \geq 0 & \text{Minimum} \\ \leq 0 & \text{Maximum} \end{cases}$$

erhalten, die im übrigen für $\frac{\partial a}{\partial y} = 0$ auch aus der gewöhnlichen Extremwertberechnung zu folgern war.

2.2.3. Die Mielesche Problemstellung. M i e l e hat in den fünfziger Jahren gezeigt - vgl. [53] und M i e l e in [16] - , daß die scheinbar recht eingeschränkte Problemstellung (34) in vielen technischen Fällen auftritt, wenn man zu der üblichen Randwertaufgabe eine Gebietseinschränkung hinzunimmt, und daß die so formulierte Aufgabe mit Hilfe des Greenschen Satzes vollständig behandelt werden kann, d.h. daß man notwendige und hinreichende Aussagen erhält.

Miele betrachtet die Aufgabe, das Integral

$$(41) \qquad J = \int_{t_A}^{t_E} [a(t,y) + b(t,y)y']dt$$

zu einem Extremwert zu machen in einem durch den geschlossenen Kurvenzug

$$\varepsilon(t,y) = 0$$

eingegrenzten Gebiet G, wobei die Randpunkte A, E auf dieser Randkurve selbst liegen (Abb. I.13).

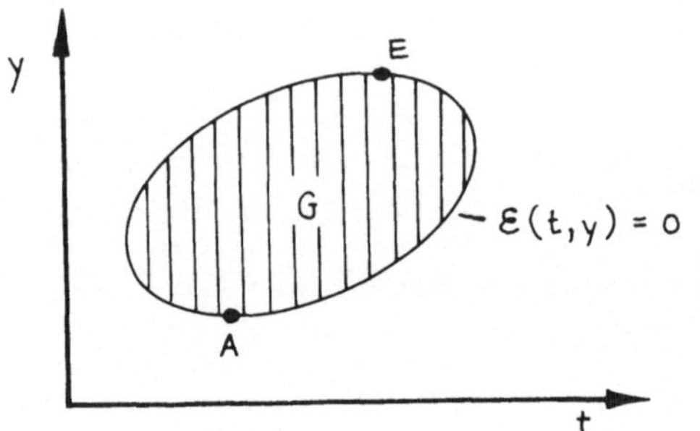

Abb. I.13 Voraussetzungen für
die Mielesche Problemstellung

Der Greensche Satz, den M i e l e für seine Überlegungen benutzt,
lautet bekanntlich:

$$(42) \quad \oint_{\text{Rand von } \widetilde{G}} [a(t,y)dt + b(t,y)dy] = \iint_{\widetilde{G}} \left(\frac{\partial b}{\partial t} - \frac{\partial a}{\partial y}\right) dt\,dy$$

wenn $\widetilde{G}$ ein beliebiges Gebiet ist.

Wir setzen nun:

$$(43) \quad \frac{\partial b}{\partial t} - \frac{\partial a}{\partial y} = \omega(t,y)$$

und betrachten die Fälle:

$$(44) \quad \text{a) } \omega(t,y) > 0 \quad \text{in} \quad \varepsilon(t,y) = 0$$
$$\text{b) } \omega(t,y) \gtrless 0 \quad \text{in} \quad \varepsilon(t,y) = 0$$

$\omega(t,y) \equiv 0$ in $\varepsilon(t,y) = 0$ bedeutet, daß das Integral (41) vom Wege unabhängig ist, da der Integrand ein vollständiges Differential ist,
eine Extremalforderung also keinen Sinn gibt, während die Fälle
$\omega(t,y) \geq 0$ und $\omega(t,y) \leq 0$ aus unseren Betrachtungen leicht abgeleitet
werden können und deshalb hier unberücksichtigt bleiben sollen.

Für den Fall a) aus (44) betrachten wir zwei Wege in $\varepsilon(t,y) = 0$, die
den Anfangspunkt A und den Endpunkt E miteinander verbinden sollen
(vgl. Abb. I.14). Dann gilt:

$$J_Q - J_P = \int_{t_A}^{t_E} (a + by')\,dt - \int_{t_A}^{t_E} (a + by')\,dt$$

längs Q   längs P

$$= \oint_{AQEP} (a + by')\,dt \overset{(41)}{=} \iint_{AQEP} \omega(t,y)\,dy\,dt$$

und, da $\omega(t,y) > 0$ im ganzen Gebiet ist, ist das Doppelintegral größer Null, also:

$$J_Q > J_P$$

für alle Kurven Q, die rechts von einer Kurve P in $\varepsilon(t,y) = 0$ verlaufen, so daß man durch einen Grenzübergang findet:

$$\text{für } \omega(t,y) = \frac{\partial b}{\partial t} - \frac{\partial a}{\partial y} > 0$$

liefert der Bogen ACE von $\varepsilon = 0$ das Maximum

und der Bogen ADE von $\quad \varepsilon = 0$ das Minimum

$$\text{des Integrals } J = \int_{t_A}^{t_E} [a(t,y) + b(t,y)y']\,dt$$

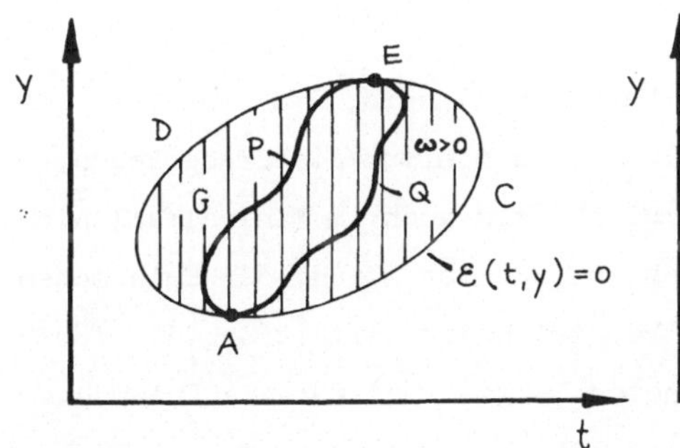

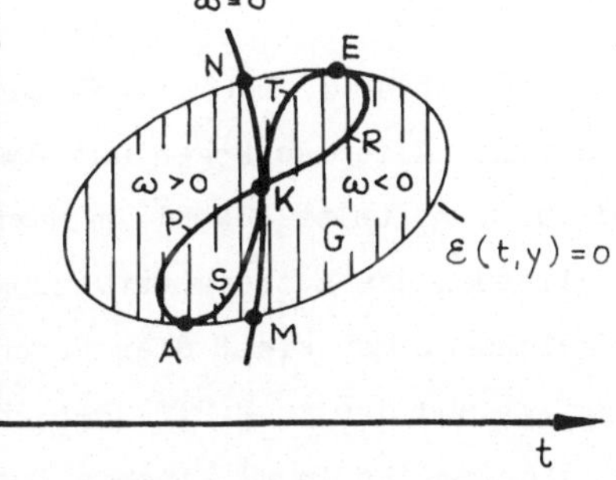

Abb. I.14 Ansatz zur Lösung der Mieleschen Problemstellung für $\omega > 0$ in G

Abb. I.15 Ansatz zur Lösung der Mieleschen Problemstellung für $\omega \gtrless 0$ in G

Für $\omega(t,y) \gtrless 0$, den Fall b) in (44), nehmen wir an, daß eine eindeutige Kurve $\omega(t,y) = 0$ existiert und betrachten zunächst zwei Kurven, die $\omega = 0$ in einem Punkt K schneiden und A und E verbinden. Benutzen wir die Bogenkennzeichnung, wie sie in der Abbildung I.15 gegeben ist, und berechnen

$$J_{ST} - J_{PR} = \int\limits_{t_A}^{t_E} (a + by')dt - \int\limits_{t_A}^{t_E} (a + by')dt$$
$$\quad\quad\quad\quad\quad ST \quad\quad\quad\quad\quad\quad PR$$

so gilt:

$$J_{ST} - J_{PR} = \oint (a + by')dt - \oint (a + by')dt$$
$$\quad\quad\quad\quad ASKP \quad\quad\quad\quad KRET$$

$$= \iint \omega\, dtdy - \iint \omega\, dtdy$$
$$\quad ASKP \quad\quad\quad KRET$$

wobei ω im ersten Doppelintegral durchweg größer Null und im zweiten Doppelintegral durchweg kleiner Null ist, also folgt:

$$J_{ST} - J_{PR} > 0$$

Macht man auch hier den Grenzübergang, so gilt für den betrachteten
Fall und auch für alle Fälle, in denen die Vergleichskurven die
Kurve $\omega = 0$ beliebig oft schneiden, daß

(45)   der Extremalbogen aus $\omega(t,y) = 0$ und
         Stücken auf dem Rande $\varepsilon(t,y) = 0$ besteht.

Bei den in Abb. I.15 gewählten Verhältnissen ist AMNE der das
Maximum liefernde Bogen und ANME der das Minimum liefernde Bogen,
d. h. $\omega = 0$ tritt sowohl im Maximalfall als auch im Minimalfall als
Teilstück des Extremalkurvenzuges auf. Es ist Lösung der Eulerschen
Gleichung. Man sieht dies durch Vergleich der Definition (43) für
$\omega(t,y)$ und der in 2.2.1. berechneten Formel (35) für die Eulersche
Gleichung für in y' lineare Integranden.

Die früher aufgezeigte Schwierigkeit, daß die Lösung der Eulerschen
Gleichung unabhängig von den Randwerten festliegt, wird nach (45)
dadurch behoben, daß die Extremale aus Lösungen der Eulerschen
Gleichung und Abschnitten auf der Randkurve besteht. Die Methode
von M i e l e ist ein erster Schritt aus dem Bereich der klassischen Variationsrechnung, bei der von offenen Gebieten ausgegangen
wurde und zeigt die Bedeutung von Bereichseinschränkungen, wie sie

für allgemeinere Aufgabenstellungen von P o n t r y a g i n in seinem Maximumprinzip herausgestellt wurde.

2.2.4. Maximale Steighöhe einer Höhenrakete als Beispiel zu Miele-schen Theorie.

Wir wollen hier ein Beispiel einschalten, das uns in einer etwas allgemeineren Form noch öfter wieder begegnen wird und an dem wir dann die sich praktisch ergebenden Unterschiede der verschiedenen Optimierungsverfahren zeigen wollen.

Wir betrachten den senkrechten Aufstieg einer Höhenrakete, die einen regelbaren Schub besitzt und fragen, wie wir diesen Schub einrichten müssen, damit wir eine maximale Steighöhe erreichen.

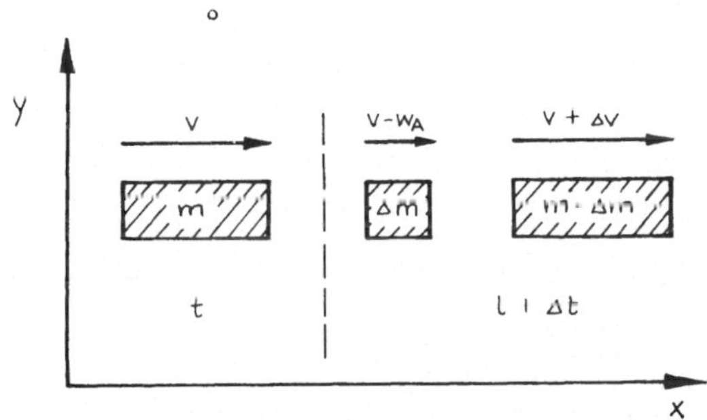

Abb. I.16 Ansatz zur Aufstellung der Raketengrundgleichung nach [23]

Um die Bewegungsgleichungen aufschreiben zu können, wollen wir uns als erstes das Raketenprinzip überlegen. Man kann z. B. nach [23] wie folgt argumentieren (s. Abb. I.16): Zum Zeitpunkt t habe die Rakete die Masse m und die Geschwindigkeit v . Stoßen wir durch das Triebwerk in der Zeit Δt die Masse Δm mit der Ausströmungsgeschwindigkeit w_A aus, so haben wir im Zeitpunkt $t + \Delta t$ das Gesamtsystem der Massen $m - \Delta m$ mit der Geschwindigkeit $v + \Delta v$ und Δm mit der Geschwindigkeit $v - w_A$ zu betrachten. Solange keine äußeren Kräfte einwirken, verändert sich der Impuls nicht und es muß gelten:

$$mv = (m - \Delta m)(v + \Delta v) + \Delta m(v - w_A)$$

$$= mv - v\Delta m + m\Delta v - \Delta m\Delta v + v\Delta m - w_A\Delta m$$

Dividieren wir jetzt durch Δt und gehen mit der Zeit gegen Null, so erhalten wir als Raketengrundgleichung:

$$(46) \qquad m\dot{v} = w_A \cdot \mu$$

Den Term $w_A \cdot \mu$ können wir als Schub $\tilde{S}$ bezeichnen. μ ist der Massendurchsatz pro Zeiteinheit; er ist mit der Massenveränderung $\dot{m}$ bei unserem Vorzeichenansatz durch $\dot{m} = -\mu$ verkoppelt.

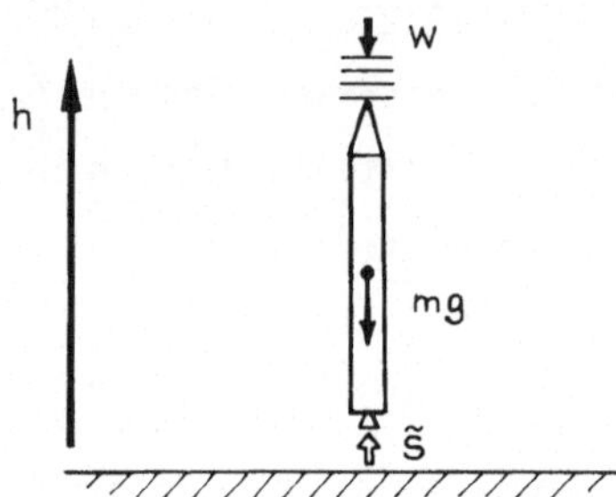

Abb. I.17   Ansatz zur Aufstellung der Bewegungsgleichungen der Höhenrakete

Betrachten wir nun den Aufstieg der Höhenrakete mit den äußeren Kräften, Widerstand W und Gravitation, so finden wir unmittelbar als Bewegungsgleichung (Abb. 17):

$$(47) \qquad m\dot{v} = \tilde{S} - W - mg$$

$$\dot{h} = v$$

mit

$$(48) \qquad \tilde{S} = \mu \cdot w_A$$

und den Bezeichnungen

$$(49) \qquad m = \text{Raketenmasse}$$

$\tilde{S}$ = Schub

W = Luftwiderstand

g = Gravitationsbeschleunigung

v = Geschwindigkeit

h = Höhe

μ = Massendurchsatz pro Zeiteinheit

w_A = Ausströmungsgeschwindigkeit

Wir haben hier die Höhenabhängigkeit des Schubs vernachlässigt, die
dadurch bedingt ist, daß die wahre Ausströmungsgeschwindigkeit der
Gase durch das Druckgefälle zwischen dem Druck in der Brennkammer
und dem Außendruck gegeben ist; d. h. am Boden wird praktisch nur
eine kleinere Ausströmungsgeschwindigkeit erreicht als im Vakuum,
wo kein äußerer Gegendruck vorhanden ist. Entsprechend wollen wir
auch nicht berücksichtigen, daß eine Durchsatzerhöhung den Brenn-
kammerdruck und damit auch die Ausströmungsgeschwindigkeit beeinflußt.

Wir wollen aber beachten, daß der Schuberhöhung i. a. Grenzen gesetzt sind und dementsprechend verlangen:

$$(50) \qquad 0 \leq \mu \leq \mu_{max}$$

Beim Widerstand setzen wir voraus:

$$(51) \qquad W = {}^{\rho}\!/_2 v^2 \, c_w (\text{Machzahl}) \, F = K v^2$$

$$\text{mit } K - \text{const}$$

$$(\rho = \text{Luftdichte}, \; c_w = \text{Widerstandsbeiwert}, \; F = \text{Bezugsfläche})$$

und bei der Gravitationsbeschleunigung:

$$(52) \qquad g = \frac{g_0 r_0^2}{r^2} = \tilde{g} = \text{const}$$

$$(g_0 = \text{Gravitationsbeschleunigung auf der Erdoberfläche},$$
$$r_0 = \text{Erdradius}, \; r = r_0 + h).$$

Wir werden später bei der allgemeineren Behandlung der Aufgabe an
einem Beispiel sehen, daß unsere hier gemachten Vernachlässigungen
die Lösung in ihrem Charakter nicht beeinflussen, so daß wir durchaus eine ausreichende Annäherung an die Wirklichkeit haben. Allerdings muß dabei, wenn auch bezüglich der erreichbaren Gipfelhöhe
eine gute Übereinstimmung erzielt werden soll, von einer mittleren
Ausströmungsgeschwindigkeit ausgegangen werden, die der Schubän-
derung über der Höhe Rechnung trägt.

Das Differentialgleichungssystem (47) muß endlich noch durch die Verkopplung von Durchsatz und Massenänderung:

$$(53) \quad \dot{m} = -\mu$$

ergänzt werden.

Die Optimierungsforderung lautet:

$$(54) \quad h_E = \int_0^{h_E} dh = \text{Maximum}$$

(54), (53), (47) stellt an sich ein Optimierungsproblem mit Differentialgleichungen als Nebenbedingung dar, wie wir es erst in den folgenden Abschnitten zu behandeln lernen. Man kann das System aber so umformen, daß ein Mielesches Problem daraus wird (vgl. [53]), womit auch zugleich unsere eingangs des vorigen Paragraphen gemachte Bemerkung erläutert wird, daß Miele gezeigt hat, daß der einfachen linearen Problemstellung auch praktische Aufgabenstellungen entsprechen.

Wir schreiben für (47), (53):

$$(55) \quad dv = \left(\frac{\mu w_A}{m} - \frac{W}{m} - \tilde{g} \right) dt$$

$$dh = v \, dt$$

$$dm = -\mu \, dt$$

und setzen μ aus der dritten Gleichung in die erste Gleichung ein; dann folgt unter Beachtung von (51):

$$dv + \frac{w_A}{m} \, dm = - \left(\frac{Kv^2}{m} + \tilde{g} \right) dt$$

Drücken wir noch dt mittels der zweiten Gleichung von (55) durch dh aus, so wird:

$$dh = - \frac{vm}{Kv^2 + m\tilde{g}} \, dv - \frac{w_A v}{Kv^2 + m\tilde{g}} \, dm$$

und damit (54) zu:

$$(56) \quad h_E = \int_0^{V_E} \left\{ - \frac{vm}{Kv^2 + m\tilde{g}} - \frac{{}^W_A v}{Kv^2 + m\tilde{g}} \frac{dm}{dv} \right\} dv$$

$$= \int_0^{V_E} \left\{ a(v,m) + b(v,m)\, m' \right\} dv$$

d. h. man erhält gerade die für die Mielesche Theorie notwendigen linearen Integranden.

Die Formel (50) liefert uns ferner die für die Theorie notwendige Einschränkung des Gebietes in der m, v-Ebene. Integrieren wir nämlich mit $\mu = 0$ und $\mu = \mu_{max}$ vom Anfangspunkt m_A, $v_A = 0$ aus die Bewegungsgleichungen, so kann die Lösung nur in dem durch diese Kurven eingesetzten Zwickel liegen (Abb. I.18). Bei vorgegebener Treibstoffmenge ist ferner m_E bekannt und v_E muß, da h_E Gipfelhöhe sein soll, gleich Null sein. Wir können also die in m_E, v_E ankommenden Zweige für $\mu = 0$, $\mu = \mu_{max}$ berechnen und erhalten so eine weitere Einschränkung in der m, v-Ebene. Das Resultat ist der geschlossene Kurvenzug ACED, den wir mit $\varepsilon(v,m) = 0$ bezeichnen können und auf dem die Randpunkte A, E wie gewünscht liegen.

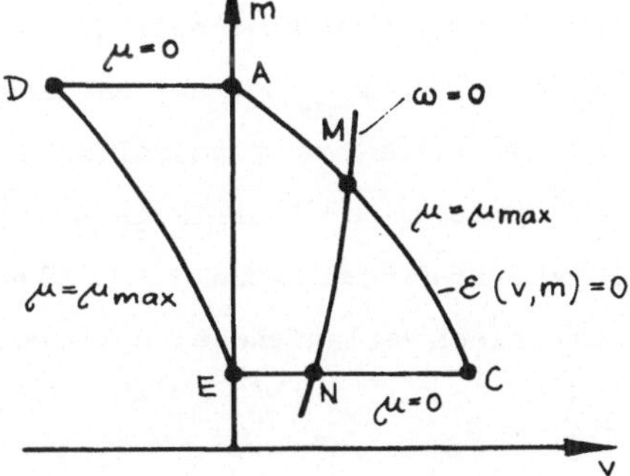

Abb. I.18 Gebietseinschränkungen beim Problem der max. Steighöhe der Höhenrakete

Die Lösung ist gemäß unseren theoretischen Ausführungen durch die Kurve AMNE gegeben. Daß AM auf $\mu = \mu_{max}$ liegt und NE auf $\mu = 0$, ist physikalisch sinnvoll. Die Kurve $\omega = 0$ ist nach (43) und (56) durch:

$$- \frac{w_A}{Kv^2 + m\tilde{g}} + \frac{w_A v \cdot 2Kv}{(Kv^2 + m\tilde{g})^2} - \frac{v m \tilde{g}}{(Kv^2 + m\tilde{g})^2} + \frac{v}{Kv^2 + m\tilde{g}}$$

$$= \frac{w_A \tilde{g}}{(Kv^2 + m\tilde{g})^2} \cdot \left\{ - m + \frac{K}{\tilde{g}} v^2 + \frac{K}{\tilde{g}} \frac{v^3}{w_A} \right\} = 0$$

gegeben, d. h. der variable Durchsatz längs $\omega = 0$ ist so zu bestimmen, daß gilt:

$$(57) \quad m = \frac{Kv^2}{\tilde{g}} \cdot \left(1 + \frac{v}{w_A}\right)$$

Durch Ableitung von (57) nach t können wir noch μ direkt bestimmen. Man hat:

$$\dot{m} = - \mu = \frac{K}{\tilde{g}} \left\{ 2v\dot{v} + 3\frac{v^2}{w_A} \cdot \dot{v} \right\}$$

$$\overset{(47)}{=} \frac{K}{\tilde{g}} \left\{ 2v + \frac{3v^2}{w_A} \right\} \cdot \left\{ \frac{\mu w_A}{m} - \frac{Kv^2}{m} - \tilde{g} \right\}$$

bzw. nach μ aufgelöst:

$$(58) \quad \mu = \frac{\left(m\tilde{g} + Kv^2\right)\left(2Kv + 3\frac{Kv^2}{w_A}\right)}{m\tilde{g} + 2Kv\,w_A + 3Kv^2}$$

Man muß also $\mu = \mu_{max}$ folgen bis (57) erfüllt ist und dann mit μ aus (58) fliegen. Bei dem Übergang von $\mu = \mu_{max}$ zu $\mu = \mu(t)$ aus (58) ergibt sich ein Sprung auf ein kleineres μ, das nach [53] bei den hier gemachten Annahmen ca. $0,4\,\mu_{max}$ beträgt und nach [67] bei den später in II.1.2.3. gemachten genaueren physikalischen Ansätzen ca. $0,125\mu_{max}$.
Danach steigt der Schub langsam wieder an, so daß das optimale Schubprogramm über der Zeit etwa Abb. I.19 entspricht. Man hat also tatsächlich ein einfach verlaufendes $\omega = 0$ in der m,v-Ebene, wie in Abb.I.18 angedeutet.

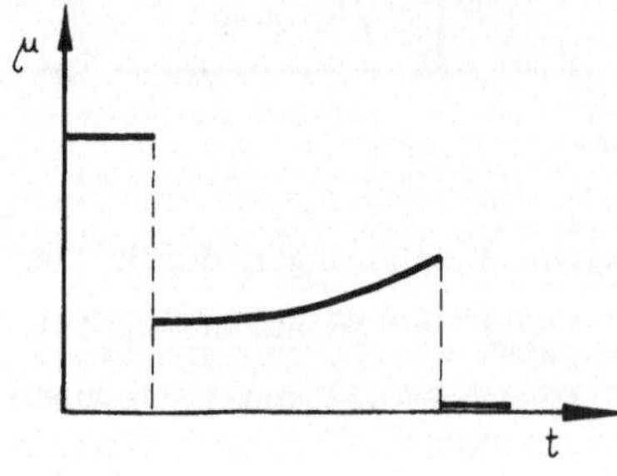

Abb. I.19 Prinzipieller Verlauf des Durchsatzes für eine Höhenrakete maximaler Steighöhe

2.3. Variationsprobleme mit Differentialgleichungen als Nebenbedingungen

2.3.1. Verallgemeinerungen der Grundbegriffe der Variationsrechnung.

Wir wollen nun ohne Beweis angeben, wie die von uns für die Optimierung eines Integrals hergeleiteten Formeln lauten, wenn n Variable und m Gleichungen oder Differentialgleichungen als Nebenbedingungen auftreten.

Wir betrachten also jetzt den Extremwert von

$$(59) \qquad J = \int_{t_A}^{t_E} L(t, y_i, y_i') \, dt \qquad i = 1,2 \ldots n$$

wobei für die $y_i = y_i(t)$ m Nebenbedingungen bestehen können, und
zwar:

$$(60) \quad a) \quad \text{Integralbedingungen:} \quad \int_{t_A}^{t_E} \widehat{\gamma}_j(t, y_i, y_i') \, dt = 0$$

$$b) \quad \text{gewöhnl. Gleichungen:} \quad \hat{\gamma}_j(t, y_i) = 0$$

$$c) \quad \text{gewöhnliche Differen-} \quad \widetilde{\gamma}_j(t, y_i, y_i') = 0$$
$$\text{tialgleichungen:}$$

die entweder als einzige Art von Nebenbedingungen auftreten können
oder nebeneinander die insgesamt m Bedingungen ergeben. Für die Gesamtzahl m muß gelten:

$$m < n$$

da sonst die $y_i(t)$ bereits durch die Nebenbedingungen festgelegt
sind.

Treten Differentialgleichungen als Nebenbedingungen auf, so können
noch r Beziehungen für die Randwerte vorliegen:

$$(61) \quad \varphi_k[t_A, y_i(t_A); t_E, y_i(t_E)] = 0 \quad k = 1,2 \ldots r \leq 2m + 2$$

Die notwendigen Bedingungen für das erweiterte Problem (59), (60)
erhält man, indem man in unseren früheren Formeln die Funktion:

$$L(t, y, y')$$

ersetzt durch:

$$(62) \quad \widetilde{L} = -\lambda_0 L + \sum_{j=1}^{m} \lambda_j(t)\, \gamma_j(t,\, y_i,\, y_i')$$

(wobei γ_j für $\overset{\shortmid\shortmid}{\gamma}_j$, $\hat{\gamma}_j$, $\widetilde{\gamma}_j$ steht) und die n-Dimensionalität beachtet. Die λ_0, λ_j heißen Lagrangesche Multiplikatoren.

Mit (62) erhält man aus der Eulerschen Gleichung den Satz von Eulerschen Gleichungen:

$$(63) \quad [\widetilde{L}|_{y_i}] = \widetilde{L}_{y_i} - \frac{d}{dt}\widetilde{L}_{y_i'} = 0 \qquad i = 1,2 \ldots n$$

für die Legrendesche Bedingung die Forderung:

$$(64) \quad \sum_{i=1}^{n} \sum_{k=1}^{n} \widetilde{L}_{y_i' y_k'}\, dy_i\, dy_k \geq 0$$

und für die Weierstraßsche Bedingung:

$$(65) \quad E \equiv \widetilde{L}(t,\, y_{\hat{i}},\, y_{\hat{i}}') - \widetilde{L}(t,\, y_{\hat{i}},\, p_{\hat{i}}) - \sum_{i=1}^{n} (y_i' - p_i)\widetilde{L}_{y_i'}(t, y_{\hat{i}}, p_{\hat{i}}) \geq 0$$

wobei (64), (65) für ein Minimum von (59) gelten und der Index $\hat{i}$ zur Unterscheidung vom Summationsindex i benutzt wurde. Die Erdmann-Weierstraßschen Eckenbedingungen lauten:

$$(66) \quad \left(\widetilde{L} - \sum_{i=1}^{n} p_i \widetilde{L}_{y_i'}\right)_{t^-} = \left(\widetilde{L} - \sum_{i=1}^{n} p_i \widetilde{L}_{y_i'}\right)_{t^+}$$

$$(67) \quad \left(\widetilde{L}_{y_i'}\right)_{t^-} = \left(\widetilde{L}_{y_i'}\right)_{t^+}$$

(mit t^-, t^+ als Kennzeichnung, von welcher Seite man sich der Ecke nähert). Die Transversalitätsbedingung schreibt sich:

$$(68) \quad \left(\widetilde{L} - \sum_{i=1}^{n} p_i \widetilde{L}_{y_i'}\right)dt + \sum_{i=1}^{n} \widetilde{L}_{y_i'}\, dy_i = 0$$

und die Hamilton-Jacobische partielle Differentialgleichung:

$$(69) \quad S_t - H(t, y_i, S_{y_i}) = 0$$

wobei die Hamiltonsche Funktion mit $\widetilde{L}$ gebildet ist:

$$(70) \quad H(t,y_i,S_{y_i}) = \widetilde{L}(t,y_i,\psi_i) - \sum_{k=1}^{n} \psi_k \widetilde{L}_{y_k'}(t,y_i,\psi_i)$$

Für die λ - Werte gilt:

$$(71) \quad \lambda_0 = \text{const} \leq 0$$

$$\lambda_j = \text{const} \quad \text{für Integralbedingungen}$$

$$\lambda_j = \lambda_j(t) \quad \text{für Gleichungen und Differentialgleichungen}$$
$$\text{als Nebenbedingungen}$$

2.3.2. Besonderheiten der Differentialgleichungen als Nebenbedingungen. Der im vorigen Paragraphen geschilderte einfache Formalismus läßt sich beim Vorliegen von Differentialgleichungen als Nebenbedingungen nur schwer beweisen. Wir wollen - wie schon angedeutet - auf den Beweis nicht eingehen (man findet ihn z. B. bei B l i s s [5]), sondern nur an einem Beispiel nach F u n k [11] zeigen, welche Besonderheiten durch die unterbestimmten Differentialgleichungen als Nebenbedingungen auftreten. (Unterbestimmt: es existieren mehr abhängige Variable y_i als Differentialgleichungen dafür).

Dazu betrachten wir im Koordinatenraum $(t,\ y_1,\ y_2)$ die unterbestimmte Differentialgleichung:

$$(72) \quad y_2' = \sqrt{1 + y_1'^2}$$

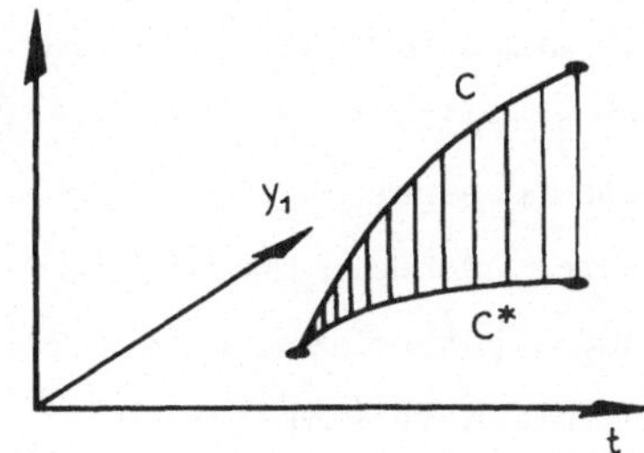

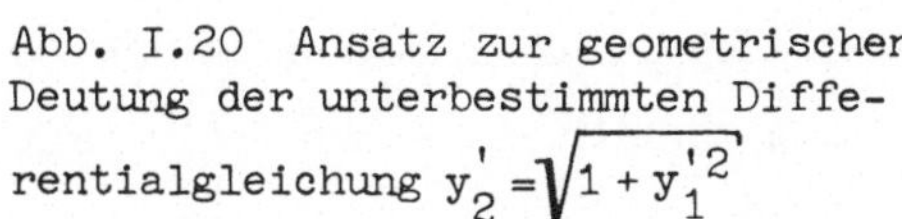

Abb. I.20 Ansatz zur geometrischen Deutung der unterbestimmten Differentialgleichung $y_2' = \sqrt{1 + y_1'^2}$

Diese Differentialgleichung hat eine einfache geometrische Bedeutung (Abb. I.2o): Betrachten wir die Projektion C^* einer Lösungskurve C in die $t,\ y_1$-Ebene, so ist:

$$ds = \sqrt{1 + y_1'^2}\, dt$$

gerade das Bogenelement dieser Kurve. Das heißt aber, daß die nach
(72) berechnete Ordinate:

$$(73) \quad y_2(t_E) = \int_{t_A}^{t_E} \sqrt{1 + y_1'^2}\, dt + y_2(t_A)$$

genau gleich der Bogenlänge von C^* plus einer Konstanten ist. Die
Bogenlänge einer Kurve in der t, y_1-Ebene ist aber immer größer als
der Abstand der Endpunkte der Kurve, d. h. es ist:

$$l \geq a = \sqrt{(t - t_A)^2 + [y_1(t) - y_1(t_A)]^2}$$

Damit gilt für (73):

$$y_2(t) \geq y_2(t_A) + \sqrt{(t - t_A)^2 + [y_1(t) - y_1(t_A)]^2}$$

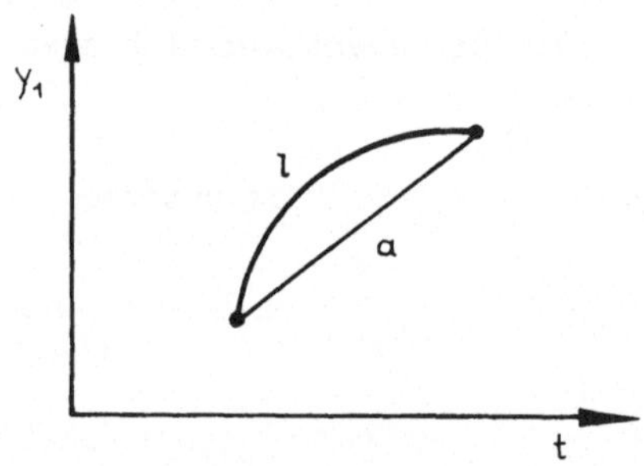

Abb. I.21 Vergleich von Bogen und
kürzester Verbindung

Wir haben also für (72) eine Einschränkung der möglichen Lösungskurven $y_2(t, y_1)$. D. h. wir können nicht unbedingt die Voraussetzung eines regulären Extremalenfeldes in einem beliebigen Gebiet
machen, sondern müssen sorgfältig die Möglichkeit eines evtl. Feld-
randes betrachten. Dies ist die Ursache, daß sich die Beweisführung
erheblich verkompliziert.

Praktisch entspricht die Begrenzung des Lösungsfeldes der unterbestimmten Differentialgleichung (72) einer Extremalbedingung. Man
sieht dies so ein: Macht man in der Optimierungsaufgabe:

$$(75) \quad \int_{t_A}^{t_E} L(t, y_i, y_i')\, dt = \text{Min.}$$

$$\text{mit } \widetilde{\gamma}_j(t, y_i, y_i') = 0$$

den Ansatz:

$$(76) \quad y_0(t) = \int_{t_A}^{t} L(\tau, y_i, y_i')\, d\tau$$

so wird aus (75) das unterbestimmte Differentialgleichungssystem:

$$(77) \quad y_0' - L(t, y_i, y_i') = 0$$

$$\widetilde{\gamma}_j(t, y_i, y_i') = 0$$

Ist $\xi(t)$ der Minimalwert von (73), so gilt:

$$y_0(t) \geq \xi(t)$$

d. h. der Minimalwert von (75) ist begrenzende Lösung von (77) wie

$$y_2(t_A) + \sqrt{(t - t_A)^2 + [y_1(t) - y_1(t_A)]^2}$$

in unserem Beispiel begrenzende Lösung von (72) war. Eine solche
begrenzende Lösung wird auch gebundener Bogen des Differentialgleichungssystems genannt.

Damit haben wir als charakteristische Eigenschaft des unterbestimmten Differentialgleichungssystems als Nebenbedingung gefunden, daß es Lösungen gibt, die bereits ohne Zuordnung des zum
Extremwert zu machenden Integrals Extremaleigenschaften besitzen
und solche, die erst durch das Integral (59) als Extremalbögen gekennzeichnet werden.

Die gebundenen Bögen des Systems müssen wegen ihrer Extremaleigenschaften die Eulerschen Gleichungen direkt erfüllen:

$$(78) \quad \frac{\partial}{\partial y_i} \sum_{j=1}^{m} \lambda_j \widetilde{\gamma}_j - \frac{d}{dt} \frac{\partial}{\partial y_i'} \sum_{j=1}^{m} \lambda_j \widetilde{\gamma}_j = 0$$

und damit folgt, daß sich bei der Aufstellung dieser Gleichungen
mit (62) im allgemeinen Fall ergibt:

$$(79) \qquad \lambda_0 \left\{ \frac{\partial L}{\partial y_i} - \frac{d}{dt} \frac{\partial L}{\partial y_i'} \right\} = 0$$

und da man nicht mehr über alle y_i frei verfügen kann, also die
geschweifte Klammer zumeist nicht Null sein wird, daß in diesem
Fall i. a. gelten muß:

$$\lambda_0 = 0$$

Für ein allgemeines Optimierungsproblem der Art (59) mit Differentialgleichungen als Nebenbedingungen erhält man also einmal Bögen,
die durch die Extremalbedingung des Integrals gekennzeichnet sind
und für die deshalb $\lambda_0 \neq 0$ gelten muß, sogenannte normale Lösungen,
und zum anderen Bögen, die eine Grenzbedingung der Lösungskurven
des zugeordneten Differentialgleichungssystems darstellen und von
der Integralbedingung unabhängig sind, sogenannte anomale Bögen,
für die $\lambda_0 = 0$ gilt; beide Lösungen erfüllen die Eulerschen Gleichungen.

2.3.3. Lagrangesches, Mayersches und Bolzasches Problem. Die Auf-
gabenstellung:

$$(80) \qquad J = \int_{t_A}^{t_E} L(t, y_i, y_i') \, dt$$

$$\text{mit } \widetilde{\gamma}_j(t, y_i, y_i') = 0$$

durch geeignete Wahl der freien y_i' zu einem Extremwert zu machen
bei Erfüllung vorgegebener Randbedingungen heißt Lagrangesches
Problem.

Der Sonderfall, daß L ein vollständiges Differential ist:

$$L(t, y_i, y_i') = \frac{\partial P(t, y_i)}{\partial t} + \sum_{k=1}^{m} \frac{\partial P(t, y_i)}{\partial y_k} y_k'$$

der früher [vgl. (36) und folgenden Text] zu keiner Extremalaufgabe geführt hatte, da das Integral dann vom Weg unabhängig ist, führt hier auf:

$$(81) \quad \frac{\partial(-\lambda_0 L + \sum\limits_{j=1}^{m} \lambda_j \widetilde{\gamma}_j)}{\partial y_i} - \frac{d}{dt}\frac{\partial(-\lambda_0 L + \sum\limits_{j=1}^{m} \lambda_j \widetilde{\gamma}_j)}{\partial y_i'}$$

$$= \lambda_0 \left\{ \frac{\partial^2 P}{\partial t\,\partial y_i} + \sum\limits_{i=1}^{m}\sum\limits_{k=1}^{m} \frac{\partial^2 P}{\partial y_i\,\partial y_k} - \frac{d}{dt}\frac{\partial P}{\partial y_i} \right\}$$

$$+ \left\{ \frac{\partial \sum\limits_{j=1}^{m} \lambda_j \widetilde{\gamma}_j}{\partial y_i} - \frac{d}{dt}\frac{\partial \sum\limits_{j=1}^{m} \lambda_j \widetilde{\gamma}_j}{\partial y_i'} \right\} = 0$$

Da ein vollständiges Differential die Eulerschen Gleichungen identisch erfüllt, wie man auch durch ausdifferenzieren sehen kann, reduziert sich (81) auf (78). D. h. der Sonderfall eines vollständigen Differentials als Integrand ergibt bei dem Vorliegen von Nebenbedingungen Lösungen. Dies sind genau die gebundenen Bögen des Differentialgleichungssystems, die hier die einzigen Extremalkurven darstellen, während sie im allgemeinen Fall als zusätzliche Extremalkurven auftreten.

Aus dem Integral J in (80) wird im übrigen:

$$J = \int\limits_{t_A}^{t_E} \left(\frac{\partial P}{\partial t} + \sum\limits_{k=1}^{m} \frac{\partial P}{\partial y_k} y_k' \right) dt = \int\limits_{t_A}^{t_E} dP$$

$$= P[t_E,\, y_i(t_E)] - P[t_A,\, y_i(t_A)]$$

Da i. a. die Anfangswerte fest vorgegeben sind, erhält man hier die Aufgabenstellung:

$$(82) \quad P \equiv P[t_E,\, y_i(t_E)]$$

$$\text{mit } \widetilde{\gamma}_j(t,\, y_i,\, y_i') = 0$$

ist durch geeignete Wahl der freien y_i' bei Erfüllung vorgegebener Randbedingungen zu einem Extremwert zu machen. Das Problem (82) heißt "Mayersches Problem". Im einfachsten Fall ist $P = t_E$, d. h.

zum Beispiel die Flugzeit für einen Flug mit einer Rakete von einem
Ausgangsstatus $y_i(t_A)$ zu einem Endstatus $y_i(t_E)$ ist durch geeignete
Wahl des Schubprogramms zu einem Minimum zu machen.

Die besondere Eigenschaft des Mayerschen Problems ist, daß die Extremalen von der zu extremierenden Endbedingung P unabhängig sind,
also das Maximum oder Minimum für alle denkbaren Kombinationen der
Endwerte liefern.

Wir haben soeben das Mayersche Problem als Spezialfall des Lagrangeschen Problems charakterisiert. Gehen wir zurück zu unseren Überlegungen über gebundene Bögen, so hatten wir aus dem Lagrangeschen
Problem (75) durch den Ansatz (76) das Mayersche Problem (77) mit
dem zu extremierenden Wert $P = y_0(t_E)$ gemacht. Man kann also jedes
Lagrangesche Problem durch Koordinatenerweiterung auch als speziel-
les Mayersches Problem auffassen. Wir werden hiervon Gebrauch machen,
indem wir je nach vorliegendem Formelsatz oder besserer Zugänglich-
keit beliebig von der Formulierung als Mayersches oder Lagrangesches Problem ausgehen, wobei dem Leser bei anderer Aufgabenstellung
die Spezialisierung der Formel entsprechend den hier gegebenen Zu-
sammenhängen überlassen bleibt.

Die gemischte Aufgabenstellung:

$$(83) \quad J = P[t_E, y_i(t_E)] + \int_{t_A}^{t_E} L(t, y_i, y_i') \, dt$$

$$\text{mit } \tilde{\gamma}_j(t, y_i, y_i') = 0$$

ist durch geeignete Wahl der freien $y_i'(t)$ bei Erfüllung gegebener
Randbedingungen zu einem Extremwert zu machen, heißt _Bolzasches_
Problem. Das Bolzasche Problem läßt sich ähnlich wie eben beschrieben nach Wunsch in ein Mayersches oder ein Lagrangesches Problem
umwandeln.

II. Indirekte Verfahren

1. Das Pontryaginsche Maximumprinzip

<u>1.1. Das Grundtheorem</u>

<u>1.1.1. Aufgabenstellung.</u> Bei einer Anwendung der klassischen Variationsrechnung auf technische Optimierungsaufgaben macht sich störend bemerkbar, daß Einschränkungen, wie z. B. bezüglich der Durchsatzgröße bei unserem Beispiel der maximalen Steighöhe einer Rakete (I.2.2.4.), die bei solchen Problemen häufig auftreten, auf besondere Schwierigkeiten führen.

P o n t r y a g i n hat deshalb in den Jahren 1956 bis 1960 zusammen mit V.G. B o l t r y a n s k i i , R.V. G a m k r e l i d z e , E. F. M i s h c h e n k o die Fragen der optimalen Steuerung technischer Prozesse eingehend analysiert. Für eine zunächst eingeschränkte Aufgabenstellung, die aber Begrenzungen gewisser Größen zuläßt, hat er einen neuen Satz von Bedingungsgleichungen hergeleitet, der für zu optimierende Integralwerte mit gewöhnlichen Differentialgleichungen als Nebenbedingungen die optimale Lösung unter den möglichen Lösungen kennzeichnet. Die Ergebnisse sind in dem ausgezeichneten Buch [26] zusammengefaßt, das 1962 ins Englische und 1964 ins Deutsche übersetzt wurde und als Standardwerk anzusehen ist. Wir wollen deshalb auch weitgehend auf dieses Buch zurückgreifen.

P o n t r y a g i n hat zunächst bemerkt, daß in der Praxis bei den Nebenbedingungen (I.60) eine Beschränkung auf gewöhnliche Differentialgleichungen der Form

$$(1) \qquad y'_j = g_j(t,\, y_i)$$

möglich ist und daß eine saubere Trennung zwischen den Variablen,
für die die Ableitungen y' durch (1) gegeben sind und den restlichen
Variablen zweckmäßig erscheint.

Die durch (1) gebundenen Variablen bezeichnet P o n t r y a g i n
mit $x(t)$ und nennt sie Lagekoordinaten, was ihrer Entstehung in
vielen Fällen aus den Newtonschen Bewegungsgleichungen entspricht.
Die Variablen, für die die Ableitung nicht durch (1) festgelegt ist,
stehen zur Optimierung zur Verfügung und werden entsprechend
P o n t r y a g i n die Steuerfunktionen des Prozesses genannt,
mit der Bezeichnung $u(t)$.

Damit schreiben sich die Nebenbedingungen (1) bei P o n t r y a -
g i n klarer:

$$(2) \qquad \dot{x}_j = g_j (x_i, u_l) \quad i,j = 1,2 \ldots m$$
$$l = 1,2 \ldots k$$

wobei die explizite Abhängigkeit von t vorerst weggelassen ist. Als
zugehörige Randbedingungen treten auf:

$$(3) \qquad x_j(t_A) = A_j$$
$$x_j(t_E) = E_j$$

Die Steuerfunktionen u_l können in einem abgeschlossenen Gebiet $\bar{B}$
variieren, indem z. B.:

$$(4) \qquad |u_l(t)| \leq 1 \qquad l = 1,2 \ldots k$$

gilt.

Das zu optimierende Integral wird entsprechend der Unterscheidung
zwischen den

$$\text{Lagekoordinaten} \quad x_1, x_2 \ldots x_m$$

und den

$$\text{Steuerkoordinaten} \quad u_1, u_2 \ldots u_k$$

und der Tatsache, daß gemäß (2) nicht mehr über die Ableitung $\dot{x}_j$
sondern nur noch über die u_l verfügt werden kann, auf die Form:

$$(5) \qquad P = \int_{t_A}^{t_E} L[x_j(t), \; u_l(t)]dt$$

reduziert.

Die Endzeit t_E ist nicht vorgegeben, sondern durch die Erreichung der Endbedingungen $x_j(t_E) = E_j$ festgelegt.

1.1.2. Notwendige Bedingungen für 1.1.1. Das Grundtheorem der Pontryaginschen Theorie, das in [26] mit Hilfe der Lesbegueschen Maßtheorie bewiesen wird, und aus dem dann die Aussagen auch für anders geartete Aufgabenstellungen hergeleitet werden, lautet:

Notwendige Bedingung dafür, daß $u_l(t)$ mit

$$(6) \qquad u_l(t) \text{ stückweise stetig im abgeschlossenen Gebiet } \bar{B}$$

das Integral (5) unter den Nebenbedingungen (2), (3) zum Maximum macht, ist, daß ein Satz stetiger, nicht gleichzeitig verschwindender Funktionen

$$(7) \qquad \lambda_0(t), \; \lambda_1(t) \; \ldots \; \lambda_m(t)$$

existiert, der den Gleichungen

$$(8) \qquad \frac{d\lambda_s}{dt} = -\lambda_0 \frac{\partial L(x_i, u_l)}{\partial x_s} - \sum_{j=1}^{m} \lambda_j \frac{\partial g_j(x_i, u_l)}{\partial x_s}$$

gehorcht und die Funktion

$$(9) \qquad H^{(-)}(\lambda_{\hat{s}}, \; x_i, \; u_l) = \lambda_0 L(x_i, \; u_l) + \sum_{j=1}^{m} \lambda_j g_j(x_i, \; u_l) \qquad {}^{*)}$$

zu einem Maximum $M(\lambda_{\hat{s}}, \; x_i)$ bezüglich $u_l(t)$ macht
$(\hat{s} = 0,1,\ldots m)$
mit

$$(10) \qquad \lambda_0(t_E) \leq 0$$

$$(11) \qquad M(\lambda_{\hat{s}}, \; x_i)\Big|_{t_E} = 0$$

${}^{*)}$ Wir wollen den Index mit einem ^ versehen, wenn er nicht von 1 sondern von 0 aus läuft.

Dabei sind λ_0, $M(\lambda_s, x_i)$ konstant, so daß $\lambda_0 \leq 0$, $M = 0$ zu jedem Zeitpunkt $t_A \leq t \leq t_E$ verifiziert werden kann.

Wir wollen kurz überlegen, ob das Grundtheorem die gesuchte Optimallösung ausreichend kennzeichnet.

Wir haben $2\,m$ Randbedingungen $x_j(t_A)$, $x_j(t_E)$, die zu erfüllen und k Funktionen $u_l(t)$, die zu bestimmen sind. Ferner ist t_E unbekannt. Dem stehen in (2) und (8) $2\,m$ Differentialgleichungen für die gesuchten Zeitfunktionen $x_1(t) \dots x_m(t)$ und die Hilfsfunktionen $\lambda_1(t) \dots \lambda_m(t)$ gegenüber, weiter die freie Konstante λ_0, die Maximumbedingung (9) und die Bedingung (11).

Die Maximumbedingung erlaubt es zunächst, die unbekannten Funktionen $u_l(t)$ als Funktionen von den x_j, λ_j, λ_0 auszudrücken. Zum Beispiel hat man für $H^{(-)}$ differenzierbar nach u_l und Punkte im Innern des Steuerraumes $\bar{B}$ die k Bedingungen

$$\frac{\partial H^{(-)}}{\partial u_l} = 0$$

für das Maximum, aus denen i. a. die u_l in der Form $u_l = u_l(x_i, \lambda_j, \lambda_0)$ berechnet werden können. Für Punkte auf dem Rande ist die analytische Darstellung des Randes (z. B. $q(u_l) = 0$) als zusätzliche Bedingung zu beachten und das Maximum unter dieser Nebenbedingung zu bestimmen, woraus wieder $u_l(x_i, \lambda_j, \lambda_0)$ folgt:

$$\frac{\partial H^{(-)}}{\partial u_l} + \nu \frac{\partial q}{\partial u_l} = 0 \quad ; \quad \nu = \text{const}$$

$$q(u_l) = 0$$

Dies sind $k + 1$ Beziehungen, aus denen die u_l und ν berechnet werden können. Allerdings sind die $u_l(x_i, \lambda_j, \lambda_0)$ nicht unbedingt eindeutig bestimmt.

Setzen wir:

$$u_l \equiv u_l(x_i, \lambda_j, \lambda_0)$$

in (2) und (8) ein, so haben wir nur noch $2\,m$ Differentialgleichungen für $2\,m$ Funktionen mit $2\,m$ Randwerten.

Weiter bemerken wir, daß - da L, g_j nicht explizit von t abhängen - der Anfangswert t_A der unabhängigen Variablen t beliebig gewählt werden kann.

Ferner sind, da (8) und (9) in λ_s homogen sind, die λ_0, λ_s nur bis auf einen Proportionalitätsfaktor bestimmt und man kann für $\lambda_0 \neq 0$ stets $\lambda_0 \equiv -1$ setzen. $M = 0$ kann benutzt werden, um z. B. einen der Anfangswerte $\lambda_{\tilde{j}}(t_A)$ festzulegen. Man integriert dann mit $(m-1)$ zunächst geschätzten $\lambda_j(t_A)$, dem festgelegten $\lambda_{\tilde{j}}(t_A)$ und den gegebenen $x_j(t_A)$ solange, bis ein bestimmtes $x_j(t_E)$ bzw. eine Kombination der $x_j(t_E)$ erfüllt ist, wobei die Auswahl dieser Stopbedingung dadurch gegeben ist, daß sie möglichst monotonen Charakter haben sollte. Man erhält so einen Satz $x_j(t_E)$, der bis auf die Stopbedingung von den gewünschten $x_j(t_E)$ abweicht, und kann dann durch systematische Variation der $m-1$ freien λ-Anfangswerte die $m-1$ nicht erfüllten x-Endwerte erfüllen. Allgemeine Ausführungen und verschiedene Lösungen für das Randwertproblem findet man in Kapitel 3 dieses Abschnitts.

Hier sollte nur gezeigt werden, daß die durch das Grundtheorem gegebenen Beziehungen alle gebraucht werden, aber auch ausreichen, um für jeden Satz $u_1(x_i, \lambda_j, \lambda_0)$ eine Lösung $x_j(t)$ eindeutig zu bestimmen.

<u>1.1.3. Ergänzende Erläuterungen.</u> Mitunter ist die folgende anschauliche Begriffsbildung nützlich.

Durch die Einführung der Koordinate $\dot{x}_0$ mittels der Gleichung:

$$(12) \quad \dot{x}_0 = g_0(x_j, u_1) \equiv L(x_j, u_1)$$

$$x_0(t_A) = 0$$

wird der Forderung, das Integral (5) zu einem Minimum zu machen, im Phasenraum der $x_0 \ldots x_m$ die einfache Deutung erteilt, daß dort eine Bahn zu suchen ist, die den Bewegungsgleichungen (2) einschließlich

(10) genügt und die Ordinate $x_0(t_E)$ zu einem Minimum macht. Abb. II.1 zeigt für die Anfangswerte $\{x_1(t_A),\ x_2(t_A) \ldots x_m(t_A)\} = \vec{x}_A$ und die Endwerte $\{x_1(t_E),\ x_2(t_E) \ldots x_m(t_E)\} = \vec{x}_E$ die zu minimierende Größe $x_0(t_E) = P$ anschaulich als Ordinate über der x-Ebene.

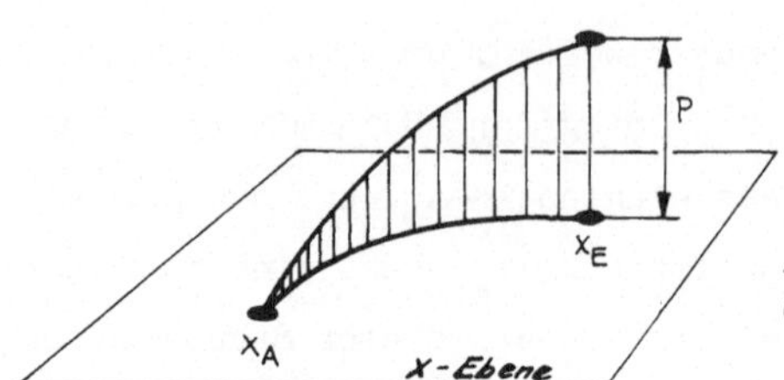

Abb. II.1. Geometrische Deutung des Minimalwertes

Die eigentliche Aussage des Maximumprinzips kann man sich am Fall von zwei Steuerfunktionen u_1, u_2 deutlich machen.

Dazu nehmen wir an, unsere Optimierungsaufgabe sei gelöst. Wir betrachten in dem beliebigen, aber festen Zeitpunkt $t_A \leq t_1 \leq t_E$ $H^{(-)}$ als Funktion der Steuerfunktionen u_1, u_2.

Dann kann $H^{(-)}$ als Fläche über der u_1, u_2-Ebene gedeutet werden. Die Linien $H^{(-)} = \text{const}$ bilden die Höhenlinien einer kotierten Projektion und das Maximumprinzip sagt aus, daß man einfach diejenigen Werte u_1, u_2 wählen muß, die den höchsten Punkt der Fläche im zugelassenen Steuerbereich kennzeichnen, sei es, daß er wie in Abbildung II.2 im Innern des Bereichs oder wie in Abbildung II. 3 auf dem Rande des Bereichs liegt. Dabei folgt automatisch $H^{(-)} = 0$ für den höchsten Punkt, eine Normierung, die im Verfahren begründet liegt.

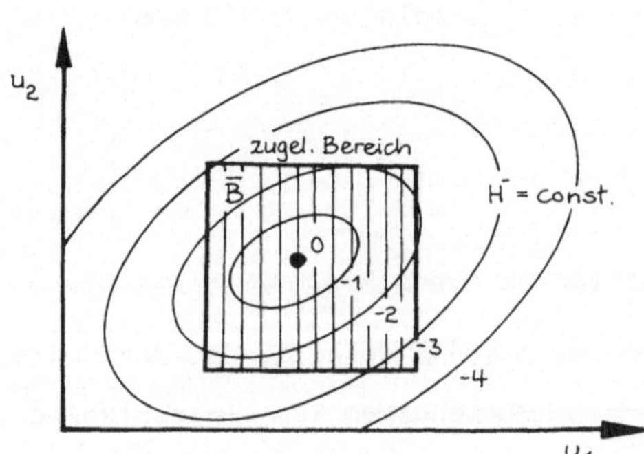

Abb. II. 2 Maximum im Innern des Steuerfunktionsbereichs $\bar{B}$ im Zeitpunkt $t = t_1$

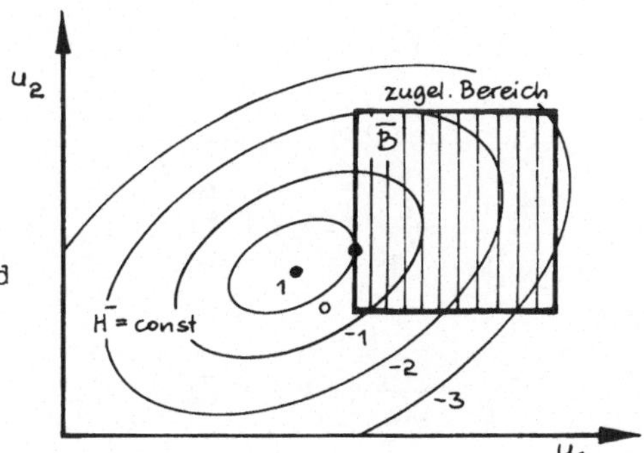

Abb. II.3 Maximum auf dem Rand des Steuerfunktionsbereichs $\bar{B}$ im Zeitpunkt $t = t_1$

Die Betrachtung von $H^{(-)}$ als Fläche, deren Maximalwert das gesuchte Minimum vom $P = \int_{t_A}^{t_E} L(x_i,\ u_l)dt$ kennzeichnet, legt es nahe, bei Vorliegen einer beliebigen, nicht optimalen Lösung $u_l^{(0)}(t)$ eine Verbesserung zu suchen, indem man sich in Richtung der stärksten Veränderung von $H^{(-)}$ bewegt, also in Richtung der Fallinie, die durch grad $H^{(-)}$ gegeben wird. Setzt man etwa gemäß (12)

$\dot{x}_0 = g_0 = L$, so ist grad $\big|_u H^{(-)} = \sum\limits_{\hat{j}=0}^{m} \dfrac{\partial g_{\hat{j}}}{\partial u}\,\lambda_{\hat{j}}$. Dieses Vorgehen entspricht dem in III.1. zu schildernden Gradientenverfahren, das sich so aus dem Pontryaginschen Maximumprinzip folgern läßt.

Wir haben in (9) die Funktion

$$\lambda_0 L + \sum\limits_{j=1}^{m} \lambda_j g_j$$

mit $H^{(-)}$ bezeichnet, einem Symbol, das dem in (I.13) für die Hamiltonsche Funktion verwendeten fast gleicht. Wir wollen zeigen, daß zwischen diesen beiden Definitionen für unsere Annahme bis auf das Vorzeichen eine formale Übereinstimmung besteht, wenn wir den Begriff der Hamiltonschen Funktion dahingehend erweitern, daß er nicht nur für die Optimalbahn gilt und wenn wir die Abhängigkeit von S_y durch die entsprechende Zeitabhängigkeit ersetzen.

Zunächst hat man nach (I.7) und der entsprechenden Erweiterung in (I.62) bei der Unterscheidung zwischen Steuerfunktionen und Lagekoordinaten statt:

$$(13) \quad S_{y_j} = \tilde{L}_{y_j}(t, y_i, p_i)$$

die beiden Gleichungssätze:

$$(14) \quad S_{x_k} = \frac{\partial}{\partial \dot{x}_k} \left\{ -\lambda_0 L + \sum_{j=1}^{m} \lambda_j (\dot{x}_j - g_j) \Big|_{\dot{x}_j = p_j} \right\} = \lambda_k$$

und

$$(15) \quad S_{u_1} = \frac{\partial}{\partial \dot{u}_1} \left\{ -\lambda_0 L + \sum_{j=1}^{m} \lambda_j (\dot{x}_j - g_j) \Big|_{\dot{x}_j = p_j} \right\} = 0$$

d. h. die Hilfsvariable $\lambda_k(t)$ gibt gerade die Veränderung des Extremwertes $S(t)$ infolge einer Veränderung der Lagekoordinaten $x_k(t)$ an, während $S_{u_1} = 0$ gerade die notwendigen Bedingungen dafür angibt, daß S bezüglich u_1 extremal ist, wie gefordert.

Dann läßt sich aber ein optimales

$$p(t, y) = \psi(t, y, S_y)$$

wie in (I.2.1.2.) aus (13) nicht mehr ausrechnen, so daß an die Stelle der Definitionen (I.13), (I.70):

$$H(t, y_i, S_y) = \tilde{L}(t, y_i, \psi_i) - \sum_{j=1}^{m} \psi_j L_{y'_j}(t, y_i, \psi_i)$$

die verallgemeinerte Definition

$$(16) \quad H = \tilde{L}(t, y_i, y'_i) - \sum_{j=1}^{m} y'_j \tilde{L}_{y'_j}(t, y_i, y'_i)$$

treten muß. Mit unseren Bezeichnungen, der fehlenden Abhängigkeit von t und der Beziehung (14) finden wir dann als Hamiltonsche Funktion:

$$(17) \quad H(x_j, u_1, \lambda_k) = -\lambda_0 L(x_j, u_1) + \sum_{i=1}^{m} \lambda_i (\dot{x}_i - g_i)$$

$$- \sum_{i=1}^{m} \dot{x}_i \frac{\partial}{\partial x_i} \left\{ -\lambda_0 L + \sum_{k=1}^{m} \lambda_k (\dot{x}_k - g_k) \right\}$$

$$= -\lambda_0 L(x_j, u_1) + \sum_{i=1}^{m} \lambda_i (\dot{x}_i - g_i) - \sum_{i=1}^{m} \lambda_i \dot{x}_i$$

$$= -\lambda_0 L(x_j, u_1) - \sum_{i=1}^{m} \lambda_i g_i (x_j, u_1)$$

d. h. bis auf das Vorzeichen gerade die in (9) definierte Funktion.

Damit kann das Pontryaginsche Maximumprinzip auch so verstanden
werden, daß eine zusätzliche Eigenschaft der Hamiltonschen Funktion
entdeckt worden ist, nämlich die, eine Kennfunktion für den Wert

des Integrals $P = \int_{t_A}^{t_E} L(x_i, u_l)\,dt$ darzustellen.

Die Bewegungsgleichungen (2) und die zugehörigen (adjungierten)
Gleichungen (10) lassen sich im übrigen mit der Hamiltonschen Funktion auch kurz schreiben:

$$\dot{x}_j = \frac{\partial H^{(-)}}{\partial \lambda_j} \quad ; \quad \dot{\lambda}_j = \frac{\partial H^{(-)}}{\partial x_j}$$

eine Beziehung, die mit $S_{x_j} = \lambda_j$; $H^{(-)} = -H$ dem Gleichungssatz
(I.17) entspricht, der eine Verbindung zwischen den charakteristischen Gleichungen der Hamilton-Jacobischen partiellen Differentialgleichung und der Eulerschen Gleichung aufzeigt.

1.2. Die Sätze der Pontryaginschen Theorie

1.2.1. Grundlagen. In dem Grundtheorem war vorausgesetzt:

    1. feste Endpunkte, jedoch keine festen Endzeiten,

    2. autonome Funktionen, d. h. keine explizite Abhängigkeit
       von der unabhängigen Variablen t.

Wir wollen nun diese Voraussetzungen schrittweise aufheben und zudem zur Mayerschen Problemstellung und dem Sonderfall $L = 1$, d. h. der Optimierung der Ablaufzeit (Schnelligkeit) des Vorganges etwas sagen.

Dazu betrachten wir zuerst eine Verallgemeinerung des festen Endpunktes. Durch eine Gleichung der Art:

$$(18) \quad f(x_1, x_2 \ldots x_m) = 0$$

ist eine m-dimensionale Fläche, eine sogennante Hyperfläche im Raum

gegeben. Man bezeichnet sie als glatt, wenn (16) stetig differenzierbar ist und in keinem Punkt der Normalenvektor

$$\text{grad } f = \left\{ \frac{\partial f}{\partial x_1}, \ \frac{\partial f}{\partial x_2} \ \ldots \ \frac{\partial f}{\partial x_m} \right\}$$

verschwindet.

Betrachtet man nur r Hyperflächen

$$(19) \qquad f_1(x_1, \ x_2 \ \ldots \ x_m) = 0$$

$$f_2(x_1, \ x_2 \ \ldots \ x_m) = 0$$

$$\vdots$$

$$f_r(x_1, \ x_2 \ \ldots \ x_m) = 0$$

so wird der Durchschnitt $\widetilde{M}$ aller dieser Hyperflächen, d. h. die
Menge aller Punkte, die die Gleichungen (19) befriedigen, als
(m-r) dimensionale Mannigfaltigkeit bezeichnet, wenn in jedem Punk-
te die Normalenvektoren $\text{grad } f_1(x)$, $\text{grad } f_2(x) \ldots \text{grad } f_r(x)$ linear
unabhängig sind. D. h. eine z-dimensionale Mannigfaltigkeit ist
durch m-z Gleichungen gegeben, eine m-1 dimensionale Mannigfaltigkeit ist eine Hyperfläche.

Wir betrachten nun den Fall, daß ein oder beide Enden der optimalen
Lösung nicht in einem festen Endpunkt münden, sondern möglichst
günstig auf einer z-dimensionalen glatten Mannigfaltigkeit $(z < m)$
enden sollen, z. B. am Ende der Bahn auf der z_E-dimensionalen Mannigfaltigkeit $\widetilde{M}_E$.

Wäre der sich so ergebende Endpunkt x_E bekannt, so hätte man das
Problem des Grundtheorems, d. h. die Aussagen des Theorems bleiben
erhalten. Es gilt nun m Endbedingungen zu finden, die an die Stelle
der Bedingungen $x_j(t_E) = E_j$ treten.

m-z-Bedingungen sind dadurch gegeben, daß $x_j(t_E)$ auf der Mannigfaltigkeit $\widetilde{M}_E$ liegen muß, die gerade durch m-z-Gleichungen
$f_1(x) = 0, \ \ldots$ beschrieben wurde.

Die restlichen erforderlichen z Bedingungen werden dadurch geliefert, daß der Vektor

$$\vec{\lambda}(t_E) = \{\,\lambda_1(t_E),\ \lambda_2(t_E)\ \ldots\ \lambda_m(t_E)\,\}$$

mit dem Normalenvektor der z-dimensionalen Mannigfaltigkeit zusam-
menfällt, d. h. auf z unabhängigen Richtungen in der Tangentialebene der Mannigfaltigkeit senkrecht stehen muß.

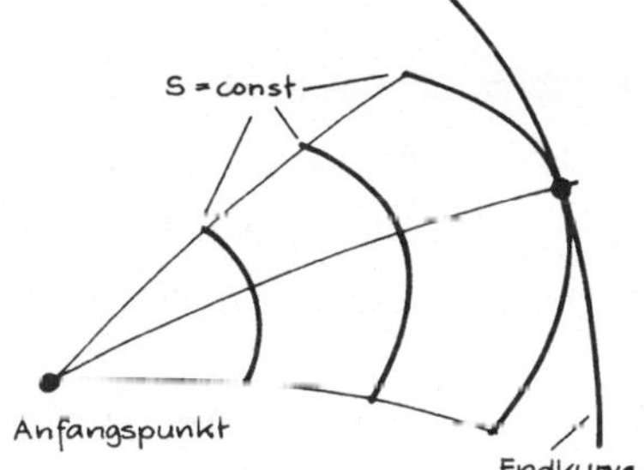

Abb. II. 4 Erreichen der Endkurve
durch die Wellenfront S = const

Man kann sich dies dadurch plausibel machen - auf einen Beweis soll
wie beim Grundtheorem verzichtet werden - , daß man etwa allgemein
eine Endkurve betrachtet und sich an die in I.2.1.3. entwickelte
Vorstellung der Wellenfront erinnert (Abb. II.4). Dann muß, wenn
die Endkurve optimal erreicht werden soll, die Wellenfront die Ziel-
kurve gerade berühren, d. h. dS = 0 für die Tangentenrichtung im optimalen Endpunkt auf der Endkurve gelten. Dies gibt aber, wenn
keine explizite Zeitabhängigkeit vorliegt:

$$dS = \sum_{i=1}^{m} \frac{\partial S}{\partial x_i}\ dx_i + \sum_{l=1}^{k} \frac{\partial S}{\partial u_l}\ du_l = 0$$

Beachtet man, daß nach (14) $\dfrac{\partial S}{\partial x_i} = \lambda_i$ und nach (15) $\dfrac{\partial S}{\partial u_l} = 0$ gilt,
so findet man:

$$dS = \sum_{i=1}^{m} \lambda_i\ dx_i = 0$$

d. h., der Vektor $\vec{\lambda}$ muß auf der Tangentenrichtung der Endkurve
senkrecht stehen.

Dies ist eine etwas anders geartete Formulierung der Transversalitätsbedingung, die jedoch - da sie von der Anschauung gestützt
wird - oft besonders günstig ist.

Die zweite Verallgemeinerung, die Loslösung von der Voraussetzung
autonomer Funktionen, läßt sich aus dem Grundtheorem herleiten,
wenn man eine zusätzliche Variable durch:

$$(20) \quad \frac{dx_{m+1}}{dt} = \dot{x}_{m+1} = 1 \qquad x_{m+1}(t_A) = t_A$$

einführt, wodurch eine weitere Differentialgleichung als Nebenbe-
bedingung entsteht und man nun ein autonomes System mit $m+1$ Variablen zu betrachten hat. Auf Einzelheiten wollen wir hier nicht
weiter eingehen. Man findet sie in [26].

Beim Mayerschen Problem kann man entweder zur neuen Unabhängigen
$P \equiv P[x_j(t_E), t_E]$ übergehen, also $\int dP$, ein "schnelligkeitsoptimales"
Problem bezüglich P betrachten, oder $L = \frac{dP}{dt}$ setzen. In beiden Fällen
ist L von den Steuerfunktionen u_1 unabhängig und damit das erste
Glied $\lambda_0 L$ in $H^{(-)}$ für die Bestimmung des Maximums von $H^{(-)}$ bezüglich
u_1 uninteressant. Dann kann man aber statt der eigentlichen Hamiltonschen Funktion auch einfacher nur

$$(21) \quad H^*(\lambda_s, x_i, u_1) = \sum_{j=1}^{m} \lambda_j g_j(x_i, u_1)$$

betrachten. Allerdings kann man dann auch im autonomen Fall nicht
mehr allgemein verlangen, daß das Maximum von $H^* : M^* = 0$ ist. Dies
trifft nur für die Fälle der Mayerschen Problemstellung zu, für die
$\lambda_0 = 0$ ist. Für den einfachen schnelligkeitsoptimalen Fall
$P = t_E$ $(L = 1)$ ist dies z. B. nicht der Fall. (Eine Schlußfolgerung
entsprechend (I.79) ist hier nicht möglich, da $L = 1$ selbst identisch die Eulersche Gleichung erfüllt.)

1.2.2. Zusammenstellung der Hauptsätze der Pontryaginschen Theorie.
Da das Pontryaginsche Maximumprinzip die z.Z. wohl am vollständig-
sten durchgearbeitete Theorie für die Aufstellung notwendiger

Bedingungen bei Optimalproblemen mit Differentialgleichungen als
Nebenbedingungen ist, sind in der Tabelle auf Seite 62/63 die wesentlichen Sätze aus [26] zusammengestellt, wobei wir hier - wie schon
beim Grundtheorem - auf die Beweisführung verzichten. Die Sätze
sind aus dem Grundtheorem mit Hilfe der Überlegungen des vorigen
Paragraphen abzuleiten.

Wir wollen noch kurz den Fall betrachten, daß die Funktion $L(x_i, u_l)$
und die Differentialgleichungen $g_j(x_i, u_l)$ von gewissen Parameterwerten

$$\omega_1, \omega_2 \ldots \omega_q$$

abhängen und daß man die optimale Größe dieser Parameterwerte bestimmen möchte.

Als Beispiel kann etwa an eine Raketenstufe gedacht werden, bei der
man für einen Aufstieg mit maximaler Nutzlast auf eine Kreisbahn die
Schubrichtung optimiert, aber von einem konstantem Schub, also einem
nicht regelbaren Triebwerk ausgeht. Dann ist die Schubgröße ein
solcher zu optimierender Parameter.

Man erhält die notwendigen q zusätzlichen Bedingungen zur Bestim-
mung der günstigsten $\omega_1, \omega_2 \ldots \omega_q$ nach [44], indem man die Hamiltonsche Funktion für optimales u_l:

$$H^{(-)} = \lambda_0 L(x_i, u_l, \omega_z) + \sum_{j=1}^{m} \lambda_j(t) g_j(x_i, u_l, \omega_z)$$

(vgl. das Grundtheorem) von t_A bis t_E aufintegriert und dann partiell
nach ω_z differenziert, so daß die gesuchten Bedingungen lauten:

$$(22) \qquad \lambda_0 \int_{t_A}^{t_E} \frac{\partial L}{\partial \omega_z} \, dt + \int_{t_A}^{t_E} \lambda_j(t) \frac{\partial g_j}{\partial \omega_z} \, dt = 0 \qquad z = 1, 2 \ldots q$$

Dabei entspricht die Aufintegration der Tatsache, daß die ω nicht
von t abhängig sind, man also den optimalen Mittelwert über die gesamte Bahn nehmen muß. Dies hat zugleich zur Folge, daß das Prinzip
der Teiloptimalität für die Parameteroptimierung nicht gilt.

Zum Minimum zu machende Funktion *)	zugeh. Differentialgleichungs-Nebenbedingungen	notwendige Bedingungen für ein Minimum **)	mögliche Randbedingungen	Bedingungen zur Berechnung der Randwerte:
I. $P = \int_{t_A}^{t_E} L[x_j(t), u_e(t)]dt$ $j = 1,2\ldots m$ $\ell = 1,2\ldots k$ (autonomes System) (nicht vorgegebene Endzeiten) (t_A beliebig wählbar)	$\dot{x}_\nu = g_\nu[x_j(t), u_e(t)]$ $\nu = 1,2\ldots m$	1. $\lambda_{\hat{s}}(t); \hat{s} = 0,1\ldots m$ existent $\dot{\lambda}_{\hat{s}} = -\lambda_0 \cdot \dfrac{\partial L}{\partial x_{\hat{s}}} - \sum_{j=1}^{m} \dfrac{\partial g_j}{\partial x_{\hat{s}}} \lambda_j$ 2. $H^{(-)}[\lambda_{\hat{s}}(t), x_j(t), u_e(t)] = \lambda_0 L + \sum_{j=1}^{m} \lambda_j g_j$ Maximum $= $ bezüglich $\equiv M(\lambda_{\hat{s}}, x_j)$ $u_e(t)$ mit $\lambda_0(t) = const \leq 0$ $M[\lambda_{\hat{s}}(t), x_j(t) \equiv M(t)] = const = 0$	α) Die Endpunkte (nicht die Endzeiten) sind fest vorgegeben β) $x_j(t_A)$ bzw. $x_j(t_E)$ liegen auf einer glatten Mannigfaltigkeit gegeben durch: $f_p(x_1, x_2 \ldots x_m) = 0$ $p = 1,2 \ldots (m-r)$	$x_j(t_A) = A_j = const$ (gegeben) $x_j(t_E) = E_j = const$ (gegeben) $\lambda_j(t)$ ist orthogonal zur Mannigfaltigkeit in t_A bzw. t_E (Transversalität) und die x_j erfüllen in t_A bzw. t_E $f_p = 0$
II. $P = t_E - t_A$ (schnelligkeitsoptimales autonomes System) (t_A beliebig wählbar)	$\dot{x}_\nu = g_\nu[x_j(t), u_e(t)]$ $\nu = 1,2\ldots m$ $j = 1,2\ldots m$ $\ell = 1,2\ldots k$	1. $\lambda_s(t); s = 1,2m$ existent $\dot{\lambda}_s = -\sum_{\gamma=1}^{m} \dfrac{\partial g_r}{\partial x_s} \lambda_r$ 2. $H^*[\lambda_s(t), x_j(t), u_e(t)] = \sum_{j=1}^{m} \lambda_j g_j$ Maximum $= $ bezüglich $= M(\lambda_j, x_j)$ $u_e(t)$ mit $M[\lambda_j(t), x_j(t)] \equiv M(t) = const \geq 0$	wie bei I.	wie bei I.
III. $P = \int_{t_A}^{t_E} L[x_j(t), u_e(t), t]dt$ $j = 1,2\ldots m$ $\ell = 1,2\ldots k$ (nicht-autonomes System) (nicht vorgegebene Endzeiten)	$\dot{x}_\nu = g_\nu[x_j(t), u_e(t), t]$ $\nu = 1,2$	1. $\lambda_{\hat{s}}(t); \hat{s} = 0,1\ldots m$ existent $\dot{\lambda}_{\hat{s}} = -\lambda_0 \cdot \dfrac{\partial L}{\partial x_{\hat{s}}} - \sum_{j=1}^{m} \dfrac{\partial g_j}{\partial x_{\hat{s}}} \lambda_j$ 2. $H^{(-)}[\lambda_{\hat{s}}(t), x_j(t), u_e(t), t] = \lambda_0 L + \sum_{j=1}^{m} \lambda_j g_j$ Maximum $= $ bezüglich $= M[\lambda_{\hat{s}}(t), x_j(t), t]$ $u_e(t)$ mit $\lambda_0(t) = const \leq 0$ $M[\lambda_{\hat{s}}(t), x_j(t), t] \equiv M(t) = \sum_{j=1}^{m} \lambda_j(t_E)q_j + \int_{t_A}^{t} (\lambda_0 \dfrac{\partial L}{\partial t} - \sum_{j=1}^{m} \lambda_j \dfrac{\partial g_j}{\partial t}) dt$ wobei die Gleichung für M nur für einen Zeitpunkt, z.B. $t = t_A$, $\int_{t_A}^{t}(\lambda_0 \dfrac{\partial L}{\partial t} - \sum \lambda_j \dfrac{\partial g_j}{\partial t}) dt = 0$	α) Die Endpunkte (nicht die Endzeiten) sind fest vorgegeben β) Der rechte Endpunkt ist eine Zeitfunktion γ) Der rechte Endpunkt liegt auf einer glatten Mannigfaltigkeit gegeben durch: $f_p(x_1, x_2 \ldots x_m, t) = 0$ $p = 1,2 \ldots (m-r)$	$x_j(t_A) = A_j = const$ (gegeben) $x_j(t_E) = E_j = const$ (gegeben) $q_j \equiv 0$ $x_j(t_A) = A_j = const$ (gegeben) $x_j(t_E) = E_j(t)$ $q_j = \dfrac{dE_j}{dt} \Big/ t = t_E$ Bemerkung: Text erscheint am Fuß der Übersicht

IV. $P = t_E - t_A$

(schnelligkeitsoptimales
nicht-autonomes System)

$\dot{x}_\nu = g_\nu[x_j(t), u_e(t), t]$

$\nu = 1,2\ldots m$
$j = 1,2\ldots m$
$\ell = 1,2\ldots K$

1. $\lambda_s(t); s = 1,2m$ existent

$$\dot{\lambda}_s = -\sum_{\gamma=1}^{m} \frac{\partial g_r}{\partial x_s} \lambda_r$$

2. $\bar{H}^*[\lambda_s(t), x_j(t), u_e(t), t] = \sum_{j=1}^{m} \lambda_j g_j = \underset{u_e(t)}{\overset{\text{Max.}}{\text{bezügl.}}} = M[\lambda_j(t), x_j(t), t]$

mit

$$M[\lambda_j(t), x_j(t), t] \geq \sum_{j=1}^{m} \lambda_j(t_E) q_j + \int_{t_A}^{t} \sum_{j=1}^{m} \lambda_j \frac{\partial g_j}{\partial t} dt$$

wie bei III.

wie bei III.

V. $P = \int_{t_A}^{t_E} L[x_j(t), u_e(t), t] dt$

$j = 1,2\ldots m$
$\ell = 1,2\ldots K$

Die Endzeiten t_A, t_E sind
vorgeschrieben!

(t braucht in L, g_j im übrigen
nicht explizit vorzukommen)

$\dot{x}_\nu = g_\nu[x_j(t), u_e(t), t]$

$\nu = 1,2\ldots m$

1. $\lambda_{\hat{s}}(t); \hat{s} = 0,1\ldots m$ existent

$$\dot{\lambda}_{\hat{s}} = -\lambda_0 \frac{\partial L}{\partial x_{\hat{s}}} - \sum_{j=1}^{m} \frac{\partial g_j}{\partial x_{\hat{s}}} \lambda_j$$

2. $H^{(-)}[\lambda_{\hat{s}}(t), x_j(t), u_e(t), t] = \lambda_0^- + \sum_{j=1}^{m} \lambda_j g_j$

$$= \underset{u_e(t)}{\text{Max. bezügl.}} = M[\lambda_{\hat{s}}(t), x_j(t), t]$$

mit $\lambda_0(t) = const \leq 0$

(der Wegfall der zweiten Bedingung – Bedingung
bezüglich M – entspricht der Tatsache, daß
ein Parameter – die Ablaufzeit $t_E - t_A$
weniger zu bestimmen ist)

α) Neben den Endzeiten
sind auch die Endpunkte
fest vorgegeben

β) $x_j(t_A)$ bzw. $x_j(t_E)$
liegen auf einer glatten
Mannigfaltigkeit gegeben
durch:

$f_p(x_1, x_2 \ldots x_n, t_A$ bzw. $t_E) = 0$

$p = 1,2 \ldots (m-r)$

γ) es sei für ein oder mehrere x_j
in einem Endpunkt t_A bzw. t_E
keinerlei Vorschrift gemacht,
während sonst z.B. α) gilt

α) $x_j(t_A) = A_j = const$
$x_j(t_E) = E_j = const$

β) $\lambda_j(t_A$ bzw. $t_E)$ ist orthogonal
zur Mannigfaltigkeit (Transver-
salität) und die x_j erfüllen
die $f_p = 0$

γ) Dann muß in diesem Endpunkt das entsprechende
λ_j zu allen Richtungen
transversal sein, also
$\lambda_j = 0$***)

Fortsetzung von Text III., letzte Spalte: Für jedes feste t_1 existiert eine Tangentialebene an die Mannigfaltigkeit; zu dieser Tangentialebene für $t = t_1$ muß $\lambda_j(t)$ orthogonal sein.

Betrachtet man für veränderliches t_1 das Wandern des Eckpunktes $x_j(t_1)$, so hat man eine Kurve die nicht in der Tangentialebene liegt (Transversalität).

Der Tangentenvektor in t_1 ist durch $(q_1 \ldots q_m, 1)$ gegeben. Diese q_j sind in $M(t)$ einzusetzen. Ferner ist $f_p = 0$ zu erfüllen.

*) Der x-Vektor ist aus einer offenen Menge

Der u-Vektor ist aus einer offenen oder auch abgeschlossenen Menge;
er ist meßbar beschränkt, oder was weniger allgemein aber einfacher
ist: Stückweise stetig.

**) Der λ-Vektor ist stetig und darf nicht verschwinden.

Er läßt sich stets aus $H^{(-)}$ durch die Relation $\dot{\lambda}_{\hat{s}} = -\frac{\partial H^{(-)}}{\partial x_{\hat{s}}}$

herleiten, ebenso wie gilt: $x_j = \frac{\partial H^{(-)}}{\partial \lambda_j}$.

***) Ein freies x_j bedeutet, daß der Extremalwert S an dieser Stelle auch bezüglich $x_j(t_E)$
optimal sein muß, d.h. $Sx_j / t_E = 0$. Da nach (14) $\lambda_j = Sx_j$ gilt, ist

$\lambda_j = 0$ für ein freies x_j aus der Bedeutung der λ_j direkt zu erwarten.

Die Teiloptimalität (Abb. II.5) sagt aus, daß z. B. bei der Optimierung
bezüglich der Steuerfunktionen allein neben der Gesamtverbindung
von x_A nach x_E auch jedes Teilstück der Gesamtverbindung $x_A\, x_M$ bzw.
$x_M\, x_E$ optimal ist, da man sonst das nicht optimale Teilstück O_2
durch das entsprechende Teilstück O_2^* ersetzen könnte und so eine
bessere Gesamtverbindung erhielte. Das ist bei der Optimierung
eines konstanten Parameterwertes nicht der Fall. Es kann z. B. durchaus für $x_A\, x_E$ der Wert $\hat{\omega} = 0$ optimal sein, während für die Teilstücke $x_A\, x_M$ $\hat{\omega} = +2$ und $x_M\, x_E$ $\hat{\omega} = -2$ optimal ist.

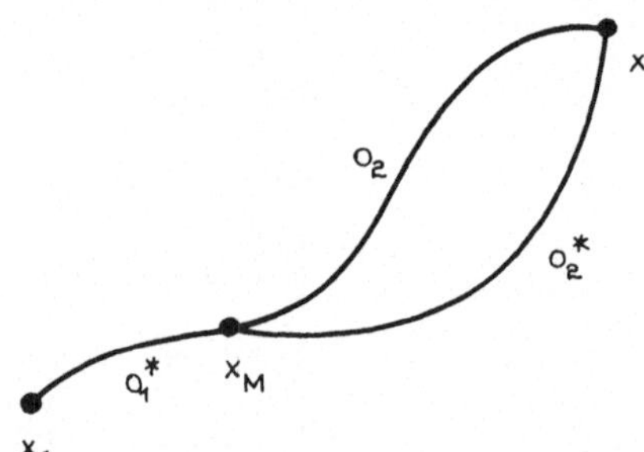

Abb. II.5 Ansatz zur Erläuterung
der Teiloptimalität

Es muß weiter angemerkt werden, daß die Formeln (22), die in [26]
nicht richtig angegeben sind, wie Hofer und Sagirow ([44])
bemerkt haben, bei ein oder zwei freien Parametern nur theoreti-
sches Interesse haben, da sie i. a. keine analytische Bestimmung
der günstigsten Parameterwerte erlauben und nur durch Iteration erfüllt werden können. Für einen freien Parameter $\hat{\omega}$ wird man z. B.
lieber, statt den Nulldurchgang der Formel (22) zu suchen
(Abb. II.6), die zu optimierende Größe P über $\hat{\omega}$ auftragen (Abb. II.7)

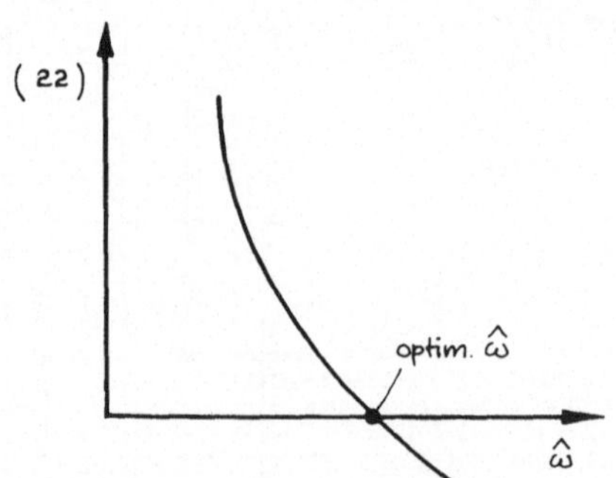

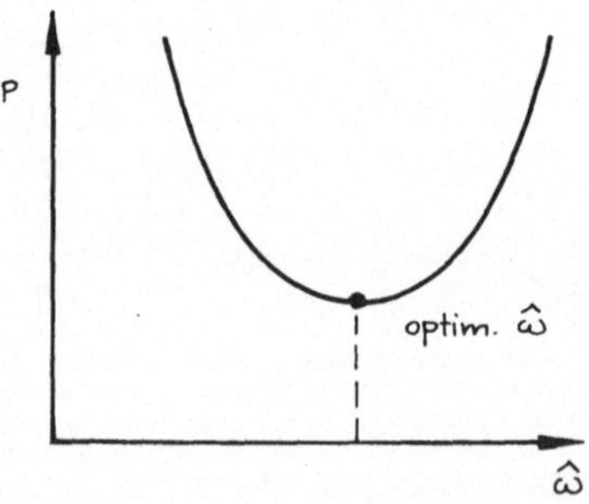

Abb. II.6 Kennzeichnung des
Optimalwertes des Parameters $\hat{\omega}$
durch den Nulldurchgang von (22)

Abb. II.7 Ermittlung des Optimalwertes des Parameters $\hat{\omega}$ durch
eine Auftragung von P über $\hat{\omega}$

und die Größe in Richtung ihres Minimums verfolgen, wobei man direkt sieht, ob eine weitere Veränderung wirklich noch interessant
ist. Bei mehreren freien Parametern dürfte allerdings die direkte
Lösung der Formeln (22) im Digitalrechner den günstigeren Weg darstellen.

1.2.3. Behandlung der maximalen Steighöhe einer Höhenrakete mit der Pontryaginschen Theorie.

Wir wollen das im Zusammenhang mit der
Mieleschen Theorie in I.2.2.4. behandelte Beispiel der maximalen
Steighöhe einer Höhenrakete nun auch mit dem Pontryaginschen Maximumprinzip lösen, wobei wir allerdings die Vereinfachungen nicht
mehr zu machen brauchen, die seinerzeit auf den linearen Integranden geführt hatten, der für die Anwendung der Mieleschen Theorie
Voraussetzung ist. Ebenso brauchen wir nun nicht mehr die als Nebenbedingung auftretenden Differentialgleichungen durch geeignete
Umformung wegzubringen.

Wir betrachten also die Aufgabe:

$$(23) \qquad h_E = \int_0^{h_E} dh$$

soll ein Maximum werden unter den Nebenbedingungen [vgl. (I.47,
I.53)]

$$(24) \qquad \dot{v} = \frac{\tilde{S} - W}{m} - g$$

$$\dot{h} = v$$

$$\dot{m} = -\mu$$

wobei gilt:

$$(25) \qquad \tilde{S} = \tilde{S}(\mu,h) = \mu \cdot w_A - p_A \cdot F_E$$

$$(26) \qquad W = W(h,v) = \frac{\rho(h)}{2} v^2 \cdot c_w\left(M\left(\frac{v}{a(h)}\right)\right) \cdot F$$

$$(27) \qquad g = g(h) = \frac{g_0 r_0^2}{(r_0 + h)^2}$$

und die Bezeichnungen den Definitionen (I.49), (I.51), (I.52) entsprechen mit den zusätzlichen Werten:

(28) p_A = atmosphärischer Druck

w_A = Ausströmgeschwindigkeit im Vakuum

F_E = Düsenfläche

M = Machzahl

a = Schallgeschwindigkeit

Für den Durchsatz hat man die Einschränkung [vgl. (I.50)]:

(29) $0 \leq \mu \leq \mu_{max}$

und als Randbedingungen:

(30) $v(0) = 0$; $h(0) = 0$; $m(0) = m_0$

und

(31) $v(t_E) = 0$; $m(t_E) = m_1$

d. h. die maximale Steighöhe wird bei der Geschwindigkeit Null erreicht, während die Treibstoffmenge durch $m_0 - m_1$ vorgegeben ist.

Für die Anwendung des Maximumprinzips ist zu beachten, daß dort gefordert ist, einen Integralwert zu einem Minimum zu machen, während wir hier das Maximum eines Integralwertes suchen. Man kann dies dadurch korrigieren, daß man statt h den Wert

(32) $\hat{h} = - h$

betrachtet, also eine Spiegelung an $h = 0$ vornimmt. Dann wird aus einem relativen Maximum ein relatives Minimum (Abb. II.8).

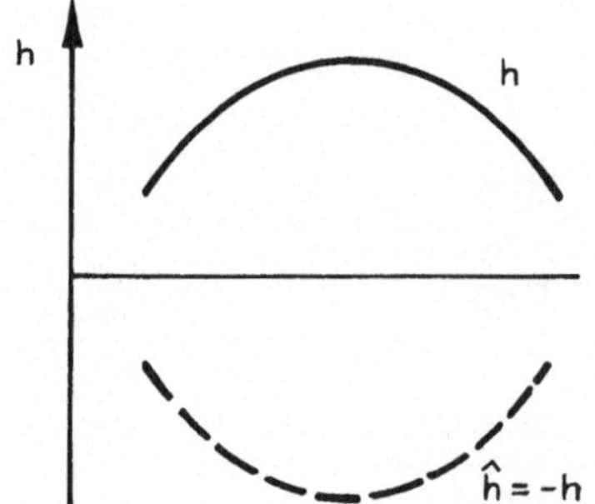

Abb. II.8 Übergang vom Maximum zum Minimum durch Spiegelung an der Abszisse

Wir können nun unsere Aufgabe auf verschiedene Weise auf die im vorigen Paragraphen als Tabelle gegebenen Sätze der Pontryaginschen Theorie zurückführen.

Setzt man nach (24) in (23)

$$(33) \qquad dh = v\, dt$$

so hat man in (23), (24), (30) und (31) ein Problem entsprechend dem Grundtheorem, also entsprechend Satz I unserer Tabelle.

Benutzt man (33), um in (24) dt durch dh zu ersetzen, so hat man mit (32) die Aufgabenstellung:

$$\hat{h} = \int_{0}^{\hat{h}_E} d\hat{h}$$

soll ein Minimum werden unter den Nebenbedingungen:

$$(34) \qquad \frac{dv}{d\hat{h}} = -\frac{\hat{S}-W}{vm} + \frac{g}{v} = g_1(\hat{h},v,\mu)$$

$$(35) \qquad \frac{dm}{d\hat{h}} = \frac{\mu}{v} \qquad\qquad = g_2(\hat{h},v,\mu)$$

d. h. eine Aufgabenstellung entsprechend Satz IV, also die Optimierung eines nichtautonomen, "schnelligkeitsoptimalen" (wenn $\hat{h}$ als Zeit gedeutet wird) Systems.

Nach Satz IV der Tabelle folgt, wenn wir die partiellen Ableitungen schreiben: W_v, W_h usw.:

$$(36) \qquad \lambda_1' = -\lambda_1 \left\{ \frac{\tilde{S}-W}{v^2 m} - \frac{g}{v^2} + \frac{W_v}{mv} \right\} + \lambda_2 \frac{h}{v^2}$$

$$\lambda_2' = -\lambda_1 \frac{\tilde{S}-W}{vm^2}$$

bzw. für H^* :

$$(37) \qquad H^* = \lambda_1 \left\{ -\frac{\hat{S}-W}{vm} + \frac{g}{v} \right\} + \lambda_2 \frac{\mu}{v}$$

$$\overset{(23)}{=} \lambda_1 \left\{ -\frac{\mu w_A}{mv} + \frac{p_A F_E + W}{mv} + \frac{g}{v} \right\} + \lambda_2 \frac{\mu}{v}$$

$$= \frac{\mu}{v} \cdot \left\{ \lambda_2 - \lambda_1 \frac{w_A}{m} \right\} + \lambda_1 \left\{ \frac{p_A \cdot F_E + W}{mv} + \frac{g}{v} \right\}$$

und die Randbedingungen lauten:

$$m(0) = m_0 \qquad v(0) = 0$$

$$m(\hat{h}_E) = m_1 \qquad v(\hat{h}_E) = 0$$

sie sind also voll gegeben. (Für ein Beispiel für die Anwendung der Transversalitätsbedingung s. 3.2.2.).

Das Maximumprinzip macht nun infolge des Aufbaus von (37) folgende Aussage:

(38)   Für $\left(\lambda_2 - \lambda_1 \cdot \dfrac{{}^wA}{m} \right) > 0$ wähle $\mu = \mu_{max}$

Für $\left(\lambda_2 - \lambda_1 \cdot \dfrac{{}^wA}{m} \right) < 0$ wähle $\mu = 0$

Für $\left(\lambda_2 - \lambda_1 \cdot \dfrac{{}^wA}{m} \right) = 0$ über einen Zeitraum, wähle μ entsprechend

Die Lösung zerfällt also in Bögen drei verschiedener Klassen.

Im dritten Fall kann man μ wie folgt bestimmen: Nach (38) gilt dann:

$$(39) \qquad \lambda_2 \;=\; \lambda_1 \cdot \frac{{}^wA}{m}$$

$$\lambda_2' \;=\; \lambda_1' \, \frac{{}^wA}{m} - \lambda_1 \frac{{}^wA}{m^2} \, m'$$

$$\overset{(35)}{=} \lambda_1' \, \frac{{}^wA}{m} - \lambda_1 \frac{{}^wA}{m^2} \cdot \frac{\mu}{v}$$

Wir können nun λ_1', λ_2' gemäß (36) ersetzen und λ_2 mit der ersten Zeile von (39) eliminieren und finden

$$- \lambda_1 \cdot \frac{\widetilde{S} - W}{m^2 v} = - \lambda_1 \left\{ \frac{\widetilde{S} - W}{m^2 v} \cdot \frac{{}^wA}{v} - \frac{{}^{gw}A}{v^2 m} + \frac{{}^W_v{}^wA}{m^2 v} \right\}$$

$$+ \lambda_1 \frac{{}^wA^2 \, \mu}{m^2 v^2} - \lambda_1 \frac{{}^wA \, \mu}{m^2 v}$$

Betrachten wir die Formel (25) für $\widetilde{S}$, so folgt mit $\lambda_1 \neq 0$, was durch $\lambda_2 = \lambda_1 \cdot \dfrac{w_A}{m}$ garantiert ist, da so für $\lambda_1 = 0 \curvearrowright \lambda_2 = 0$, was wir ausschließen wollen:

$$+ \frac{p_A \cdot F_E + W}{m^2 v} = + \frac{p_A \cdot F_E + W}{m^2 v} \cdot \frac{w_A}{v} + \frac{g w_A}{m v^2} - \frac{W_v w_A}{m^2 v}$$

Dies läßt sich mit der

$$(40) \qquad \overset{\sqcap}{W} = W + p_A \cdot F_E$$

vereinfacht schreiben:

$$(41) \qquad mg = \overset{\sqcap}{W}\left\{ \frac{v}{w_A} - 1 \right\} + v\, \overset{\sqcap}{W}_v$$

Durch Ableitung nach $\overset{.}{h}$ folgt:

$$m'g + mg_{\hat{h}} = \left\{ \overset{\sqcap}{W}_v \cdot \frac{v}{w_A} + \overset{\sqcap}{W}_{vv}\, v \right\} v' + \overset{\sqcap}{W}_{v\hat{h}} \left(\frac{v}{w_A} - 1 \right) + \overset{\sqcap}{W}_{v\hat{h}}\, v$$

und wenn man (32), (33) einsetzt und nach μ auflöst:

$$(42) \qquad \mu = \frac{\left\{ \overset{\sqcap}{W}_v \dfrac{v}{w_A} + \overset{\sqcap}{W}_{vv}\, v \right\}\left\{ \overset{\sqcap}{W} + mg \right\} + \overset{\sqcap}{W}_{v\hat{h}}\, mv^2 + \overset{\sqcap}{W}_{\hat{h}}\, mv \left\{ \dfrac{v}{w_A} - 1 \right\} - mv^2 g_{\hat{h}}}{mg + \overset{\sqcap}{W}_v\, v + \overset{\sqcap}{W}_{vv}\, v\, w_A}$$

Man nuß also, um $\mu = \mu(t)$ für Bögen zu ermitteln, die nicht mit $\mu = \mu_{max}$ oder $\mu = 0$ geflogen werden, bis zu den partiellen Ableitungen zweiter Ordnung gehen, die, da $W(v, h)$ i. a. empirisch gegeben ist, sich nur schlecht berechnen lassen. Zudem sind μ und m durch (35) direkt verknüpft.

Es bleibt zu diskutieren, wie die Bögen zusammengesetzt werden müssen. Dies kann am einfachsten an Hand eines numerischen Beispiels erfolgen, was hier zu weit führen würde.

Grundsätzlich ist - wie bei der Mieleschen Theorie schon angeführt - i. a. ein Bogen maximalen Schubs, ein Schubsprung mit anschließendem veränderlichen Schub und bei $m = m_1$ ein Sprung auf den Schub Null als optimales Schubprogramm zu erwarten.

1.3. Lineare schnelligkeitsoptimale Systeme

1.3.1. Besonderheiten der linearen Systeme.

Eine wesentliche Vereinfachung für die Bestimmung der optimalen Steuerung ergibt sich, wenn die als Nebenbedingungen wirkenden Bewegungsgleichungen (2) und der Integrand L des zu einem Minimum zu machenden Integrals P (5) nur linear von den x_j abhängen und die Koeffizienten der x_j die u_l nicht enthalten. Dann wird nämlich die Definitionsgleichung (8) für die λ_s von den Unbekannten x_j, u_l unabhängig und man kann die λ_s direkt bestimmen.

Wir wollen hier eine spezielle Aufgabenstellung mit diesen Eigenschaften betrachten, die insbesondere in der Regelungstechnik häufig auftritt.

Und zwar untersuchen wir schnelligkeitsoptimale Vorgänge, d. h. $L = 1$, mit linearen Bewegungsgleichungen als Nebenbedingungen:

$$(43) \qquad \dot{x}_j = \sum_{\nu=1}^{m} a_{j\nu}(t)\, x_\nu(t) + \sum_{\rho=1}^{k} b_{j\rho}(t)\, u_\rho(t) + f_j(t)$$

Der Steuerungsbereich soll durch ein abgeschlossenes, beschränktes, konvexes Polyeder $\bar{U}$ dargestellt sein; z. B. ein Parallelepiped:

$$-\infty < \alpha_\rho \leq u_\rho \leq \beta_\rho < +\infty$$

Wir beziehen uns jetzt auf Satz II unserer Tabelle und erhalten dann als notwendige Bedingungen:

$$(44) \qquad \dot{\lambda}_s = -\sum_{j=1}^{m} a_{j\rho}(t)\, \lambda_j(t)$$

$$H^* = \sum_{j=1}^{m}\sum_{\nu=1}^{m} a_{j\nu}(t)\, x_\nu \lambda_j + \sum_{j=1}^{m}\sum_{\rho=1}^{m} b_{j\rho}(t)\, u_\rho \lambda_j + \sum_{j=1}^{m} f_j(t)\, \lambda_j = \underset{\text{bez. } u_\rho}{\text{Max}}$$

Wir sehen, daß - wie eingangs gesagt - $\lambda_j(t)$ unmittelbar berechnet werden kann, da die dafür zu lösende Differentialgleichung (44) von den unbekannten Fuktionen $x_j(t)$, $u_\rho(t)$ unabhängig ist.

Wir erkennen ferner, daß die Hamiltonsche Funktion H^* ihr Maximum

bezüglich der $u_\rho(t)$ gerade annimmt, wenn der zweite Summand von H^*
sein Maximum bezüglich $u_\rho(t)$ annimmt, also wenn

$$(45) \quad \sum_{j=1}^{m} \sum_{\rho=1}^{k} b_{j\rho}(t)\, u_\rho(t)\, \lambda_j(t) = \underset{\text{bez. } u_\rho}{\text{Max}}$$

gilt, da nur (45) in H^* die u_ρ enthält.

Es gilt nun folgender grundlegende Satz:

(46)   Für jede nichttriviale Lösung $[\lambda_1(t),\ \lambda_2(t) \ldots \lambda_m(t)]$ der
       Gleichung (44) bestimmt (45) eindeutig eine Steuerung
       $[u_1(t),\ u_2(t) \ldots u_k(t)]$, wobei die Funktion $[u_1(t),\ u_2(t) \ldots$
       $\ldots u_k(t)]$ stückweise konstant ist und nur Werte annimmt,
       die auf den Eckpunkten des Polyeders $\bar{U}$ liegen (- unter der
       Voraussetzung (48) -)

Ohne einen mathematisch exakten Beweis für (46) zu führen, wollen

wir uns seine Richtigkeit kurz überlegen und uns zugleich die noch

zu nennenden Voraussetzungen geometrisch deuten.

Da (45) linear in den $u_\rho(t)$ ist, legt jeder mögliche Wert der rech-

ten Seite von (45) eine Ebene im Raum der u_ρ fest. Dabei können

drei Fälle auftreten.

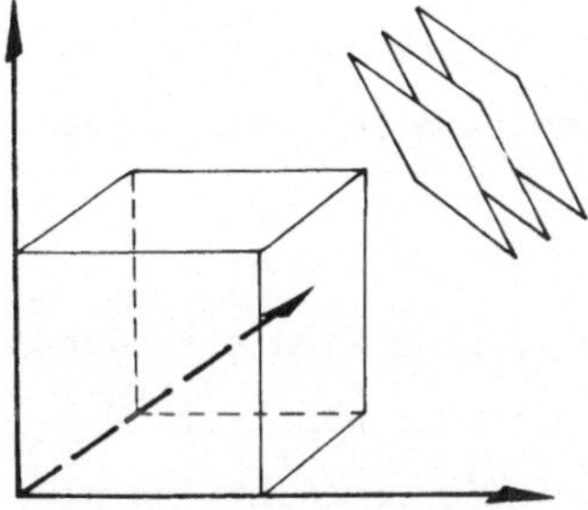

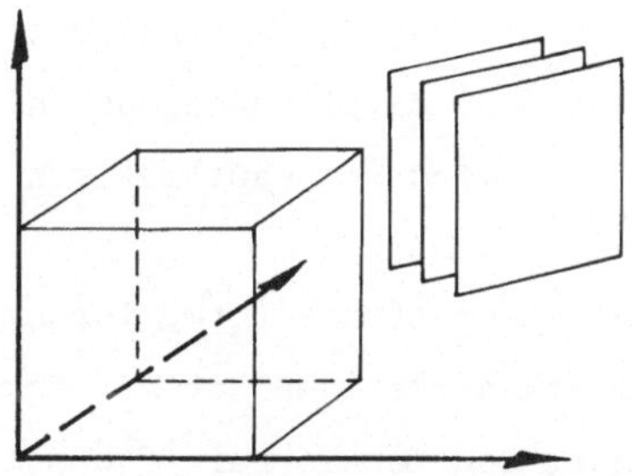

Abb. II.9   Allgemeine Lage der u_ρ festlegenden Ebenenschar relativ zum Steuerfunktionspolyeder im Zeitpunkt $t = t_1$

Abb. II.10   Lage der u_ρ festlegenden Ebenenschar parallel zu einer Kante des Steuerfunktionspolyeders im Zeitpunkt $t = t_1$

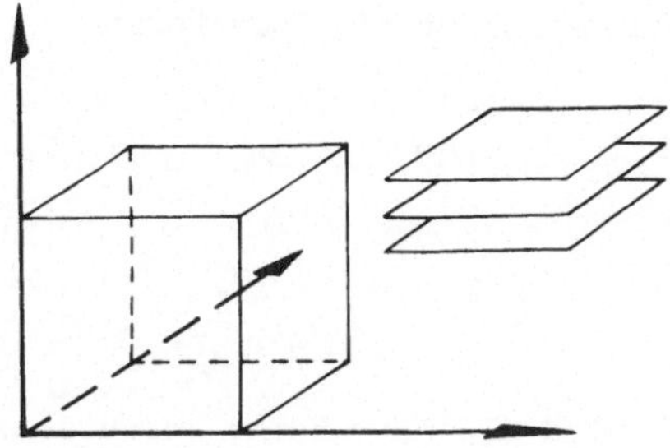

Abb. II.11   Lage der u_ρ festlegenden Ebenenschar parallel zu einer Seitenfläche des Steuerfunktionspolyeders im Zeitpunkt $t = t_1$

a) Die Ebenen $\sum\limits_{j=1}^{m} \sum\limits_{\rho=1}^{k} b_{j\rho}\, \lambda_j\, u_\rho = \text{const}$ liegen zu keiner der Kanten des Polyeders parallel. Dann kann der Maximalwert, wie in (46) ausgesagt, nur in einem Eckpunkt des Polyeders auftreten.

b) Die Ebenen $\sum\limits_{j=1}^{m} \sum\limits_{\rho=1}^{k} b_{j\rho}(t)\, \lambda_j\, u_\rho = \text{const}$ liegen zu einer der Kanten des Polyeders parallel. Dann würde das Maximum längs dieser Kante auftreten.

c) Die Ebenen $\sum\limits_{j=1}^{m} \sum\limits_{\rho=1}^{m} b_{j\rho}(t)\, \lambda_j\, u_\rho = \text{const}$ liegen zu zwei der Kanten des Polyeders parallel. Dann würde das Maximum auf der durch diese zwei Kanten bestimmten Seitenfläche auftreten.

Da in dem Satz (46) nur der Fall a) angeführt ist, der eine eindeutige Festlegung der optimalen Steuerung gewährleistet, müssen noch - wie am Ende des Satzes angedeutet - zusätzliche Voraussetzungen gemacht werden. Und zwar genügt es, dafür zu sorgen, daß die Ebenen keiner Kante parallel sein können, d. h. den Fall b) auszuschließen, da sie dann auch nicht zwei Kanten parallel sein können. Fall c) wird also automatisch ausgeschlossen.

Die mathematische Formulierung dieser Voraussetzung wird hier der Vollständigkeit halber mit angeführt, aber nicht hergeleitet. Man findet den Beweis bei P o n t r y a g i n [26]. Schreibt man die Koeffizienten von (43) in Matrizenschreibweise

$$A(t) = (a_{j\nu}(t)) \; ; \; B(t) = (b_{j\rho}(t))$$

und definiert die Operatoren

$$(47) \quad B_1(t) = B(t)$$

$$B_\xi(t) = -A(t) \cdot B_{\xi-1}(t) + \frac{dB_{\xi-1}(t)}{dt} \qquad \xi = 2,3 \ldots m$$

so wird die notwendige Voraussetzung für (46):

(48)   Zu jedem Zeitpunkt t muß für jede Kante $\vec{\omega} = [\omega_1, \omega_2 \ldots \omega_k]$
des Polyeders $\bar{U}$ gelten, daß die Vektoren

$$B_1(t)\vec{\omega}, \; B_2(t)\vec{\omega}, \; \ldots B_m(t)\vec{\omega}$$

linear unabhängig im Raum der Lagekoordinaten x_j sind. Dabei
schließt die Definition (47) mit ein, daß die $a_{j\nu}(t)$ $m-2$
und die $b_{j\nu}(t)$ $m-1$ stückweise stetige Ableitungen besitzen.
$f_j(t)$ braucht nur stückweise stetig zu sein.

Es sei noch bemerkt, daß für den Fall, daß die Funktionen $a_{j\nu}$, $b_{j\rho}$
konstant sind, (48) sich auf die Forderung reduziert, daß die Vek-
toren $B\vec{\omega}$, $AB\vec{\omega}$, $A^2B\vec{\omega} \ldots A^{m-1}B\vec{\omega}$ im Raum der Lagekoordinaten linear
unabhängig sein müssen.

Das laut (46) mögliche Wechseln der Ecken entspricht der hier nicht
näher betrachteten Zeitabhängigkeit der Koeffizienten in (45), die
auch dann auftritt, wenn die $a_{j\nu}$, $b_{j\rho}$ in (45) konstant sind, da
immer $\lambda_j \equiv \lambda_j(t)$ gilt.

Das Wechseln von dem Wert $\vec{e}_i$ einer Ecke des Polyeders zum Wert $\vec{e}_j$
einer anderen Ecke an einem Unstetigkeitspunkt der stückweise kon-
stanten Steuerfunktionen $[\vec{u}(t'-0) = \vec{e}_i \; ; \; \vec{u}(t'+0) = \vec{e}_j]$ nennt man
auch "umschalten", wobei t' mit "Schaltzeitpunkt" bezeichnet wird.
Da ein Polyeder endlich viele Ecken hat, spricht man von (46) auch
als dem Satz über die endliche Zahl von Umschaltungen.

1.3.2. Zwei charakteristische Beispiele. Die Anzahl der Umschaltungen wird im einzelnen von den Werten der Koeffizienten $a_{j\nu}$, $b_{j\nu}$
in (41), der Form des Polyeders $\bar{U}$ und der Wahl des Anfangs- und des
Endpunktes $\vec{x}_A$, $\vec{x}_E$ abhängen.

Wie stark die so auftretenden Verschiedenheiten sein können, wollen
wir an zwei einfachen Beispielen - entnommen aus [26] - zeigen.

Wir betrachten z. B. das Gleichungssystem

$$(49) \quad \dot{x}_1 = x_2$$

$$\dot{x}_2 = u$$

mit den Endbedingungen:

$$(50) \quad x_{1E} = x_{2E} = 0$$

und der Steuerfunktionseinschränkung

$$|u| \leq 1$$

und die Aufgabe, von gegebenen Anfangswerten x_{1A}, x_{2A} aus, zeit-optimal den Nullpunkt (50) zu errreichen.

Nach Satz II der Tabelle hat man für die Funktionen $\lambda_1(t)$, $\lambda_2(t)$ die Gleichungen:

$$(51) \quad \dot{\lambda}_1 = 0 \; ; \; \dot{\lambda}_2 = -\lambda_1$$

und für die Hamiltonsche Funktion die Forderung:

$$(52) \quad H^* = \lambda_1 x_2 + \lambda_2 u = \underset{\text{bezügl. } u}{\text{Max}}$$

Aus (51) folgt sofort:

$$\lambda_1 = \text{const} = c_1$$

$$\lambda_2 = c_2 - c_1 t$$

und damit für (52):

$$H^* = c_1 x_2 + (c_2 - c_1 t)u = \underset{\text{bezügl. } u}{\text{Max}}$$

Je nach Vorzeichen von $c_2 - c_1 t$ folgt das Maximum von H^* für $u = +1$ oder $u = -1$ und es kann sich, da $c_2 - c_1 t$ eine lineare Funktion von t ist, nur ein einziger Wechsel bezüglich u während der gesamten Flugzeit ergeben.

Eine einfache Darstellung der Verhältnisse für beliebige Anfangs-werte läßt sich in unserem Fall dadurch geben, daß man die x_1, x_2-Ebene betrachtet. Dann soll man dort von einem gegebenen Anfangs-

punkt möglichst schnell den Nullpunkt erreichen und man kann die
Kurven, auf denen man sich bewegt, aus (49) durch die einzelne Differentialgleichung

$$\frac{dx_1}{dx_2} = \frac{x_2}{u}$$

beschreiben. Da u nach (46) nur die Werte + 1 oder - 1 annehmen kann,
kann, erhält man die Kurven:

$$x_1 - x_{1A} = \pm \frac{1}{2} (x_2^2 - x_{2A}^2)$$

d. h. Parabeln in der x_1, x_2-Ebene.

Für das Plus-Zeichen findet man die Parabelschar a), für das Minus-
Zeichen die Parabelschar b) (Abb. II.12).

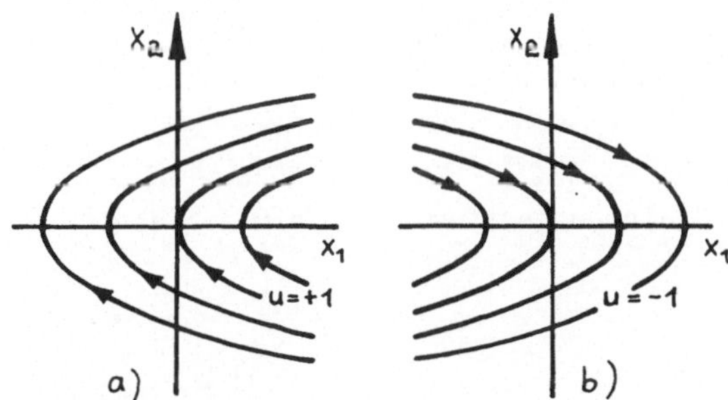

Abb. II.12 Optimale Bahnkurven für u = +1 und u = -1 bei der Aufgabe (49) (entnommen aus [26])

Der Pfeil gibt die Fortschreitungsrichtung an, die man z. B. aus
der Integration von (49) mit dem Beispiel $u = + 1$; $t_A = 0$, $x_{2A} = - 5$,
$x_{1A} = 0$ sofort folgern kann, da sich so ergibt:

$$x_2 = t - 5 \ ; \ x_1 = \frac{t^2}{2} - 5t$$

und sich damit durch das Einsetzen von z. B. $t = 2$ errechnen läßt:

$$x_2 = - 3 \ ; \ x_1 = - 8$$

d. h. x_2 wächst mit wachsendem t während x_1 zunächst abnimmt.

Um in den Endpunkt (0,0) zu kommen, muß man sich zuletzt auf der durch u = + 1 oder u = - 1 gekennzeichneten Parabel bewegen, die durch den Nullpunkt geht. Dann kann aber, da nur eine Umschaltung möglich ist, das Feld der optimalen Trajektorien nur wie in der Abb. II.13 angedeutet, aussehen: Man folgt je nach Anfangspunkt der Parabel mit u = + 1 bzw. u = - 1 bis zu der durch Null gehenden Parabel mit u = - 1 bzw. u = + 1 und gelangt dann auf dieser in den Nullpunkt.

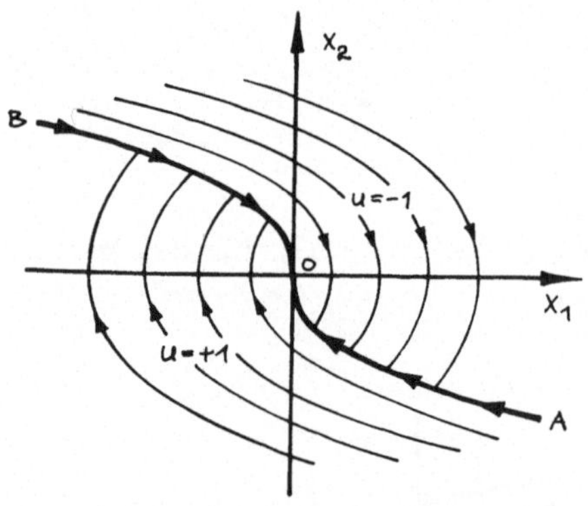

Abb. II.13 Gesamtfeld der optimalen Bahnkurven für die Aufgabe (49) (entnommen aus [26])

Ändert man das Gleichungssystem (49) einfach ab in:

$$(53) \quad \dot{x}_1 = x_2$$

$$\dot{x}_2 = - x_1 + u$$

und behält die restlichen Bedingungen bei, so ergibt sich bereits ein vollständig anderes Bild. Man findet für die $\lambda_1(t)$, $\lambda_2(t)$ die Gleichungen:

$$(54) \quad \dot{\lambda}_1 = \lambda_2 \; ; \; \dot{\lambda}_2 = - \lambda_1$$

und für die Hamiltonsche Funktion:

$$H^* = \lambda_1 x_2 - \lambda_2 x_1 + \lambda_2 u$$

Aus (54) folgt:

$$\ddot{\lambda} + \lambda_2 = 0$$

$$\lambda_2 = A \sin (t - \alpha_0)$$

Die Anzahl der Vorzeichenwechsel von sin $(t - \alpha_0)$ ist vom Intervall $[t_A, t_E]$ abhängig, also von den Anfangsbedingungen. Mit jedem Vorzeichenwechsel von $\lambda_2 = A \sin (t - \alpha_0)$ wechselt aber auch dasjenige u, das H^* jeweils zum Maximum macht, sein Vorzeichen.

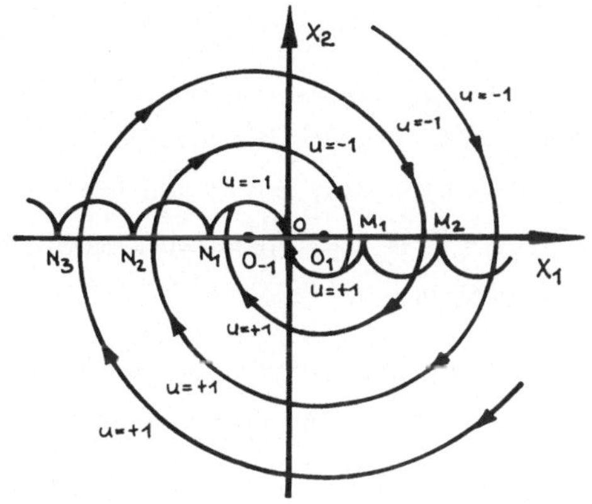

Abb. II.14 Gesamtfeld der optimalen Bahnkurven für die Aufgabe (53) (entnommen aus [26])

Betrachtet man wieder die x_1, x_2-Ebene, so ergibt sich darin das folgende Bild (Abb. II.14): Die Schaltgrenze wird durch eine Reihe von Halbkreisen mit dem Radius 1 gegeben, wobei die Halbkreise für $x_1 > 0$ unterhalb und für $x_1 < 0$ oberhalb der x_1-Achse liegen. Im oberen Teil der so gegebenen Unterteilung der gesamten Ebene bewegt man sich mit $u = -1$ auf Kreisen um $x_1 = -1$, im unteren Teil mit $u = +1$ auf Kreisen um $x_1 = +1$. Man schaltet solange zwischen diesen Kreisbögen auf der aus Halbkreisbögen bestehenden Schaltgrenze um, bis dort der Halbkreisbogen um $x_1 = -1$ bzw. um $x_1 = +1$ erreicht ist. Dieser gehört zu der jeweiligen Kreisbogenschar und ist damit der letzte in den Nullpunkt führende Teil des optimalen Kurvenzuges.

Die Zahl der Umschaltungen ist jetzt also nicht fest, sondern von der Wahl des Anfangspunktes abhängig, und zwar wachsend mit dem Abstand des Anfangspunktes von Endpunkt, jedoch stets endlich.

1.3.3. Allgemeine Zusammenhänge. Der Unterschied in den Differentialgleichungssystemen (49) und (53) liegt darin, daß (49) eine Koeffizientenmatrix $(a_{j\nu})$ mit reellen, (53) eine Koeffizientenmatrix mit komplexen Eigenwerten hat.

A. A. F e l d b a u m hat nämlich gezeigt, daß für $a_{j\nu}$ = const,
$b_{j\rho}$ = const, f_j = 0 in (43) die im allgemeinen nur durch die Endlich-
keitsbedingung beschränkte Zahl der Umschaltungen für gewisse
Steuerbereiche und eine reelle Koeffizientenmatrix durch die Zahl
der Bewegungsgleichungen beschränkt ist. Und zwar lautet der Satz genau:

(55)   Sind alle Eigenwerte der Matrix $(a_{j\nu})$ reell und die einzelnen
        Steuerparameter von einander unabhängig, d. h. gilt:
        $\alpha_\rho \leq u_\rho \leq \beta_\rho$, bzw. $\bar{U}$ ist ein Parallelepiped, so können pro
        Steuerfunktion nicht mehr als m - 1 Umschaltungen auftreten,
        wenn m die Zahl der Bewegungsgleichungen (43) ist.

Abschließend sei zu den Zeitoptimierungsaufgaben mit linearen Bewegungsgleichungen noch darauf hingewiesen, daß solche Aufgaben mit
der normalen Variationsrechnung nicht behandelt werden können. In
der Variationsrechnung wird durch die notwendigen Bedingungen ja
gerade eine lokale Extremwertseigenschaft gekennzeichnet, die bei
den hier behandelten Aufgaben nicht existiert. Das Extremum wird
erst durch die Einschränkung des zulässigen Wertebereichs der
Steuerfunktionen geschaffen. Damit erkennt man, daß das Pontryaginsche Maximumprinzip im Rahmen seines Gültigkeitsbereichs neben der
Klarstellung der technischen Aufgabendefinitionen zugleich durch
die zulässige Beschränkung des Steuerbereichs die normale Variationsrechnung bezüglich ihrer Anwendbarkeit wesentlich erweitert hat.

1.4. Das Syntheseproblem

1.4.1. Erläuterungen zur Problemstellung. Die Lösung einer Optimierungsaufgabe der Art (I.3) zerfällt genau genommen in zwei Problemkreise: Einmal die Bestimmung des Extremalwertes der zu optimierenden Größe P und zum anderen die Ermittlung der Steuerfunktionen $u_1(t)$, also der jeweils einzuschlagenden günstigsten Stra-
tegie. Daß tatsächlich bei Anwendung der Theorie der eine oder der
andere Aspekt im Vordergrund stehen kann und welche Fragen insbesondere im zweiten Fall auftreten, wollen wir uns an einem Beispiel aus der Raumfahrttechnik klarmachen.

Wir betrachten dazu den Aufstieg einer Trägerrakete bis zum Erreichen von Fluchtgeschwindigkeit (Verlassen des Anziehungsbereichs der Erde), und zwar insbesondere den Flug der letzten Stufe.

Aus verschiedenen triebwerktechnischen Gründen ist für die letzte Stufe i. A. ständiger, konstanter Schub vorauszusetzen. Man fragt bei den Voruntersuchungen zur Festlegung der Triebwerkgröße, welches die günstigste Schubgröße ist, wobei das mit der wachsenden Schubgröße ansteigende Triebwerksgewicht in Betracht gezogen werden muß. Dies ergibt ein Diagramm entsprechend Abb. II.15. Die Rechnungen werden mit optimierter Schubrichtung durchgeführt, um die maximal erreichbare Nutzlast zu bestimmen. Der tatsächliche Zeitverlauf der Schubrichtung ist dabei ohne Bedeutung.

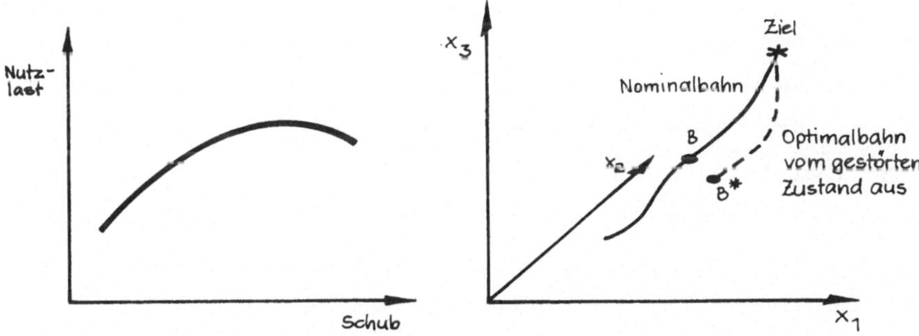

Abb. II.15 Übliche Darstellung bei der Leistungsoptimierung

Abb. II.16 Nominalbahn und Optimalbahn vom gestörten Zustand B^* aus

Betrachtet man jedoch später den tatsächlichen Flug mit einem ausgewählten Schub der letzten Stufe, so muß in irgendeiner Programmeinheit der Stufe der optimale Schubrichtungswinkel gespeichert sein, damit die Stufe auch tatsächlich der vorausberechneten Flugbahn folgt. Darüber hinaus ergibt sich aber noch, daß die der Berechnung zugrunde gelegten Nominalwerte praktisch nie eingehalten werden. Dies hat zur Folge, daß das Ziel nicht auf der ursprünglich geplanten Bahn erreicht werden kann, sondern daß jeweils von einem gegen die ursprünglichen Bahnpunkte versetzten Bahnpunkt auszugehen ist (vgl. Abb. II.16). Die Ursache dafür kann z. B. sein, daß die

Unterstufen nicht die der Vorausberechnung zugrunde gelegten Anfangsbedingungen für den Flug der letzten Stufe erreicht haben,
oder aber auch, daß ein Parameterwert der Stufe selbst - insbesondere der Durchsatz - nicht dem den Vorausberechnungen zugrunde gelegten Nominalwert entspricht.

Jetzt rückt also der für die Steuerfunktion zu wählende günstigste
Wert in den Mittelpunkt des Interesses.

Den Abweichungen von der Nominalbahn kann man auf zwei Weisen Rechnung tragen:

Die zuerst ins Auge fallende Methode wäre, während des Fluges mit
den jeweils als real angesehenen Parameterwerten und den jeweils
durch Ortung festgestellten augenblicklichen Lagewerten als Anfangsbedingungen die optimale Schubrichtung zur schnellsten Erreichung des Flugzieles neu mit Hilfe des Pontryaginschen Maximumprinzips zu berechnen. Dies verlangt, daß das Randwertproblem,
$x_{jB*} \rightarrow x_{jE}$ zu führen, jeweils so schnell gelöst wird, daß kein merk-
barer Teil der Flugbahn mit dem bis dahin fälschlich für optimal
gehaltenen Programm durchflogen wird, setzt also einen sehr schnel-
len Digitalrechner an Bord oder am Boden voraus und zudem, daß bei
der iterativen Lösung des Randwertproblems (vgl. Kapitel II.3.)
keine Konvergenzschwierigkeiten auftreten.

Der andere Weg geht von der Annahme aus, daß nur kleine Abweichungen
von der vorausberechneten Nominalbahn auftreten und somit eine Linearisierung des Problems möglich ist. Da nämlich die Integration
der Bewegungsgleichungen und der zugehörigen Optimierungsbedingungen bei festen Parameterwerten und festem Ziel nur die Kenntnis der
jeweiligen Lage x_{iB} und der zugehörigen Werte λ_{sB} verlangt, kann
man schreiben:

$$(56) \quad x_{jE} = f_j(x_{iB}, \lambda_{sB})$$

Bei einer Abweichung von der nominalen Lage x_{iB} muß, um dasselbe
x_{jE} zu erreichen, auch eine Veränderung der λ_{sB} vorgenommen werden.

Man kann den Zusammenhang der Veränderungen der x_{iB}, λ_{sB} aus der
rein formalen Schreibweise

$$(57) \quad x_{jE} = f_j(x_{iB} + dx_{iB}, \; \lambda_{sB} + d\lambda_{sB})$$

gewinnen, indem man (57) in eine Taylorreihe entwickelt und nach
dem ersten Glied abbricht:

$$x_{jE} = f_j(x_{iB}, \lambda_{sB}) + \sum_{i=1}^{m} \frac{\partial f_j}{\partial x_i} \Bigg|_{x_{iB}, \lambda_{sB}} dx_{iB} \;+\; \sum_{s=1}^{m} \frac{\partial f_j}{\partial \lambda_s} \Bigg|_{x_{iB}, \lambda_{sB}} d\lambda_{sB}$$

Beachtet man (56), so folgt:

$$\sum_{i=1}^{m} \frac{\partial f_j}{\partial x_i} \Bigg|_{x_{iB}, \lambda_{oB}} dx_{iB} \;+\; \sum_{s=1}^{m} \frac{\partial f_j}{\partial \lambda_s} \Bigg|_{x_{iD}, \lambda_{sD}} d\lambda_{sB} \;=\; 0$$

oder, wenn man die Vektor- und Matrizenschreibweise benutzt und
auflöst:

$$(58) \quad \vec{d\lambda}_B = \left(\frac{\partial f_j}{\partial \lambda_s} \right)^{-1} \left(\frac{\partial f_j}{\partial x_i} \right) \Bigg|_{x_{iB}, \lambda_{sB}} \vec{dx}_B$$

$$= M \Bigg|_{\vec{x}_B, \vec{\lambda}_B} \cdot \vec{dx}_B$$

Die Matrizen M können für jeden Zeitpunkt $t = t_B$ längs der Nominalbahn berechnet werden. Praktisch geht man so vor, daß man eine feste
Zahl von Matrizen zu bestimmten, sich gegen das Ende der Flugzeit
häufenden Zeitpunkten bereits vor dem Flug berechnet und speichert
und dann zwischen den gespeicherten Matrizen interpoliert. Da
$\vec{dx}_B = \vec{x}_B* - \vec{x}_B$ aus den Lagemessungen bekannt ist, $\vec{\lambda}_B*$ aus $\vec{\lambda}_B + \vec{d\lambda}_B$
mit Hilfe von (58) berechnet werden kann und die Steuerfunktion,
der Schubrichtungswinkel, eine Funktion von $\vec{x}_B*$, $\vec{\lambda}_B*$ ist, kann in
jedem Zeitpunkt der tatsächlich optimale Schubrichtungswinkel be-
rechnet werden, wobei allerdings in der Praxis beim Bahnende eine
Singularität beachtet werden muß. Diese Methode wird z. B. bei der
Trägerrakete EUROPA 1 verwendet.

Der Unterschied zwischen den beiden Wegen zur Bestimmung der optimalen Schubrichtung bei Abweichung von den Nominalwerten liegt darin,
daß im ersten Fall hauptsächlich Rechenaufwand und evtl. Konvergenzprobleme auftreten, während im zweiten Fall in erster Linie
Speicherplätze und eine für die Linearisierung ausreichend kleine
Abweichung von der Nominalbahn erforderlich sind.

Beiden Verfahren ist gemeinsam, daß zur Bestimmung der neuen optimalen Schubrichtung die unabhängige Variable Zeit mit herangezogen
wird, und zwar einmal durch eine notwendige Integration, zum anderen über die Zeitabhängigkeit der Matrix M.

Sehr viel praktischer wäre es, wenn man die optimale Schubrichtung
direkt aus der Ortsangabe x_{iB*} bestimmen könnte. Daß dies in bestimmten Fällen möglich ist, erkennt man aus unseren Beispielen in
1.3.2. Allein die Festlegung des Ortes $\vec{x}$ gab dort eine Anweisung
über die Wahl der optimalen Steuerfunktion.

Man kann nun fragen, ob diese Eigenschaft auf die linearen, schnelligkeitsoptimalen Systeme mit konstanten Koeffizienten in den Bewegungsgleichungen beschränkt ist, oder ob man eine Abhängigkeit
der optimalen Steuerfunktionen allein von den Lagekoordinaten auch
bei allgemeineren Problemklassen finden kann. Diese Fragestellung
nennt man das Syntheseproblem.

<u>1.4.2. Allgemeine Aussagen zum Syntheseproblem.</u> Beim Synthesepro-
blem geht es also darum, für die Steuerfunktion eine direkte Darstellung

(59) $u_1 \equiv u_1(x_j)$

zu finden.

Der normale Weg der Lösung des Maximumprinzips, bei dem man aus der
Maximalforderung für die Hamiltonsche Funktion $H^{(-)}$ eine Darstellung

$$u_1 \equiv u_1(x_j,\ \lambda_s)$$

gewinnt, hilft dabei nicht weiter, da aus den zugeordneten Gleichungen nur $\lambda_s \equiv \lambda_s(t)$ und nicht $\lambda_s \equiv \lambda_s(x_j)$ ermittelt werden kann. Eine direkte Elimination der λ_s kann zwar durch mehrmalige Differentiation unter Verwendung der Gleichungen (8) und der Bewegungsgleichungen vorgenommen werden, aber man erhält so nur gewöhnliche Differentialgleichungen höherer Ordnung für u_1, die einen einer zeitfreien Darstellung der u_1 nicht näher bringen.

Bei schnelligkeitsoptimalen, autonomen - d. h. von der Zeit nicht explizit abhängigen - Systemen, kann man sich überlegen, daß der Bahnverlauf im $\{t, x_j\}$ Raum längs der Zeitachse beliebig verschoben werden kann. Betrachtet man nun Vorgänge, die von verschiedenen $\vec{x}_A$ zu demselben $\vec{x}_E$ führen, so wird zwar, wenn für die verschiedenen $\vec{x}_A$ das t_A gleich ist, wie etwa bei verschiedenen Störzuständen einer Nominalbahn, die Flugzeit $t_E - t_A$, bzw. da t_A gleich sein sollte, das t_E verschieden sein, aber man kann alle verschiedenen t_E in einem Endpunkt t_{E^*} zusammenschieben (Abb. II.17). Dann werden die Bahnen durch die zu optimierende Flugzeit und die Bahnprojektion in die Ebene t_{E^*}, x_j vollständig charakterisiert.

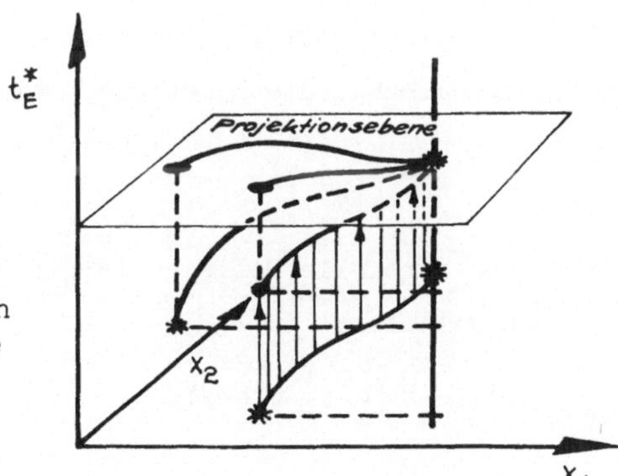

Abb. II.17 Flugbahnen, in der Zeitachse verschobene Flugbahnen und ihre Projektion in eine Ebene

Nehmen wir etwa an, die Optimalbahnen seien in dieser Ebene durch die Funktion

$$R(x_1, x_2 \ldots x_m) = 0$$

gegeben, und es sei nur eine Steuerfunktion vorhanden, so gilt:

$$\frac{dR}{dt} = \sum_{j=1}^{m} \frac{\partial R}{\partial x_j} \frac{dx_j}{dt} = \sum_{j=1}^{m} \frac{\partial R}{\partial x_j} g_j(x_i, u) \equiv r(x_i, u) = 0$$

d. h. man findet eine direkte Relation zwischen den x_i und u und damit durch Auflösung das gesuchte

$$u \equiv u(x_i)$$

Es gibt also tatsächlich außer dem linearen, schnelligkeitsoptimalen Fall mit konstanten Koeffizienten in den Bewegungsgleichungen weitere Aufgabenstellungen, die eine Synthese erlauben.

Ein einfaches analytisches Verfahren für die allgemeine Synthese autonomer Systeme (bei nichtautonomen Systemen ist eine Darstellbarkeit entsprechend (59) nicht zu erwarten) ist jedoch nicht bekannt.

Andererseits ist aber - wie wir in der Überlegung zur Raketenoberstufensteuerung gesehen haben - eine Theorie wünschenswert, die direkt die Darstellung (59) liefert, soweit diese möglich ist.

Nun hatten wir in unseren Überlegungen zur Optimierung eines Integralwertes in Kapitel I.2. gesehen, daß die notwendigen Bedingungen für das Optimum völlig gleichwertig durch eine gewöhnliche Differentailgleichung, die Eulersche Gleichung (I.12):

$$\frac{d}{dt} L_{y'} - L_y = 0$$

oder eine partielle Differentialgleichung, die Hamilton-Jacobische Gleichung (I.14):

$$S_t - H(t, y, S_y) = 0$$

anzugeben sind.

Bei der Darstellung der Optimierungsbedingungen durch gewöhnliche Differentialgleichungen ist gemäß der Ableitung $\frac{d}{dt}$ die Zeit t als eigentlicher Parameter nicht zu umgehen. Verwendet man aber partielle Differentialgleichungen, so dürfte beim autonomen Fall eine explizite t-Abhängigkeit der Lösung nicht auftreten.

Damit erscheint eine Darstellung der Art (59) direkt gewinnbar, wenn man entsprechend der Präzisierung und Verallgemeinerung der Verwendung der Eulerschen Gleichungen durch die Pontryaginsche Theorie eine Erweiterung der Überlegungen zur Benutzung der Hamilton-Jacobischen Gleichung durchführt.

Dies leistet das Bellmansche "Dynamic Programming", das wir in Kapitel III.3. besprechen werden, und das somit eine notwendige duale Ergänzung zum Pontryaginschen Maximumprinzip darstellt und in gewissem Sinne das Syntheseproblem beantwortet.

2. Anpassung der Variationsrechnung an die neueren Aufgabenstellungen

2.1. Das Mayersche und das Lagrangesche Problem mit der Pontryaginschen Unterscheidung zwischen Lagekoordinaten und Steuerfunktionen.

2.1.1. Umformulierung des Mayerschen und des Lagrangeschen Probelms.

An die Stelle der Formulierung (I.80) tritt mit der Pontryaginschen Unterscheidung zwischen Lagekoordinaten und Steuerfunktionen und der i. a. ausreichenden Beschränkung auf autonome Vorgänge für das Lagrangesche Problem:

$$(60) \qquad P = \int_{t_A}^{t_E} L(x_j,\ u_l)\ dt \qquad\qquad j = 1,2 \ldots m;\ l = 1,2 \ldots k$$

soll zu einem Extremwert gemacht werden unter den Nebenbedingungen:

$$(61) \qquad \begin{aligned} \dot{x}_j &= g_j(x_i, u_l) \\ \dot{x}_j(t_A) &= A_j \ ; \ x_j(t_E) = E_j \end{aligned}$$

Für die Mayersche Problemstellung erhält man:

$$(62) \qquad P \equiv P[t_E, \; x_j(t_E)]$$

soll zu einem Extremwert gemacht werden unter den Nebenbedingungen (61), wobei jedoch, wenn (62) t_E nicht explizit enthält, nur $(m-1)$ $x_j(t_E)$ vorgegeben werden können, da sonst P durch die Endbedingungen bestimmt ist und nicht mehr zu einem Minimum gemacht werden kann.

Sieht man von der Transformation

$$\dot{x}_0 = L(x_i, \; u_l)$$

ab, mit der man das Problem (58) durch Koordinatenerweiterung in das Problem (62) überführen kann, so decken sich die Aufgabenstellungen (60) und (62) nur in einem Fall $L = \text{const}$, $P \sim t_E - t_A$. Soll (60) nämlich ein Mayersches Problem ergeben, d. h. ein vollständiges Differential sein, so kann man schreiben:

$$L dt = dP = \left(\frac{\partial P}{\partial t} + \sum_{j=1}^{m} \frac{\partial P}{\partial x_j} \, \dot{x}_j + \sum_{l=1}^{k} \frac{\partial P}{\partial u_l} \, \dot{u}_l \right) dt$$

Andererseits soll L in (60) nicht von $\dot{x}_j$, $\dot{u}_l$ abhängen, d. h. die Faktoren $\frac{\partial P}{\partial x_j}$ und $\frac{\partial P}{\partial u_l}$ müssen Null sein. Dies bedeutet aber, daß L von x_j, u_l nicht abhängt, also tatsächlich konstant sein muß.

2.1.2. <u>Vergleich der sich ergebenden Bedingungsgleichungen mit dem Pontryaginschen Maximumprinzip.</u> Wir wollen uns auf die Lagrangesche Problemstellung beschränken, da diese der Pontryaginschen Problemstellung im Grundtheorem am meisten entspricht und man die zur Mayerschen Problemstellung gehörenden Formeln leicht durch Nullsetzen von λ_0 daraus erhält.

Die Eulerschen Gleichungen (I.63) zerfallen jetzt in einen Gleichungssatz bezüglich der Lagekoordinaten und in einen Gleichungssatz bezüglich der Steuerfunktionen. Wir finden mit:

$$(63) \qquad \tilde{L} = -\lambda_0 L + \sum_{j=1}^{m} \lambda_j (\dot{x}_j - g_j)$$

gemäß (I.62) und $\lambda_0 = \text{const} \leq 0$ gemäß (I.69) bezüglich der Lagekoordinaten:

$$(64) \quad [\tilde{L}/x_s] = \frac{\partial\left\{-\lambda_0 L + \sum\limits_{j=1}^{m} \lambda_j (\dot{x}_j - g_j)\right\}}{\partial x_s} - \frac{d}{dt}\,\frac{\partial\left\{-\lambda_0 L + \sum\limits_{j=1}^{m} \lambda_j (\dot{x}_j - g_j)\right\}}{\partial \dot{x}_s}$$

$$= \left\{-\dot{\lambda}_s - \lambda_0 \cdot \frac{\partial L}{\partial x_s} - \sum\limits_{j=1}^{m} \lambda_j \frac{\partial g_j}{\partial x_s}\right\} = 0$$

$$s = 1,2 \ldots m$$

und bezüglich der Steuerkoordinaten:

$$(65) \quad [\tilde{L}/u_1] = \frac{\partial\left\{-\lambda_0 L + \sum\limits_{j=1}^{m} \lambda_j (\dot{x}_j - g_j)\right\}}{\partial u_1} - \frac{d}{dt}\,\frac{\partial\left\{-\lambda_0 L + \sum\limits_{j=1}^{m} \lambda_j (\dot{x}_j - g_j)\right\}}{\partial \dot{u}_1}$$

$$= \left\{-\lambda_0 \frac{\partial L}{\partial u_1} - \sum\limits_{j=1}^{m} \lambda_j \frac{\partial g_j}{\partial u_1}\right\} = 0$$

$$1 = 1,2 \ldots k$$

(64) entspricht gerade den Gleichungen (8) und (65) folgt aus (9), wenn wir die notwendige Bedingung für einen lokalen Extremwert der Hamiltonschen Funktion $H^{(-)}$ bezüglich u_1 aufschreiben, also

$$\frac{\partial H^{(-)}}{\partial u_1} = 0$$

bilden.

Die Eulerschen Gleichungen des gemäß dem Pontryaginschen Grundtheorem geformten Lagrangeschen Problems liefern also - wie es bei der mathematischen Beschreibung desselben grundsätzlichen Sachverhaltes auf verschiedenen Wegen sein muß - den Bedingungsgleichungen des Pontryaginschen Maximumprinzips entsprechende Gleichungen. Allerdings sind diese Gleichungen gemäß den fehlenden Gebietsbeschränkungen für die Steuerfunktionen z. T. nur weniger aussagekräftige Spezialbedingungen.

Man kann allerdings die Gleichung (9) statt mit den Eulerschen Gleichungen bezüglich u_1 auch mit der Weierstraßschen Bedingung (I.65) in Zusammenhang bringen und so eine noch weitergehende formale Übereinstimmung erzielen. Wir hatten nämlich in (16) und (17) gesehen, daß

$$\widetilde{L}(t,\ y_i,\ y_i') - \sum_{j=1}^{n} y_j'\,\widetilde{L}_{y_j'}(t,\ y_i,\ y_i')$$

der negativen Hamiltonschen Funktion des Pontryaginschen Maximumprinzips

$$-H^{(-)}(x_i,\ u_1,\ \lambda_k)$$

entspricht. Dann bedeutet aber (I.65), daß die Hamiltonsche Funktion für beliebige Werte der Steuerfunktionen kleiner ist als für den optimalen Wert u_1^* :

$$E = \widetilde{L}(t,\ y_i,\ y_i') - \sum_{j=1}^{n} y_j'\,\widetilde{L}_{y_j'}(t,\ y_i,\ y_i') -$$

$$- \left\{ \widetilde{L}(t,\ y_i,\ p_i) - \sum_{j=1}^{n} p_j\,L_{y_j'}(t,\ y_i,\ p_i) \right\}$$

$$= -H^{(-)}(x_i,\ u_1,\ \lambda_j) + H^{(-)}(x_i,\ u_1^*,\ \lambda_j) \geq 0$$

Die Weierstraßsche Bedingung sagt also aus, daß die optimale Steuerfunktion ein Maximum des Wertes $H^{(-)}$ kennzeichnet, allerdings nur für uneingeschränkte Steuerfunktionen. Diese formale Übereinstimmung kann man auch so ausdrücken, daß das Pontryaginsche Maximumprinzip für den hier betrachteten Spezialfall von L gezeigt hat, daß die Weierstraßsche Bedingung auch für Steuerfunktionen aus einem eingeschränkten Gebiet gültig ist.

Wir finden ferner aus der Transversalitätsbedingung (I.68), da t_E nicht explizit vorgeschrieben ist:

$$\left(\widetilde{L} - \sum_{i=1}^{n} p_i\,L_{y'_i} \right)\Bigg|_{t_E} = 0$$

und damit wegen der Beziehung dieses Ausdrucks zu $H^{(-)}$, daß

$$M(t_E) = 0$$

gilt.

Endlich ergeben die Erdmann-Weierstraßschen Eckenbedingungen (I.67) mit (14):

$$\left(\tilde{L}_{\dot{x}_j}\right)\bigg|_{t^-} \overset{(13)}{=} \left(S_{x_j}\right)_{t^-} \overset{(14)}{=} \left(\lambda_j\right)_{t^-} = \left(\lambda_j\right)_{t^+}$$

d. h. die λ_j sind stetig.

Damit haben wir aber aus den Beziehungen der Variationsrechnung die Bedingungen des Grundtheorems bis auf die Konstanz von $M(t)$ nachgezeichnet, wodurch natürlich das Pontryaginsche Maximumprinzip nicht ersetzt wird, da wir bisher nur uneingeschränkte Steuerfunktionen behandeln können.

2.1.3. Das Prinzip der Vereinfachung der Aufgabenstellung durch Erweiterung der Nebenbedingungen. Eine gewisse Erfaßbarkeit von Einschränkungen für die Steuerfunktionen ist durch die Möglichkeit gegeben, neben Differentialgleichungen auch gewöhnliche Gleichungen als Nebenbedingungen zu betrachten.

H e s t e n e s hat nämlich 1949 (in [43]) darauf hingewiesen, daß man bei Vorliegen einer Beschränkung

$$(66) \qquad 0 \leq u_\lambda \leq u_{\lambda_{max}}$$

wobei λ einen bestimmten Wert zwischen 1,2 ... k kennzeichnen soll, den Ansatz machen kann:

$$(67) \qquad u_{k+1}^2 = \left(u_{\lambda_{max}} - u_\lambda\right) u_\lambda$$

Dann sind für reelle u_{k+1}, die wir ja nur betrachten, die Beschränkungen für u_λ automatisch erfüllt, d. h. die gewünschte Einschränkung wird durch Hinzufügen der weiteren Steuerfunktion u_{k+1} und der gewöhnlichen Gleichung (67) zum Satz der Nebenbedingungen erreicht.

Wir wollen an dieser Stelle darauf hinweisen, daß das Einführen zu-
zusätzlicher Funktionen bei Optimierungsproblemen sehr häufig günstig verwendet werden kann, um neue Probleme auf die richtig Form
für vorliegende Theoreme zurückzuführen. Wir haben dies bei P o n -
t r y a g i n gesehen, der den Übergang zu nichtautonomen Systemen
durch den Ansatz

$$\dot{x}_{m+1} = 1$$

vollzogen hat und eben bei dem Ansatz von H e s t e n e s. Wir
wollen als weiteres Beispiel die i. a. in den hergeleiteten Sätzen
nicht erfaßten gemischten Randbedingungen behandeln, also Randbedingungen der Art:

$$(68) \qquad Q_r[x_j(t_A), \; x_j(t_E)] = 0 \qquad r = 1,2 \ldots \nu \leq 2m$$

Um diese Randbedingungen in Randbedingungen der Art

$$(69) \qquad Q[x_j(t_A)] = 0 \; ; \; Q[x_j(t_E)] = 0$$

umzuformen, machen wir den Ansatz:

$$\dot{q}_j = 0 \qquad q_j(t_E) = x_j(t_A)$$

wir erweitern also unsere Lagekoordinaten $x_j(t)$ um m weitere Lagekoordinaten $q_j(t)$.

Betrachten wir dann den neuen Lagekoordinatensatz:

$$\tilde{x}_j^{\,\Pi} = \{x_1, \; x_2 \ldots x_m \; ; \; q_1, \; q_2 \ldots q_m\}$$

mit den zugehörigen Differentialgleichungen

$$\tilde{g}_j^{\,\Pi} = \{g_1, \; g_2 \ldots g_m \; ; \; 0,0 \ldots 0\}$$

also die Nebenbedingungen:

$$\dot{\tilde{x}}_j^{\,\Pi} = \tilde{g}_j^{\,\Pi}$$

so lauten hierfür die Randbedingungen:

$$Q_r[q_j(t_E), \; x_j(t_E)] = Q_r[\tilde{x}_j^{\,\Pi}(t_E)] = 0$$

Sie sind also vom Typ (69) und nicht mehr vom Typ (68).

2.1.4. Beispiel: Optimaler Flug im Vakuum. Wir wollen auch hier das
Verständnis der allgemeinen Gleichungen durch ein Beispiel vertiefen. Wegen der Ähnlichkeit der Formeln mit den Formeln der Pontryaginschen Theorie wollen wir aber nicht auf unser Grundbeispiel,
den Aufstieg einer Höhenrakete, zurückgreifen, sondern den Flug einer
einer Rakete im Vakuum betrachten.

Dies Beispiel ähnelt dem Grundbeispiel, erweitert aber die Betrachtungen auf mehr Lagekoordinaten und Steuerfunktionen unter gleich-
zeitiger Vermeidung der etwas schwierigen Probleme der zwei verschiedenen Flugphasen, die bei der Höhenrakete zu unterscheiden
waren.

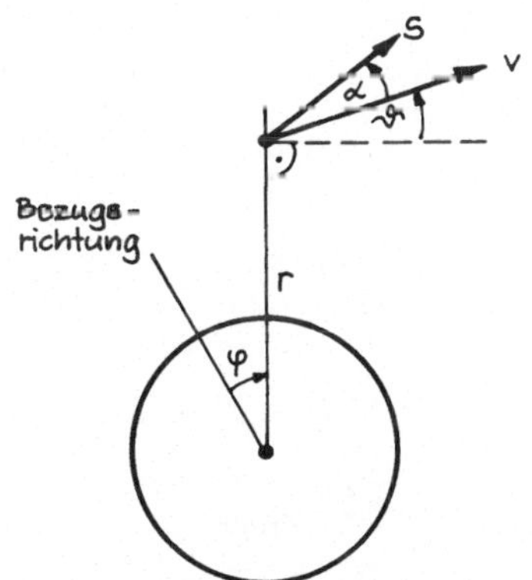

Abb. II.18 Ansatz zur Herleitung der
Bewegungsgleichungen für den ebenen
Flug einer Rakete im Vakuum

Die Abb. II.18 zeigt die Verhältnisse beim Flug in einer Bahnebene.
Mit den Bezeichnungen:

$\qquad$ m $\;=$ Masse der Rakete

$\qquad$ r $\;=$ Abstand vom Erdmittelpunkt

$\qquad$ v $\;=$ Geschwindigkeit

$\qquad$ ϑ $\;=$ Bahnwinkel

$\qquad$ α $\;=$ Schubwinkel

$\qquad$ φ $\;=$ Ortswinkel

$\qquad$ g_0 $=$ Gravitationsbeschleunigung

$\qquad$ r_0 $=$ Erdradius

und dem Ansatz für den Schub:

$$\tilde{S} = w_A \cdot \mu$$

mit

$$w_A = \text{Ausströmgeschwindigkeit}$$
$$\mu = \text{sekundlicher Massendurchsatz}$$

erhält man nach dem Newtonschen Gesetz die Bewegungsgleichungen:

$$(70) \quad \dot{r} = v \sin\vartheta$$

$$\dot{v} = \frac{w_A \mu}{m} \cos\alpha - \frac{g_0 r_0^2}{r^2} \sin\vartheta$$

$$\dot{\vartheta} = \frac{w_A \mu}{mv} \sin\alpha - \left(\frac{v}{r} - \frac{g_0 r_0^2}{vr^2}\right) \cos\vartheta$$

$$\dot{\varphi} = \frac{v}{r} \cos\vartheta$$

Ferner gilt:

$$(71) \quad \dot{m} = -\mu$$

und, wenn wir den Massendurchsatz beschränken durch:

$$0 \leq \mu \leq \mu_{max}$$

mit dem Ansatz von H e s t e n e s :

$$(72) \quad 0 = (\mu_{max} - \mu)\,\mu - \delta^2$$

worin $\delta(t)$ eine freie Funktion ist.

Wir haben es mit 5 Lagekoordinaten r, v, ϑ, φ, m und 3 Steuerfunktionen α, μ, δ zu tun. Wollen wir von einem gegebenen Satz von Anfangswerten der Lagekoordinaten aus einen bestimmten Satz von Endwerten erreichen, so haben wir ein Mayersches Problem zu lösen und brauchen zunächst nicht weiter zu spezifizieren, welche Endbedingungen erreicht werden sollen. Die Optimalität der Kurven hängt allein vom Differentialgleichungssystem und nicht von der zu optimierenden Größe ab (vgl. I.2.3.3.).

Zur Bestimmung der den Gleichungen (70), (71), (72) zugeordneten Bedingungsgleichungen schreiben wir uns zunächst $\widetilde{L}$ auf. Dies gibt [vgl. (63)]:

$$\widetilde{L} = \sum_{j=1}^{m} \lambda_j (\dot{x}_j - g_j)$$

$$= \lambda_r (\dot{r} - v \sin \vartheta) + \lambda_v \left(\dot{v} - \frac{w_A \mu}{m} \cos \alpha + \frac{g_0 r_0^2}{r^2} \sin \vartheta \right)$$

$$+ \lambda_\vartheta \left[\dot{\vartheta} - \frac{w_A \mu}{mv} \sin \alpha - \left(\frac{v}{r} - \frac{g_0 r_0^2}{vr^2} \right) \cos \vartheta \right]$$

$$+ \lambda_\varphi \left(\dot{\varphi} - \frac{v}{r} \cos \vartheta \right) + \lambda_m (\dot{m} + \mu)$$

$$\lambda \left[(\mu_{max} - \mu) \mu - \delta^2 \right]$$

wobei statt der Indices 1 bis 6 eine Indizierung entsprechend den Lagekoordinaten gewählt wurde, was die Übersicht erleichtert.

Die Eulerschen Gleichungen bezüglich der Lagekoordinaten ergeben gemäß:

$$\left[\widetilde{L} / x_j \right] = \frac{\partial \widetilde{L}}{\partial x_j} - \frac{d}{dt} \widetilde{L}_{\dot{x}_j} = 0$$

im einzelnen:

$$(73) \quad \left[\widetilde{L} / r \right] = - \lambda_v \frac{2 g_0 r_0^2}{r^3} \sin \vartheta + \lambda_\vartheta \left(\frac{v}{r^2} - \frac{2 g_0 r_0^2}{r^3 v} \right) \cos \vartheta + \lambda_\varphi \frac{v}{r^2} \cos \vartheta - \dot{\lambda}_r = 0$$

$$\left[\widetilde{L} / v \right] = - \lambda_r \sin \vartheta + \lambda_\vartheta \left[\frac{w_A \mu}{mv^2} \sin \alpha - \left(\frac{1}{r} + \frac{g_0 r_0^2}{v^2 r^2} \right) \cos \vartheta \right] - \lambda_\varphi \frac{1}{r} \cos \vartheta - \dot{\lambda}_v = 0$$

$$\left[\widetilde{L} / \vartheta \right] = - \lambda_r v \cos \vartheta + \lambda_v \frac{g_0 r_0^2}{r^2} \cos \vartheta + \lambda_\vartheta \left(\frac{v}{r} - \frac{g_0 r_0^2}{v r^2} \right) \sin \vartheta + \lambda_\varphi \frac{v}{r} \cos \vartheta - \dot{\lambda}_\vartheta = 0$$

$$\left[\widetilde{L} / \varphi \right] = - \dot{\lambda}_\varphi = 0$$

$$\left[\widetilde{L} / m \right] = \lambda_v \frac{w_A \mu}{m^2} \cos \alpha + \lambda_\vartheta \frac{w_A \mu}{m^2 v} \sin \alpha - \dot{\lambda}_m = 0$$

und die Eulerschen Gleichungen bezüglich der Steuerfunktionen:

$$(74) \quad \left[\tilde{L}/_{\alpha}\right] = \lambda_v \frac{{}^W A \mu}{m} \sin \alpha - \lambda_{\vartheta} \frac{{}^W A \mu}{mv} \cos \alpha = 0$$

$$\left[\tilde{L}/_{\mu}\right] = -\lambda_v \frac{{}^W A}{m} \cos \alpha - \lambda_{\vartheta} \frac{{}^W A}{mv} \sin \alpha + \lambda_m - \lambda\left(\mu_{max} - 2\mu\right) = 0$$

$$\left[\tilde{L}/_{\delta}\right] = 2 \lambda \delta = 0$$

Wir wollen als Erstes einige Bemerkungen zur optimalen Schubgröße machen:

Aus der letzten Gleichung von (74) folgt:

    entweder ist $\lambda = 0$

    oder es ist $\delta = 0.$

Für $\delta = 0$ ergibt (72), daß entweder $\mu = \mu_{max}$ oder $\mu = 0$ ist. Für $\lambda = 0$ vereinfacht sich die zweite Gleichung in (74) und man muß $\mu = \mu(t)$ aus dem Gesamtgleichungssystem (73), (74) berechnen.

Der Kunstgriff von H e s t e n e s ergibt also ein Zerfallen der Durchsatzfunktion in Bögen maximalen, minimalen und veränderlichen Schubs, wie es sich z. B. beim Pontryaginschen Maximumprinzip für die Höhenrakete direkt aus der Betrachtung der Maximalforderung für die Hamiltonsche Funktion ergeben hatte.

Da zumeist bei Raketenstufen von ständig brennenden Triebwerken mit konstantem Schub ausgegangen wird, wollen wir im Folgenden von einem konstanten Durchsatz μ_0 ausgehen. Dann entfallen in (74) die beiden letzten und in (73) die letzte Gleichung. Für m muß man sich stillschweigend $m_0 - \mu_0(t - t_A)$ gesetzt denken und hat so ein nicht-autonomes Problem.

Für die verbleibende Steuerfunktion α erhält man aus der ersten Gleichung in (74):

$$(75) \quad \mathrm{tg}\, \alpha = \frac{\lambda_{\vartheta}}{v \cdot \lambda_v}$$

bzw.

$$\sin\alpha = \frac{\lambda_\vartheta}{\sqrt{\lambda_\vartheta^2 + v^2\lambda_v^2}}$$

$$\cos\alpha = \frac{v\cdot\lambda_v}{\sqrt{\lambda_\vartheta^2 + v^2\lambda_v^2}}$$

Beachten wir noch, daß aus $\dot\lambda_\varphi = 0$ folgt $\lambda_\varphi = $ const und daß i. a. keine Einschränkungen für den Ortswinkel vorliegen, so daß φ_E frei ist und somit aus der Transversalitätsbedingung (I.68) in Verbindung mit (13), (14) folgt:

$$\left(\widetilde{L}_{\dot\varphi}\right)\Big|_{t_E} = \lambda_\varphi\Big|_{t_E} = 0$$

d. h. daß gilt:

$$\lambda_\varphi \equiv 0$$

so vereinfachen sich die Gleichungen in (73) erheblich und man hat als verbleibendes Problem die Lösung des Differentialgleichungssatzes:

$$(76.)\quad \dot r = v\sin\vartheta$$

$$\dot v = \frac{w_A\mu_0}{m_0 - \mu_0(t-t_A)}\;\frac{\lambda_\vartheta}{\sqrt{\lambda_\vartheta^2 + v^2\lambda_v^2}} - \frac{g_0 r_0^2}{r^2}\sin\vartheta$$

$$\dot\vartheta = \frac{w_A\mu_0}{m_0 - \mu_0(t-t_A)}\;\frac{\lambda_v}{\sqrt{\lambda_\vartheta^2 + v^2\lambda_v^2}} + \left(\frac{v}{r} - \frac{g_0 r_0^2}{vr^2}\right)\cos\vartheta$$

$$\dot\lambda_r = -\lambda_v\frac{2g_0 r_0^2}{r^3}\sin\vartheta + \lambda_\vartheta\left(\frac{v}{r^2} - \frac{2g_0 r_0^2}{r^3 v}\right)\cos\vartheta$$

$$\dot\lambda_v = -\lambda_r\sin\vartheta + \lambda_v\times$$

$$\times\left[\frac{w_A\mu_0}{v[m_0 - \mu_0(t-t_A)]}\;\frac{\lambda_v}{\sqrt{\lambda_\vartheta^2 + v^2\lambda_v^2}} + \left(\frac{1}{r} + \frac{g_0^2 r_0^2}{v^2 r^2}\right)\cos\vartheta\right]$$

$$\dot{\lambda}_\vartheta = -\lambda_r v \cos\vartheta + \lambda_v \frac{g_0 r_0^2}{r^2} \cos\vartheta + \lambda_\vartheta\left(\frac{v}{r} - \frac{g_0 r_0^2}{vr^2}\right) \sin\vartheta$$

Fragen wir uns nach dem Flug von gegebenen Anfangsbedingungen r_A, v_A, ϑ_A mit möglichst geringem Treibstoffverbrauch bis auf eine vorgegebene Kreisbahn bzw. Ellipsenbahn, so haben wir es mit einem Randwertproblem zu tun, da Beziehungen für die r_E, v_E, ϑ_E vorgegeben sind, und zwar mit einer Zeitoptimierung, da wir ständigen, konstanten Schub vorausgesetzt hatten und so die verbrauchte Treibstoffmenge linear mit der Zeit anwächst.

Wir werden auf die numerische Lösung eines praktischen Beispiels für diese Flugaufgabe in Kapitel 3 dieses Abschnittes näher eingehen, da dort die allgemeine Lösung von Randwertproblemen nichtlinearer gewöhnlicher Differentialgleichungen kurz besprochen wird, weil die indirekten Optimierungsverfahren immer auf solche Randwertprobleme führen.

2.2. Einfache Herleitung für die durch Nebenbedingungen induzierten Forderungen für das Vorliegen eines Optimums

2.2.1. Die Lagrangesche Herleitung der Eulerschen Gleichung. Wir haben in I.2.1.1. die Eulersche Gleichung über den Zugang von C a r a t h é o d o r y hergeleitet. Wir wollen dies durch die Herleitung nach Lagrange (ca. 1755), die eine Verbesserung der Eulerschen Herleitung darstellt (vgl. z. B. F u n k in [11]), ergänzen, da die modernen Zusatzbedingungen analog einfach in die Überlegungen mit einbezogen werden können.

Wir gehen wie folgt vor: $y = \bar{y}(t)$ sei die gesuchte Funktion, die das Integral

$$(77) \qquad J = \int_{t_A}^{t_E} L(t,\ y,\ y')dt$$

zu einem Extremum macht. Wir betten diese Lösung in eine einparametrige Kurvenschar

(78) $y(t,\varepsilon) = \bar{y}(t) + \varepsilon\,\delta y(t)$

ein, wobei $\delta y(t)$ eine beliebige, einmal stetig differenzierbare
Funktion mit den Eigenschaften:

(79) $\delta y(t_A) = \delta y(t_E) = 0$

ist.

Wir setzen (78) in das Integral (77) ein und betrachten dies als
eine Funktion des Scharparameters ε:

$$(80)\qquad J(\varepsilon) = \int_{t_A}^{t_E} L[t,\bar{y}(t) + \varepsilon\delta y(t),\bar{y}'(t) + \varepsilon\delta y'(t)]dt$$

Dann nimmt das Integral seinen Extremwert für $\varepsilon = 0$ an, und wir
können $\bar{y}(t)$ aus (80) erhalten, indem wir

$$\frac{dJ}{d\varepsilon}\bigg|_{\varepsilon=0} = 0$$

betrachten.

Dies liefert:

$$(81)\qquad \frac{dJ}{d\varepsilon}\bigg|_{\varepsilon=0} = \int_{t_A}^{t_E} \left\{ L_y(t,\bar{y},\bar{y}')\delta y(t) + L_{y'}(t,\bar{y},\bar{y}')\delta y'(t) \right\}dt = 0$$

Durch partielle Integration findet man unter Beachtung von (79):

$$(82)\qquad \int_{t_A}^{t_E} \left\{ L_y\,\delta y + L_{y'}\,\delta y' \right\}dt = \int_{t_A}^{t_E} L_y\,\delta y\,dt + (L_y\,\delta y)\Big|_{t_A}^{t_E} - \int_{t_A}^{t_E} dy\left(\frac{d}{dt}L_{y'}\right)dt$$

$$= \int_{t_A}^{t_E} \left(L_y - \frac{d}{dt}L_{y'} \right)\delta y\,dt = 0$$

Daraus läßt sich mit Hilfe des Lemmas von D u   B o i s - R e y -
m o n d   (vgl. z.B. F u n k in [11]) schließen, daß

$$(83)\qquad L_y - \frac{d}{dt}L_{y'} = 0$$

gilt. Dies ist die Eulersche Gleichung.

2.2.2. Anwendung der Lagrangeschen Herleitung auf allgemeinere Aufgabenstellungen durch formale Erweiterung.

C a v o t i hat 1965 eine Darstellung der modernen Fragestellung von Optimierungsaufgaben mit Differentialgleichungen als Nebenbedingungen, der Unterscheidung von Steuerfunktionen und Lagekoordinaten und Einschränkungen von Steuerfunktionen an Hand einer Erweiterung der klassischen Herleitung der Eulerschen Gleichung, wie wir sie eben kennengelernt haben, gegeben ([31]). Wir wollen hier etwas vereinfacht diese Überlegungen wiedergeben.

Wir betrachten dazu das Mayersche Problem:

$$(84) \qquad P \equiv P[t_E,\ x_j(t_E)]$$

ist zu einem Minimum zu machen unter den Nebenbedingungen:

$$(85) \qquad \dot{x}_j = g_j(t,\ x_i,\ u_l) \qquad i,j = 1,2 \ldots m\ ;\ l = 1,2 \ldots k$$

und bei Vorliegen der Randbedingungen:

$$(86) \qquad x_j(t_A) = A_j \qquad\qquad t_A \text{ gegeben}$$

$$Q_r[t_E,\ x_j(t_E)] = 0 \qquad r = 1,2 \ldots \rho \leq m$$

Statt das hier vorliegende Problem zu betrachten, verfolgen wir nun das Ersatzproblem (Bolzasches Problem):

$$(87) \qquad P^* = -\lambda_0 P + \sum_{r=1}^{\rho} \nu_r Q_r + \int_{t_A}^{t_E} \sum_{j=1}^{m} \lambda_j(\dot{x}_j - g_j)dt$$

ist zu einem Minimum zu machen, wobei (vgl. auch I.71) die λ_0, ν_r konstant und die λ_j Zeitfunktionen sind und $-\lambda_0$ der Tatsache entspricht, daß mit P auch $-\lambda_0 P$ ein Minimum wird, wenn $\lambda_0 \leq 0$ ist.

Betrachten wir eine einparametrige Schar von Lösungen, die für $\varepsilon = 0$ die Lösung des Problems (84) - (86) ergibt und die für jedes ε die

Differentialgleichungen (85) und die Randbedingungen (86) erfüllt,
so ist (87) zunächst nur eine formale Erweiterung von (84) (in der
wir die Bedingungen $x_j(t_A) - A_j = 0$ aus Vereinfachungsgründen weggelassen haben), und wir können wieder, wie im vorangegangenen Paragraphen versuchen, durch Bildung von

$$\left. \frac{dP^*}{d\varepsilon} \right|_{\varepsilon=0} = 0$$

die notwendigen Bedingungen für das Vorliegen des Extremums zu ermitteln, wobei die Auswirkungen der Zusatzbedingungen (85) und von
$Q_i = 0$ mit erfaßt sind.

In der Praxis wird im allgemeinen auf die exakte Herleitung über
eine einparametrige Kurvenschar verzichtet und nur beachtet, daß
sich durch die Ableitung nach ε und anschließendes Einsetzen von
$\varepsilon = 0$ die partiellen Ableitungen nach der jeweiligen Variablen multipliziert mit der Abweichung von der das Extremum liefernden Zeitfunktion ergeben, also z. B. gemäß (81) im Beispiel (77):

$$L_y \, \delta y \quad \text{und} \quad L_{y'} \, \delta y'$$

An den Randpunkten setzt sich die totale Veränderung der x_j zudem
aus einer reinen Verschiebung des Endpunktes $x_j(t_E)$ in dem Raum der
x_j und einer Veränderung der Endzeit t_E selbst zusammen, so daß
dort gilt:

$$(88) \qquad dx_j \Big|_{t_E} = \delta x_j \Big|_{t_E} + \dot{x}_j \Big|_{t_E} dt_E$$

$$= \delta x_j \Big|_{t_E} + g_j \Big|_{t_E} dt_E$$

Im Innern kann nur von einer Verschiebung im Raum der abhängigen
Variablen ausgegangen werden, es tritt also nur eine δ-Veränderung
auf.

Mit diesen Bemerkungen finden wir für die Gesamtveränderung von (87) den Ausdruck:

$$(89) \quad dP^* = -\lambda_0 \frac{\partial P}{\partial t}\bigg|_{t_E} dt_E - \sum_{j=1}^{m} \lambda_0 \frac{\partial P}{\partial x_j} dx_j\bigg|_{t_E} +$$

$$+ \sum_{r=1}^{\rho} \nu_r \left(\frac{\partial Qr}{\partial t}\bigg|_{t_E} dt_E + \sum_{j=1}^{m} \frac{\partial Qr}{\partial x_j}\bigg|_{t_E} dx_j\bigg|_{t_E} \right) +$$

$$+ \int_{t_A}^{t_E} \sum_{j=1}^{m} \lambda_j \left\{ \left(\delta\dot{x}_j - \sum_{i=1}^{m} \frac{\partial g_j}{\partial x_i} \delta x_i \right) - \sum_{l=1}^{k} \frac{\partial g_j}{\partial u_l} \delta u_l \right\} dt$$

$$= 0$$

Um die $\delta\dot{x}_j$ unter dem Integral loszuwerden, integrieren wir partiell und finden:

$$(90) \quad \int_{t_A}^{t_E} \sum_{j=1}^{m} \lambda_j \delta\dot{x}_j \, dt = \sum_{j=1}^{m} \lambda_j \delta x_j \bigg|_{t_A}^{t_E} - \int_{t_A}^{t_E} \sum_{j=1}^{m} \dot{\lambda}_j \delta x_j \, dt$$

Wenn wir beachten, daß $x_j(t_A) = A_j$ fest vorgegeben war, also $\delta x_j\big|_{t_A} = 0$ ist und daß nach (88) gilt:

$$(91) \quad \delta x_j\bigg|_{t_E} = dx_j\bigg|_{t_E} - g_j\bigg|_{t_E} dt_E$$

ergibt sich insgesamt für die partielle Integration:

$$\int_{t_A}^{t_E} \sum_{j=1}^{m} \lambda_j \delta\dot{x}_j \, dt = \sum_{j=1}^{m} \lambda_j dx_j\bigg|_{t_E} - \sum \lambda_j g_j\bigg|_{t_E} dt_E - \int_{t_A}^{t_E} \sum_{j=1}^{m} \dot{\lambda}_j \delta x_j \, dt$$

Damit folgt dann für (89):

$$(92) \quad dP^* = \left\{ -\lambda_0 \frac{\partial P}{\partial t}\bigg|_{t_E} + \sum_{r=1}^{\rho} \nu_r \frac{\partial Qr}{\partial t}\bigg|_{t_E} - \sum_{j=1}^{m} \lambda_j g_j\bigg|_{t_E} \right\} dt_E +$$

$$+ \sum_{j=1}^{m} \left\{ -\lambda_0 \frac{\partial P}{\partial x_j}\bigg|_{t_E} + \sum_{r=1}^{\rho} \nu_r \frac{\partial Qr}{\partial x_j}\bigg|_{t_E} + \lambda_j\bigg|_{t_E} \right\} dx_j -$$

$$-\int\limits_{t_A}^{t_E} \sum_{j=1}^{m} \left\{ \dot\lambda_j + \sum_{i=1}^{m} \frac{\partial g_j}{\partial x_i} \lambda_i \right\} \delta x_j \, dt - \int\limits_{t_A}^{t_E} \sum_{j=1}^{m} \sum_{l=1}^{k} \lambda_j \frac{\partial g_j}{\partial u_l} \delta u_l \, dt$$

$$= 0$$

Für frei veränderliche $\delta x_j(t)$, $\delta u_l(t)$ erhalten wir nach dem Lemma von D u B o i s - R e y m o n d entsprechend dem Übergang von (82) zu (83) die Eulerschen Gleichungen

$$(93) \qquad \dot\lambda_j = -\sum_{i=1}^{m} \frac{\partial g_j}{\partial x_i} \lambda_i$$

$$0 = \sum_{j=1}^{m} \frac{\partial g_j}{\partial u_l} \lambda_j$$

die (64), (65) im Rahmen der Unterschiede der Problemstellung entsprechen (s. 2.1.1.).

Zudem erhalten wir die sonst beim Mayerschen Problem mit allgemeinen Endbedingungen nicht so unmittelbar herleitbaren Transversalitätsbedingungen bei freier Endlage im x_j, t-Raum $\left(dx_j \big|_{t_E}, dt_E \text{ frei} \right)$:

$$(94) \qquad \sum_{j=1}^{m} \lambda_j g_j \Big|_{t_E} = -\lambda_0 \frac{\partial P}{\partial t}\Big|_{t_E} + \sum_{r=1}^{\rho} \nu_r \frac{\partial Q_r}{\partial t}\Big|_{t_E}$$

$$\lambda_j \Big|_{t_E} = \lambda_0 \frac{\partial P}{\partial x_j}\Big|_{t_E} - \sum_{r=1}^{\rho} \nu_r \frac{\partial Q_r}{\partial t}\Big|_{t_E}$$

Man erhält also alle interessierenden Bedingungsgleichungen, sofern man das Ersatzproblem (81) genügend allgemein ansetzt und bei der Ableitung die möglichen Veränderungen richtig berücksichtigt.

2.2.3. Einfache Beschränkungen für die Steuerfunktionen. Man kann mit diesem Ansatz auch Beschränkungen für die Steuerfunktionen erfassen.

Wir nehmen z. B. an, daß für die Steuerfunktion u_λ eine Beschränkung der Art

$$(95) \quad 0 \leq u_\lambda \leq u_{\lambda_{max}}$$

existiert, während sonst alle Werte frei variierbar sind. Dann müssen in (92) für jede Funktion $u_\lambda(t)$, die ja nicht nur als Steuerfunktion sondern auch als fest vorgegebene Funktion in den Differentialgleichungen angesehen werden kann, die Bedingungen (93) bis auf

$$\sum_{j=1}^{m} \frac{\partial g_j}{\partial u_\lambda} \lambda_j = 0$$

und die Bedingungen (94) erfüllt sein. Für ein zu optimierendes, aber nicht völlig freies $u_\lambda(t)$ wird dort, wo eine der Grenzen aus (95) verletzt ist, nun nicht mehr $dP^* = 0$ zu fordern sein, sondern es gilt:

$$dP^* = -\int_{\Delta\tau} \sum_{j=1}^{m} \frac{\partial g_j}{\partial u_\lambda} \lambda_j \, \delta u_\lambda \, dt$$

wobei $\Delta\tau$ die Zeit ist, während der die Beschränkung wirksam wird.

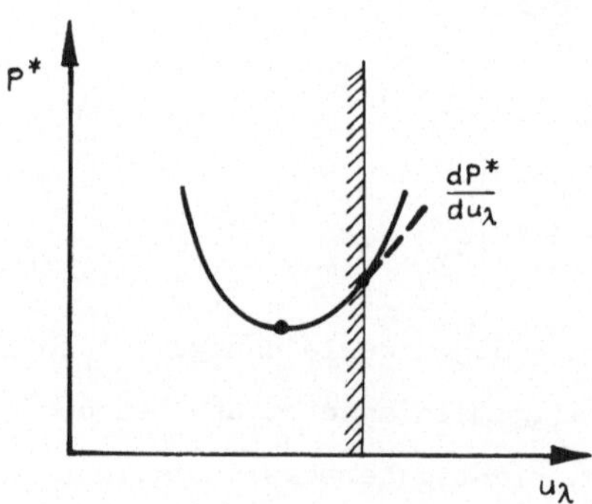

Abb. II.19   Ansatz zur Erläuterung der Verhältnisse bei Beschränkung einer Steuerfunktion

Nehmen wir einen Zeitpunkt τ^* aus $\Delta\tau$ heraus, so haben wir die in Abb. II.19 angedeuteten Verhältnisse: Der Minimalwert von P^* bezüglich u_λ ist nicht erreichbar, so daß gilt:

$$(96) \quad \left. \frac{dP^*}{du_\lambda} \right|_{\tau^*} = -\sum_{j=1}^{m} \frac{\partial g_j}{\partial u_\lambda} \lambda_j \left.\right|_{\tau^*} \geq 0$$

Man erhält also insgesamt für die beschränkte Steuerfunktion u_λ die
Aussagen.

$$(97) \quad \sum_{j=1}^{m} \frac{\partial g_j}{\partial u_\lambda} \lambda_j = 0 \qquad \text{im Innern des beschränkten Gebiets}$$

$$\sum_{j=1}^{m} \frac{\partial g_j}{\partial u_\lambda} \lambda_j \leq 0 \qquad \text{beim Auftreten der Beschränkung nach unten } (\delta u_\lambda \geq 0)$$

$$\sum_{j=1}^{m} \frac{\partial g_j}{\partial u_\lambda} \lambda_j \geq 0 \qquad \text{beim Auftreten der Beschränkung nach oben } (\delta u_\lambda \leq 0)$$

Das $-$ Zeichen in (96) gibt den Zusammenhang $P^* \mathrel{\widehat{=}} - H^* = \sum_{j=1}^{m} \lambda_j g_j$
und entspricht damit der Tatsache, daß man beim Pontryaginschen
Maximumprinzip immer das Maximum von H^* bezüglich der zulässigen
Werte von u_λ suchen muß, während hier nach der Skizze immer das
Minimum von P^* bezüglich der zulässigen Werte u_λ anzustreben war.

Diese Überlegungen sind natürlich keine saubere mathematische Beweisführung. Sie geben aber einen heuristischen Zugang zu den Fol-
gerungen aus der Gebietseinschränkung für die Steuerfunktionen, der
insbesondere deshalb interessant erscheint, weil wir auf den Beweis
des Grundtheorems der Pontryaginschen Theorie nicht eingegangen
sind.

2.3. Allgemeine Behandlung von Ungleichungen als Nebenbedingungen

2.3.1. Formulierung der Einschränkung durch Ungleichungen. Die all-
gemeinste Form von Ungleichungen, die als Nebenbedingungen zu beachten sind, lautet:

$$(98) \quad \hat{S} = [t,\ x_j(t),\ u_l(t)] \leq 0$$

wobei nicht unbedingt alle $x_j(t)$, $u_l(t)$ auftreten müssen und wir uns
auf eine Ungleichung beschränken.

Die Gesamtlösung der zugehörigen Optimierungsaufgabe setzt sich dann
aus drei Teilen zusammen:

1. Teilstücke, die die Bedingung (98) mit dem $<$ - Zeichen
   erfüllen .

2. Teilstücke, für die normalerweise (98) verletzt würde,
   also S = 0 anzuwenden ist.

3. Punkte, in denen die freien und die eingeschränkten
   Lösungsteile zusammenlaufen.

Die Teilstücke nach 1. gehorchen den üblichen Bedingungen, brauchen
also nicht weiter beachtet zu werden.

Wir brauchen uns also zunächst nur auf Teilstücke mit $\hat{S} = 0$ und die
Frage des Zusammensetzens der Kurventeile aus $\hat{S} \leq 0$ und $\hat{S} = 0$ zu beschränken.

Falls (98) mindestens ein $u_1(t)$, z. B. $u_\lambda(t)$, tatsächlich enthält,
läßt sich dieses $u_\lambda(t)$ aus $\hat{S} = 0$ als Funktion von t und $x_j(t)$ und
den evtl. noch auftretenden $u_1(t)$ berechnen und durch diese Funktion in den Bewegungsgleichungen ersetzen. Dann hat man erneut
ein freies Problem, aber jetzt mit m - 1 Steuerfunktionen.

Schwierigkeiten treten erst auf, wenn $\hat{S}$ keines der $u_1(t)$ unmittelbar
enthält. Dann beachten wir, daß, damit nicht nur ein Punkt der
Lösung auf der Begrenzung liegt, sondern ein ganzes Teilstück,
gelten muß:

$$(99) \quad \hat{S}\,[x_j(t),\,t] \equiv 0 \qquad \text{in } t_1 \leq t \leq t_2$$

d. h. neben $\hat{S} = 0$ auch:

$$\frac{d\hat{S}}{dt} = 0 \quad ; \quad \frac{d^2\hat{S}}{dt^2} = 0 \;\ldots.$$

Dies führt wegen:

$$\frac{d\hat{S}}{dt} = \sum_{j=1}^{m} \frac{\partial\hat{S}}{\partial x_j}\,\frac{dx_j}{dt} + \frac{\partial\hat{S}}{\partial t} = \sum_{j=1}^{m} \frac{\partial\hat{S}}{\partial x_j}\,g_j(t,\,x_i,\,u_1) + \frac{\partial\hat{S}}{\partial t}$$

je nachdem, welche x_j in $\hat{S}$ vorkommen und welche g_j die u_1 wirklich enthalten, nach einem oder mehreren Schritten auf eine Gleichung, die die Steuerfunktionen explizit mit umfaßt:

$$(100) \qquad \frac{d^{(q)}\hat{S}}{dt^q} \equiv \hat{S}^{(q)} \equiv \hat{S}^{(q)}[t,\ x_j(t),\ u_1(t)] = 0$$

(100) ist dann eine Nebenbedingung, die bei der Auswahl der Steuerfunktionen mit beachtet werden kann und - bei geeigneten Anfangsbedingungen - die Einhaltung von (99) sicherstellt. Bei Vorliegen nur einer Steuerfunktion wird diese durch (100) sogar voll bestimmt.

Ungleichungen, bei denen die Steuerfunktionen erstmalig bei der q-ten Ableitung auftreten, werden auch Ungleichungen q-ter Ordnung genannt (vgl. [30]). Die analoge Form und Bedeutung von (98) und (100) erlaubt es dann, Ungleichungen für die Steuerfunktionen selbst als Ungleichungen für die Lagekoordinaten aufzufassen, bei denen bereits die nullte Ableitung die Steuerfunktion selbst enthält. Damit ist es möglich, die prinzipiellen Herleitungen auf eine einzige Art von Ungleichungen zu beschränken.

Wir haben gesagt, daß (100) das Einhalten von (99) garantiert, wenn geeignete Anfangsbedingungen vorliegen. Zunächst ergibt ja $\hat{S}^{(q)} = 0$ nur, daß $\hat{S}^{(q-1)} = \text{const}$ in $t_1 \leq t \leq t_2$ ist. Damit auch $\hat{S}^{(q-1)} = 0$ im Intervall gilt, müssen wir fordern $\hat{S}^{(q-1)}(t_1) = 0$ und somit insgesamt für $\hat{S} = 0$ in $t_1 \leq t \leq t_2$:

$$(101) \qquad \hat{S}^{(0)}(t_1) = 0 \ ; \ \hat{S}^{(1)}(t_1) = 0 \ \dots \ \hat{S}^{(q-1)}(t_1) = 0$$

Da die Anfangsbedingungen für die die Lagrangeschen Multiplikatoren λ_j regierenden Eulerschen Gleichungen (64) i. a. gerade für die Erfüllung der Endbedingungen zur Zeit t_E benötigt werden, müssen wir einen Sprung in den λ_j-Werten bei t_1 erwarten, da die $\lambda_j(t_A)$ zum Teil zur Erfüllung von (101) verwendet werden müssen und nur so neue freie Werte entstehen können, durch deren Variation gemeinsam mit den nicht benötigten $\lambda_j(t_A)$ dann die Endbedingungen erreicht werden können.

<u>2.3.2. Die Optimierungsbedingungen bei Vorliegen von Ungleichungen</u>
<u>als Nebenbedingungen.</u> Mit diesen Vorüberlegungen wollen wir nun die
Aufgabe (84), (85), (86) mit der zusätzlichen Bedingung (100) nach
der in 2.2.2. erläuterten Methode untersuchen.

Wir betrachten demnach das Problem:

$$
P^* = - \lambda_0 P \Big|_{t_E} + \sum_{r=1}^{\rho} \nu_r Q_r \Big|_{t_E} + \sum_{\sigma=0}^{q-1} \mu_\sigma \hat{S}^{(\sigma)} \Big|_{t_1^+} +
$$

$$
+ \int_{t_A}^{t_1^-} + \int_{t_1^+}^{t_2^-} + \int_{t_2^+}^{t_E} \sum_{j=1}^{m} \lambda_j (\dot{x}_j - g_j) dt
$$

wobei der Bereich, in dem die Ungleichung $\hat{S} \le 0$ verletzt wird (wir
nehmen an, dies geschieht nur einmal), gesondert erfaßt ist, die
Integrale den gleichen Integranden haben und die ν_r, μ_σ konstant
sind. Das + bzw. - Zeichen bei t_1, t_2 spiegelt wieder, von welcher
Seite man sich t_1, t_2 nähert.

Durch Ableitung ergibt sich:

$$
(102) \quad dP^* = - \lambda_0 \frac{\partial P}{\partial t} \Big|_{t_E} dt_E - \lambda_0 \sum_{j=1}^{m} \frac{\partial P}{\partial x_j} \Big|_{t_E} dx_j \Big|_{t_E} + \sum_{r=1}^{\rho} \nu_r \frac{\partial Q_r}{\partial t} \Big|_{t_E} dt_E +
$$

$$
+ \sum_{j=1}^{m} \sum_{r=1}^{\rho} \nu_r \frac{\partial Q_r}{\partial x_j} \Big|_{t_E} dx_j \Big|_{t_E} + \sum_{\sigma=0}^{q-1} \mu_\sigma \frac{\partial \hat{S}^{(\sigma)}}{\partial t} \Big|_{t_1^+} dt_1^+ +
$$

$$
+ \sum_{j=1}^{m} \sum_{\sigma=0}^{q-1} \mu_\sigma \frac{\partial \hat{S}^{(\sigma)}}{\partial x_j} \Big|_{t_1^+} dx_j \Big|_{t_1^+} +
$$

$$
+ \int_{t_A}^{t_1^-} + \int_{t_1^+}^{t_2^-} + \int_{t_2^+}^{t_E} \sum_{j=1}^{m} \lambda_j \left(\delta \dot{x}_j - \sum_{i=1}^{m} \frac{\partial g_j}{\partial x_i} \delta x_i - \sum_{l=1}^{k} \frac{\partial g_j}{\partial u_l} \delta u_l \right) dt
$$

$$
= 0
$$

Wir beachten wieder, daß allgemein gilt:

$$
\int_a^b \sum_{j=1}^{m} \lambda_j \delta \dot{x}_j \, dt = \sum_{j=1}^{m} \lambda_j \delta x_j \Big|_a^b - \int_a^b \sum_{j=1}^{m} \dot{\lambda}_j \delta x_j \, dt
$$

und:

$$dx_j\Big|_a = \delta x_j\Big|_a + \dot{x}_j\Big|_a dt_a$$

d. h.

$$\delta x_j\Big|_a = dx_j\Big|_a - g_j\, dt_a$$

Während der Zeit $t_1 \ldots t_2$ folgt aus:

$$\hat{S}^{(q)}[t,\, x_j(t),\, u_l(t)] = 0$$

der Zusammenhang

$$(103)\qquad \sum_{j=1}^{m} \frac{\partial \hat{S}^{(q)}}{\partial x_j}\, \delta x_j + \sum_{l=1}^{k} \frac{\partial \hat{S}^{(q)}}{\partial u_l}\, \delta u_l = 0$$

Wir nehmen nun an, wir hätten es nur mit einer einzigen Steuer-funktion zu tun:

$$\delta u_1 \equiv \delta u \qquad k = 1$$

Dann folgt aus (103):

$$\delta u = -\frac{\displaystyle\sum_{j=1}^{m} \frac{\partial \hat{S}^{(q)}}{\partial x_j}\, \delta x_j}{\dfrac{\partial \hat{S}^{(q)}}{\partial u}}$$

und wir erhalten aus (102), wenn wir beachten, daß die x_j und t stetig sein müssen, analog zu den Entwicklungen in (90):

1. Es gelten die normalen Endbedingungen (94):

$$(104)\qquad \sum_{j=1}^{m} \lambda_j g_j\Big|_{t_E} = \left(-\lambda_0 \frac{\partial P}{\partial t} + \sum_{r=1}^{\rho} \nu_r \frac{\partial Q_r}{\partial t}\right)_{t_E}$$

$$(105)\qquad \lambda_j\Big|_{t_E} = \left(\lambda_0 \frac{\partial P}{\partial x_j} - \sum_{r=1}^{\rho} \nu_r \frac{\partial Q_r}{\partial x_j}\right)_{t_E}$$

2. Am Eingang in die Phase mit begrenzten Lagekoordinaten $\hat{S} = 0$ hat man einen Sprung in den Lagrangeschen Multiplikatoren und in der $\sum \lambda_j g_j$:

$$(106) \qquad \sum_{j=1}^{m} \lambda_j g_j \Bigg|_{t_1^-} = \sum_{j=1}^{m} \lambda_j g_j \Bigg|_{t_1^+} - \sum_{\sigma=0}^{q-1} \mu_\sigma \frac{\partial \hat{S}^{(\sigma)}}{\partial t} \Bigg|_{t_1}$$

$$(107) \qquad \lambda_j \Bigg|_{t_1^-} = \lambda_j \Bigg|_{t_1^+} + \sum_{\sigma=0}^{q-1} \mu_\sigma \frac{\partial \hat{S}^{(\sigma)}}{\partial x_j} \Bigg|_{t_1}$$

(Dabei kann man bei $\dfrac{\partial \hat{S}^{(\sigma)}}{\partial t}$, $\dfrac{\partial \hat{S}^{(\sigma)}}{\partial x_j}$ auf die Kennzeichung t_1^- verzichten, da die S, $S^{(1)} \ldots S^{(q-1)}$ nur die stetigen Lagekoordinaten $x_j(t)$ und die stetige unabhängige Variable t enthalten.)

3. Am Ausgang aus der Phase mit begrenzten Lagekoordinaten bleibt alles stetig.

$$(108) \qquad \sum_{j=1}^{m} \lambda_j g_j \Bigg|_{t_2^-} = \sum_{j=1}^{m} \lambda_j g_j \Bigg|_{t_2^+}$$

$$(109) \qquad \lambda_j \Bigg|_{t_2^-} = \lambda_j \Bigg|_{t_2^+}$$

4. Auf dem uneingeschränkten Bogen gelten die Eulergleichungen:

$$(110) \qquad \dot{\lambda}_j = - \sum_{i=1}^{m} \frac{\partial g_i}{\partial x_j} \lambda_i$$

$$(111) \qquad 0 = \sum_{i=1}^{m} \frac{\partial g_i}{\partial u} \lambda_i$$

5. Auf dem eingeschränkten Bogen gelten:

$$(112) \qquad \dot{\lambda}_j = - \sum_{i=1}^{m} \lambda_i \left[\frac{\partial g_i}{\partial x_j} - \frac{\partial g_j}{\partial u} \frac{\dfrac{\partial \hat{S}^{(q)}}{\partial x_j}}{\dfrac{\partial \hat{S}^{(q)}}{\partial u}} \right]$$

$$(113) \qquad 0 = \hat{S}^{(q)}[t, \, x_j(t), \, u(t)]$$

Man sieht, daß die Sprünge der λ_j bei t_1 in ihrem Aufbau den Endbedingungen entsprechen, also wie erwartet, einen Satz Zwischenbe-
dingungen darstellen.

Bei genauerem Überlegen wundert man sich aber über den Sprung bei
t_1. Würde man nämlich die Optimalkurve nicht von t_A nach t_E rechnen
sondern von t_E nach t_A, was keinen Unterschied in der physikalischen Aufgabenstellung bedeutet, so würde man nach unserem Vorgehen
die Sprünge bei t_2 finden.

Die Aufklärung dieses Sachverhaltes ist durch folgendes gegeben:
Aus $\hat{S}^{(q)} = 0$ folgt $\hat{S}^{(q-1)} = $ const, und wir können diese Konstante
durch Angabe eines Wertes in einem beliebigen Punkt t^* im Intervall
$[t_1, t_2]$ festlegen. D. h. unsere Fixierung der Nebenbedingungen
$\hat{S} = 0$, $\hat{S}^{(1)} = 0 \ldots \hat{S}^{(q-1)} = 0$ in t_1 ist willkürlich, wenn auch dem
günstigsten praktischen Vorgehen entsprechend.

Wenn aber die Sprünge an irgendeinem Punkt in $[t_1, t_2]$ auftreten
können, so sind die $\lambda_j(t)$ in $[t_1, t_2]$ sicher durch unsere Überlegungen nicht eindeutig bestimmt. Das ist aber auch nicht zu ver-
langen: Wir könnten nämlich die $\hat{S} = 0 \ldots \hat{S}^{(q-1)} = 0$ benutzen, um q
der m x_j durch die restlichen x_j auszudrücken, also z. B. $x_1, x_2 \ldots$
$\ldots x_q$ aus unseren Gleichungen zu eliminieren. Dann haben wir es für
die $x_{q+1} \ldots x_m$ in $[t_1, t_2]$ mit einem uneingeschränkten Optimierungsproblem zu tun, und wir erhalten eindeutig die Lagrangeschen Multi-
plikatoren $\lambda^*_{q+1}, \lambda^*_{q+2} \ldots \lambda_m$ für dieses Problem. Betrachten wir
längs diesem Bahnstück, wie hier geschehen, m Lagrangesche Multipli-
katoren, so bleiben q Freiheitsgrade. Eine allgemeine eindeutige
Festlegung ist also nicht möglich, sondern nur eine Festlegung im

Einzelfall, wie sie hier z. B. durch Fixierung der λ_j - Sprünge bei t_1 vorgenommen wurde (vgl. [63]).

Die Bedingung (106) entspricht der Tatsache, daß auch die Steuerfunktion springen kann. Wir können aber daraus schließen, daß nur ein Sprung für $u(t)$ möglich ist, der aber auch auftreten kann, wenn kein $\hat{S}^{(\sigma)}$ t explizit enthält, da die λ_j springen.

Es sei noch bemerkt, daß der allgemeine Ansatz $\hat{S}^{(q)}$ nicht nur einem Hang zur mathematischen Allgemeinheit der Formulierung entspricht, sondern daß Werte $q > 1$ tatsächlich auch in der Praxis auftreten:

Betrachten wir etwa den in 2.1.4. erörterten Flug einer Rakete im Vakuum, so ist es unter Umständen vernünftig zu verlangen, daß beim Flug von einer Anfangslage A zu einer Endlage B eine gewisse Mindesthöhe h nicht unterschritten wird, damit die Raketenoberstufe nicht in die Atmosphäre zurückkommt und dort durch atmosphärische Reibung aufgeheizt wird. Bahnen, die diese Bedingung verletzen, können sich als absolute Optimalbahnen ergeben, wenn man Fluchtgeschwindigkeit erreichen will.

Die Begrenzung der Flughöhe nach unten ergibt:

$$\hat{S} \equiv h_{Min} - h \leq 0$$

und man hat, da die Höhenveränderung dh gleich der Abstandsveränderung dr vom Erdmittelpunkt ist:

$$\hat{S}^{(1)} = \frac{d\hat{S}}{dt} = \sum_{j=1}^{m} \frac{\partial \hat{S}}{\partial x_j} g_j = -\frac{dh}{dt} = -\frac{dr}{dt}$$

$$\overset{(70)}{=} - v \sin \vartheta$$

und daraus:

$$\hat{S}^{(2)} = \frac{d\hat{S}^{(1)}}{dt} = -\frac{dv}{dt} \sin \vartheta - v \cos \vartheta \frac{d\vartheta}{dt}$$

$$\overset{(70)}{=} - \frac{w_A \mu}{m} \sin \vartheta \cos \alpha - \frac{w_A \mu}{m} \cos \vartheta \sin \alpha$$

$$+ \ldots \ldots$$

D. h. die Steuerfunktion α tritt erst in $\hat{S}^{(2)}$ auf.

2.3.3. Eine identische Lösung der Eulerschen Gleichungen für das eingeschränkte Teilstück.

Die Gleichungen (112), die den Euler-schen Gleichungen für die Lagekoordinaten auf dem eingeschränkten Teilstück der Lösung entsprechen, weisen insofern eine Besonderheit auf, als sie durch den Ansatz:

$$(114) \qquad \lambda_j = b \cdot \frac{\partial \hat{S}^{(q-1)}}{\partial x_j} \qquad\qquad b = \text{const}$$

identisch erfüllt werden.

Wir wollen dies hier kurz zeigen:

Aus der Definition von $\hat{S}^{(q)}$ folgt:

$$(115) \qquad \hat{S}^{(q)} = \frac{d}{dt}\hat{S}^{(q-1)} = \sum_{j=1}^{m} \frac{\partial \hat{S}^{(q-1)}}{\partial x_j} \, g_j + \frac{\partial \hat{S}^{(q-1)}}{\partial t}$$

Beachten wir, daß mit $\hat{S}^{(q-1)}$ auch die partiellen Ableitungen von $\hat{S}^{(q-1)}$ die Steuerfunktion $u(t)$ nicht enthalten, so ergibt sich damit:

$$\frac{\partial \hat{S}^{(q)}}{\partial u} = \sum_{j=1}^{m} \frac{\partial \hat{S}^{(q-1)}}{\partial x_j} \cdot \frac{\partial g_j}{\partial u}$$

Damit schreibt sich (112), wenn man (114) zunächst ohne $b = \text{const}$ darin einsetzt:

$$\frac{db}{dt} \cdot \frac{\partial \hat{S}^{(q-1)}}{\partial x_j} + b \cdot \left\{ \sum_{i=1}^{m} \frac{\partial^2 \hat{S}^{(q-1)}}{\partial x_i \, \partial x_j} \, g_i + \frac{\partial^2 \hat{S}^{(q-1)}}{\partial x_j \, \partial t} \right\}$$

$$= -\left\{ \sum_{i=1}^{m} b \cdot \frac{\partial \hat{S}^{(q-1)}}{\partial x_i} \, \frac{\partial g_i}{\partial x_j} - \sum_{i=1}^{m} b \cdot \frac{\partial \hat{S}^{(q-1)}}{\partial x_i} \, \frac{\partial g_i}{\partial u} \cdot \frac{\dfrac{\partial \hat{S}^{(q)}}{\partial x_j}}{\displaystyle\sum_{i=1}^{m} \frac{\partial \hat{S}^{(q-1)}}{\partial x_i} \, \frac{\partial g_i}{\partial u}} \right\}$$

$$\overset{(115)}{=} - b \cdot \left\{ \sum_{i=1}^{m} \frac{\partial \hat{S}^{(q-1)}}{\partial x_i} \, \frac{\partial g_i}{\partial x_j} - \sum_{i=1}^{m} \frac{\partial^2 \hat{S}^{(q-1)}}{\partial x_i \, \partial x_j} \, g_i - \right.$$

$$\left. - \sum_{i=1}^{m} \frac{\partial \hat{S}^{(q-1)}}{\partial x_i} \cdot \frac{\partial g_i}{\partial x_j} - \frac{\partial^2 \hat{S}^{(q-1)}}{\partial x_j \, \partial t} \right\}$$

und, wenn man die gleichen Glieder heraushebt:

$$\frac{db}{dt} \cdot \frac{\partial \hat{S}^{(q-1)}}{\partial x_j} = 0$$

Diese Gleichung ist aber für $b = const$ identisch erfüllt.

2.3.4. Ein Beispiel für Optimierungsaufgaben mit Ungleichungen als Nebenbedingungen.

Wir wollen uns die Anwendung der Formeln (104) bis (112) an einem einfachen, analytisch durchrechenbaren Beispiel auch im einzelnen klarmachen.

Dazu betrachten wir die Aufgabe (vgl. [30] und [69]):

Gesucht ist das Minimum von:

$$(116) \qquad P \equiv - w(1)$$

für die Bewegungsgleichungen

$$\dot{x} = v \qquad\qquad\qquad x(0) = 0 \; ; \; x(1) = 0$$

$$\dot{v} = u \qquad mit \qquad v(0) = 1 \; ; \; v(1) = - 1$$

$$\dot{w} = \frac{1}{2} u^2 \qquad\qquad w(0) = 0$$

mit den stetigen Lagekoordinaten x, v, w, der Steuerfunktion u(t) und der einzuhaltenden Ungleichung:

$$(117) \qquad \hat{S} = x - 1 \leq 0 \qquad\qquad 1 = const > 0$$

Wir bestimmen zunächst die Ordnung der Ungleichung und bilden:

$$(118) \qquad \dot{\hat{S}} = \hat{S}^{(1)} = \dot{x} = v$$

$$\ddot{\hat{S}} = \hat{S}^{(2)} = \dot{v} = u$$

d. h., wir haben in (117) eine Ungleichung 2. Ordnung.

Die Optimierungsbedingungen lauten gemäß (110), (111) in Gebieten mit $\hat{S} < 0$:

$$(119) \qquad \dot{\lambda}_x = 0$$

$$\dot{\lambda}_v = - \lambda_x$$

$$\dot{\lambda}_w = 0$$

$$\lambda_v + u\lambda_w = 0$$

Und in Gebieten mit $\hat{S} = 0$ gemäß (112), (113), (118):

$$(120) \quad \dot{\lambda}_x = 0$$

$$\dot{\lambda}_v = -\lambda_x$$

$$\dot{\lambda}_w = 0$$

$$u = 0$$

Wobei die formale Übereinstimmung der ersten drei Gleichungen in (119), (120) darauf zurückzuführen ist, daß $\dfrac{\partial \hat{S}^{(2)}}{\partial x_j} = 0$ für das hier vorliegende $\hat{S}^{(2)}$ gilt.

Wir nehmen jetzt an, es gäbe ein Zeitstück $[t_1, t_2]$ im Gesamtintervall $[0,1]$, auf dem $\hat{S} = 0$ auftritt, und integrieren unter Beachtung von (106) bis (109) von 0 nach 1 mit zunächst freien Konstanten A_i, die später aus den Randbedingungen zu bestimmen sind.

Dann findet man folgende Tabelle:

	$0 \le t < t_1$	$t_1 \le t < t_2$	$t_2 \le t \le 1$
λ_x	A_1	$A_1 - \mu_1$	$A_1 - \mu_1$
λ_v	$A_2 - A_1 t$	$A_2 - A_1 t_1 - \mu_2 - (A_1 - \mu_1)(t - t_1)$	$A_2 - A_1 t_1 - \mu_2 - (A_1 - \mu_1)(t - t_1)$
λ_w	A_3	A_3	A_3
u	$-\dfrac{A_2}{A_3} + \dfrac{A_1}{A_3} t$	0	$-\dfrac{A_2}{A_3} + \dfrac{A_1}{A_3} t_1 + \dfrac{\mu_2}{A_3} + \left(\dfrac{A_1}{A_3} - \dfrac{\mu_1}{A_3}\right)(t - t_1)$
v	$A_4 - \dfrac{A_2}{A_3} t + \dfrac{A_1}{A_3}\dfrac{t^2}{2}$	A_6	$A_7 + \left(-\dfrac{A_2}{A_3} + \dfrac{\mu_1}{A_3} t_1 + \dfrac{\mu_2}{A_3}\right)(t - t_2) + \left(\dfrac{A_1}{A_3} - \dfrac{\mu_1}{A_3}\right)\left(\dfrac{t^2}{2} - \dfrac{t_2^2}{2}\right)$
x	$A_5 + A_4 t - \dfrac{A_2}{A_3}\dfrac{t^2}{2} + \dfrac{A_1}{A_3}\dfrac{t^3}{6}$	$A_8 + A_6(t - t_1)$	$A_9 + A_7(t - t_2) + \left(-\dfrac{A_2}{A_3} + \dfrac{\mu_1}{A_3} t_1 + \dfrac{\mu_2}{A_3}\right)\dfrac{(t - t_2)^2}{2} + \left(\dfrac{A_1}{A_3} - \dfrac{\mu_1}{A_3}\right)\left\{\dfrac{t^3}{6} - \dfrac{t_2^2}{6} - \dfrac{t_2^2}{2}(t - t_2)\right\}$

wobei $w(t)$ weggelassen ist, da nur $w(1)$ interessiert, und wir dies leicht aus $w(1) = \int\limits_0^1 \frac{u^2}{2} dt$ erhalten können.

Für die Konstanten erhalten wir:

1. Mit $\hat{S}^{(1)} = v = 0$ in $[t_1, t_2]$ folgt $A_6 = 0$

   und mit $\hat{S} = x - 1 = 0$ in $[t_1, t_2]$: $A_8 = 0$

2. Aus der Stetigkeit von x, v in t_2

   ergibt sich: $A_7 = 0$; $A_9 = 1$

3. Nach (105) und (116) hat man mit $\lambda_0 = -1$,

   wobei wegen der Homogenität der Gleichungen in λ λ_0 frei gewählt werden kann:

   $\lambda_w(t_1) = -1$,   d. h.: $A_3 = -1$

4. Aus (106) folgt unter Beachtung von

$$v(t_1^-) = v(t_1^+) = A_6 = 0$$

$$\lambda_v(t_1^-) = A_2 - A_1 t_1 = u(t_1^-) \qquad (A_3 = -1)$$

und $u(t_1^+) = 0$ gemäß:

$$A_1 v(t_1^-) + (A_2 - A_1 t_1) u(t_1^-) - \frac{1}{2} u^2(t_1^-) = (A_1 - \mu_1) v(t_1^+)$$

$$u^2(t_1^-) - \frac{1}{2} u^2(t_1^-) = 0$$

$u(t_1^-) = 0$, d. h. die Stetigkeit der Steuerfunktion.

5. Gemäß den Anfangsbedingungen $x(0) = 0$, $v(0) = 1$

   findet man: $A_5 = 0$, $A_4 = 1$

6. Für v, x, u hat man bei t_1 $(A_3 = -1$ beachtet$)$:

$$1 + A_2 t_1 - A_1 t^2/2 = 0 \qquad \text{Stetigkeit von } v$$

$$t_1 + A_1 \frac{t_1^2}{2} - A_1 \frac{t_1^3}{6} = 1 \qquad \text{Stetigkeit von } x$$

$$A_2 - A_1 t_1 = 0 \qquad \text{Stetigkeit von } u$$

woraus folgt:

$$t_1 = 31 \; ; \; A_1 = -\frac{2}{91^2} \; ; \; A_2 = -\frac{2}{31}$$

7. Mit den Endbedingungen für v, x und der Endbedingung
   (104) $(\lambda_0 = -1 \text{ gesetzt})$:

$$(A_2 - \mu_1 t_1 - \mu_2)(1 - t_2) - (A_1 - \mu_1)\frac{1 - t_2^2}{2} = -1$$

$$1 + (A_2 - \mu_1 t_1 - \mu_2)\frac{1 - t_2^2}{2} - (A_1 - \mu_1)\left[\frac{1}{6} - \frac{t_2^2}{6} - \frac{t_2^2}{2}(1 - t_2)\right] = 0$$

$$- (A_1 - \mu_1) + [(A_2 - A_1 t_1 - \mu_2) - (A_1 - \mu_1)(1 - t_1)]^2 - \frac{1}{2}[\;]^2 = 0$$

ergeben sich endlich drei Gleichungen zur Bestimmung der
restlichen Unbekannten μ_1, μ_2, t_2, für die man erhält:

$$\mu_1 = -\frac{4}{91^2} \; ; \; \mu_2 = -\frac{2}{91^2} + \frac{4}{31} \; ; \; t_2 = 1 - 31$$

was man z. B. durch Einsetzen leicht nachprüfen kann.

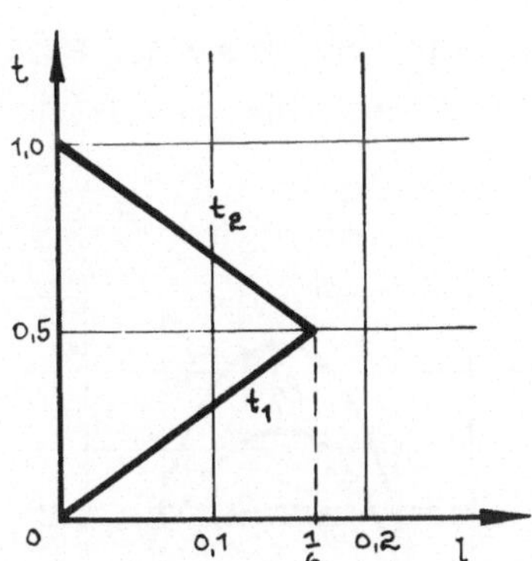

Abb. II.20 Ansatz für die Ermittlung,
für welches l ein $t_2 > t_1$ auftritt

Trägt man t_1, t_2 über dem Parameter l wie in der Abb. II.20 auf, so
erkennt man, daß sich nur für $0 < 1 \le \frac{1}{6}$ ein $t_2 > t_1$ und damit ein end-
liches Intervall mit $\hat{S} = 0$ ergibt.

Damit gilt unsere Lösung:

	$0 \leq t < 3\ell$	$3\ell \leq t < 1 - 3\ell$	$1 - 3\ell \leq t \leq 1$
λ_x	$-\dfrac{2}{9\ell^2}$	$\dfrac{2}{9\ell^2}$	$\dfrac{2}{9\ell^2}$
λ_v	$\dfrac{2}{9\ell^2}(t - 3\ell)$	$-\dfrac{2}{9\ell^2}[t - (1 - 3\ell)]$	$-\dfrac{2}{9\ell^2}[t - (1 - 3\ell)]$
λ_w	-1	-1	-1
u	$\dfrac{2}{9\ell^2}(t - 3\ell)$	0	$-\dfrac{2}{9\ell^2}[t - (1 - 3\ell)]$
v	$\dfrac{1}{9\ell^2}(t - 3\ell)^2$	0	$-\dfrac{1}{9\ell^2}[t - (1 - 3\ell)]^2$
x	$\ell + \dfrac{1}{27\ell^2}(t - 3\ell)^3$	ℓ	$\ell - \dfrac{1}{27\ell^2}[t - (1 - 3\ell)]^3$

zunächst nur für $1 < \dfrac{1}{6}$. Der Minimalwert folgt zu:

$$w(1) = \int_0^1 \frac{u^2}{2}\, dt = \frac{4}{91}$$

Auf die Behandlung des Beispiels für $1 \geq \dfrac{1}{6}$ wollen wir hier verzichten. Man findet eine sehr ausführliche Darstellung in [69].

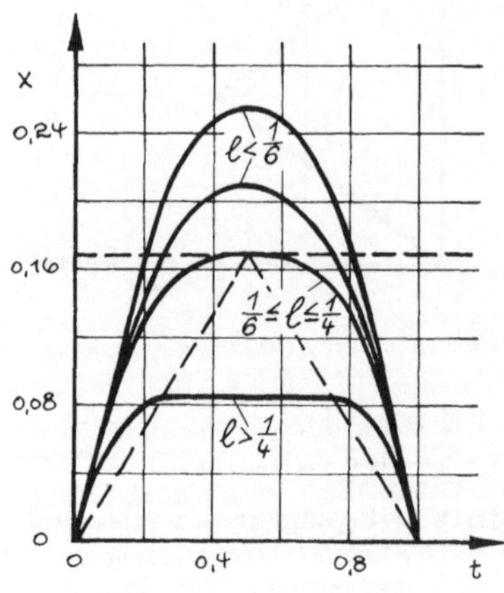

Abb. II.21 Optimalkurven x(t) für verschiedene Parameterwerte 1 nach [30]

Wir wollen nur erwähnen, daß das Beispiel insofern noch bemerkenswert ist, als sich für $\frac{1}{6} \leq 1 \leq \frac{1}{4}$ d. h. für einen ganzen Bereich von 1-Werten eine Berührung der Grenzkurve $u = 0$ in einem Punkt, dem Punkt $t = 0,5$, ergibt, während für $1 > \frac{1}{4}$ die x-Werte in $0 \leq t \leq 1$ stets so klein sind, daß $x < 1$ immer erfüllt ist. Die Abb. II.21 stellt die Verhältnisse als Diagramm x über t schematisch dar.

2.4. Sprünge in den Lagekoordinaten

2.4.1. Problemstellung. Bisher haben wir immer stillschweigend die Stetigkeit der Lagekoordinaten vorausgesetzt. Dies ist vernünftig, da die Lagekoordinaten sich zumeist aus dem Newtonschen Gesetz $\vec{K} = m\vec{b}$ ergeben, also z. B. Ort und Geschwindigkeit eines Flugkörpers darstellen. Diese Werte können sich aber praktisch nicht sprungartig ändern.

Für die Steuerfunktionen sind solche Voraussetzungen nicht zutreffend, da man etwa den Schub eines Triebwerkes durchaus schlagartig ändern kann, z. B. durch Abschalten des Triebwerkes.

In einzelnen Fällen kann man aber auch auf sich schlagartig ändernde Lagekoordinaten stoßen: Beim optimalen Flug einer Rakete im Vakuum, wie wir ihn in 2.1.4. behandelt hatten, entspricht z. B. die Masse der Rakete m einer Lagekoordinate [vgl. (71)]. Bekanntlich ist aber ein wesentliches Hilfsmittel zur Leistungssteigerung bei Trägerraketen die Stufung, d. h. das Absprengen von Totmassen, z. B. leeren Behältern und nur für den Start benötigten Triebwerken, um keinen unnützen Ballast mit beschleunigen zu müssen. An solchen Stufungspunkten ändert sich also die Masse schlagartig, d. h. wir haben tatsächlich einen Sprung in einer Lagekoordinate unseres Gleichungssystems.

Wir wollen deshalb auch eine notwendige Bedingung für Sprünge in den Lagekoordinaten herleiten.

2.4.2. Bedingungen für Sprünge in den Lagekoordinaten. Wir nehmen an, der Sprung solle zur Zeit t_* in der Lagekoordinate $x_1(t)$ auftreten. Er sei in seiner Größe gegeben durch:

$$\varphi \equiv x_1(t_*^-) - x_1(t_*^+) - f[x_1(t_*^-), t_*] = 0$$

d. h. der Sprung hängt allgemein von $x_1(t_*^-)$ und t_* ab.

Wir gehen nun wieder von der Aufgabenstellung (84) bis (86) und einem Ersatzproblem entsprechend (87) aus. Dies lautet:

$$(121) \qquad P^* = -\lambda_0 P + \sum_{r=1}^{\rho} \nu_r Q_r + \sigma\varphi + \int\limits_{t_A}^{t_*^-} + \int\limits_{t_*^+}^{t_E} \sum_{j=1}^{m} \lambda_j (\dot{x}_j - g_j)\, dt$$

Wir wollen (121) nur bezüglich $\sigma\varphi$ und der Bedingung bei t_* betrachten, da für die restlichen Bedingungen genau unsere frühere Herleitung gilt.

Wir finden:

$$dP^* = \ldots\ldots$$

$$+ \sigma \left\{ \frac{\partial\varphi}{\partial x_1(t_*^-)}\, dx_1 \Big|_{t_*^-} + \frac{\partial\varphi}{\partial x_1(t_*^+)}\, dx_1 \Big|_{t_*^+} + \frac{\partial\varphi}{\partial t_*}\, dt_* \right\} +$$

$$+ \int\limits_{t_A}^{t_*^-} + \int\limits_{t_*^+}^{t_E} \sum_{j=1}^{m} \lambda_j \left\{ \left(\delta\dot{x}_j - \sum_{i=1}^{m} \frac{\partial g_j}{\partial x_i} \delta x_i \right) - \sum_{l=1}^{k} \frac{\partial g_j}{\partial u_l} \delta u_l \right\} dt$$

$$= 0$$

und nach der üblichen partiellen Integration mit

$$\delta x_j = dx_j - \dot{x}_j\, dt$$

[vgl. (90), (91)] für die hier interessierenden Summanden:

$$dP^* = \ldots\ldots$$

$$- \int\limits_{t_A}^{t_*^-} - \int\limits_{t_*^+}^{t_E} \sum_{j=1}^{m} \left\{ \dot{\lambda}_j + \sum_{i=1}^{m} \frac{\partial g_i}{\partial x_j} \lambda_i \right\} \delta x_j\, dt$$

$$- \int_{t_A}^{t_*^-} - \int_{t_*^+}^{t_E} \sum_{l=1}^{k} \left\{ \sum_{j=1}^{m} \frac{\partial g_j}{\partial u_l} \lambda_j \right\} \delta u_l \, dt$$

$$+ \left\{ \sigma \cdot \left(1 - \frac{\partial f}{\partial x_1(t_*^-)} \right) + \lambda_1 \Big|_{t_*^-} \right\} dx_1 \Big|_{t_*^-} +$$

$$+ \left\{ - \sigma - \lambda_1 \Big|_{t_*^+} \right\} dx_1 \Big|_{t_*^+} +$$

$$+ \left\{ - \sigma \frac{\partial f}{\partial t_*} - \sum_{j=1}^{m} \lambda_j \dot{x}_j \Big|_{t_*^-} + \sum_{j=1}^{m} \lambda_j \dot{x}_j \Big|_{t_*^+} \right\} dt_* +$$

$$+ \sum_{\hat{j}=2}^{m} \left\{ + \lambda_{\hat{j}} \Big|_{t_*^-} - \lambda_{\hat{j}} \Big|_{t_*^+} \right\} dx_{\hat{j}} \Big|_{t_*}$$

$$= 0$$

Wegen der Unabhängigkeit der Multiplikatoren müssen die jeweiligen $\left\{ \ \right\}$ Null ergeben und man findet:

1. Die Eulerschen Gleichungen gelten in der üblichen Form bis zum und hinter dem Sprung in der Lagekoordinate.

2. Die λ_j sind stetig bis auf das zur springenden Lagekoordinate gehörende λ_j.

3. Die Sprungrelationen lauten (nach Elimination von σ):

$$(122) \qquad \lambda_1 \Big|_{t_*^-} = \frac{1 - \dfrac{\partial f}{\partial x_1}}{\dfrac{\partial f}{\partial t}} \cdot \left\{ \sum_{j=1}^{m} \lambda_j \dot{x}_j \Big|_{t_*^-} - \sum_{j=1}^{m} \lambda_j \dot{x}_j \Big|_{t_*^+} \right\}$$

$$\lambda_1 \Big|_{t_*^+} = \frac{1}{1 - \dfrac{\partial f}{\partial x_1}} \lambda_1 \Big|_{t_*^-}$$

Allerdings muß es offen bleiben, ob man bei einer praktischen Optimierung einfacher mit den Sprungfunktionen (122) arbeitet oder

z. B. den optimalen Stufungszeitpunkt für eine Rakete mit vorgegebener Abhängigkeit der Totmasse von der Treibstoffmasse durch Rech-
nen mit verschiedenen fest vorgegebenen Werten $\hat{t}_{*_1}$, $\hat{t}_{*_2}$, $\hat{t}_{*_3}$ und
Auftragen der Nutzlast über $\hat{t}_*$ bestimmt.

Grundsätzlich erkennt man aber, daß man mit geeigneten Ansätzen in
der Variationsrechnung auch alle in letzter Zeit aufgetretenen Optimierungsaufgaben lösen kann, wobei die Aufstellung der Bedingungsgleichungen entsprechend dem Lagrangeschen Ansatz zur Herleitung der
Eulerschen Gleichung ein mächtiges Hilfsmittel bildet. Bei neuen
Fragestellungen sind dabei allerdings die zu erwartenden Zusatzbedingungen sorgfältig zu überlegen und evtl. die exakten Entwicklungen mit einer Einbettung der Optimalkurve in eine Kurvenschar
heranzuziehen.

3. Numerische Lösung des Randwertproblems für Systeme gewöhnlicher, nichtlinearer Differential- gleichungen

3.1. Grundlagen

3.1.1. Problemstellung.

3.1.1. Problemstellung. Bei Betrachtung der Pontryaginschen Aufgabenstellung und ihrer möglichen Erweiterungen mittels des Maximumprinzips und auch der Methoden der Variationsrechnung hatten wir prinzipiell immer dieselben Bedingungsgleichungen für das Vorliegen
des Optimums erhalten, einen Satz gewöhnlicher Differentialgleichungen für die neu eingeführten Funktionen λ_j und einen Satz einfacher
Gleichungen, der der Extremalforderung für die Hamiltonsche Funktion
H bezüglich der Steuerfunktion u_1 entsprach.

Diese formale Übereinstimmung für die verschiedensten Aufgabenstellungen wollen wir dazu benutzen, uns bei der nun notwendigen
Diskussion verschiedener Methoden für die numerische Ermittlung
einer Lösung aus den Bedingungsgleichungen auf einen einzelnen,
exemplarischen Fall zu beschränken.

Wir betrachten dazu die Aufgabe (84) bis (86):

Für die Bewegungsgleichungen

$$(123) \qquad \dot{x}_j = g_j(t,\, x_i,\, u_l) \qquad\qquad i,j = 1,2 \ldots m \;;\; l = 1,2 \ldots k$$

sollen die $u_l(t)$ so gewählt werden, daß die Funktion der Endwerte

$$(124) \qquad P \equiv P[t_E,\, x_j(t_E)]$$

zu einem Minimum gemacht wird unter Beachtung der Randbedingungen:

$$(125) \qquad x_j(t_A) = A_j \qquad\qquad t_A \text{ gegeben}$$

$$Q_r[t_E,\, x_j(t_E)] = 0 \qquad r = 1,2 \ldots \rho \leq m$$

Als Bedingungen für das Vorliegen eines Optimums waren hergeleitet
worden (93), (94):

$$(126) \qquad 0 = \sum_{i=1}^{m} \frac{\partial g_i}{\partial u_l}\, \lambda_i$$

$$(127) \qquad \dot{\lambda}_j = -\sum_{i=1}^{m} \frac{\partial g_i}{\partial x_j}\, \lambda_i$$

$$(128) \qquad \lambda_j(t_E) = -\lambda_0 \frac{\partial P}{\partial x_j}\bigg|_{t_E} + \sum_{r=1}^{\rho} \nu_r \frac{\partial Q_r}{\partial x_j}\bigg|_{t_E}$$

$$(129) \qquad \sum \lambda_j g_j\bigg|_{t_E} = \lambda_0 \frac{\partial P}{\partial t}\bigg|_{t_E} - \sum_{r=1}^{\rho} \nu_r \frac{\partial Q_r}{\partial t}\bigg|_{t_E}$$

worin die ν_r zunächst ρ konstante, freie Parameterwerte darstellen.

Faßt man diese Gleichungen in geeigneter Form zusammen, so heißt
dies doch, daß man, um P zu einem Minimum zu machen, eine Lösung
der 2m i. a. nicht linearen gewöhnlichen Differentialgleichungen
(123), (127) suchen muß, wobei die k freien Steuerfunktionen u_l durch
die gewöhnlichen Gleichungen (126) festgelegt sind und die Endbedingungen (128), (129) eingehalten werden müssen.

Wir können nun in (128) die ρ ersten Gleichungen als Definitions-
gleichungen der ν_r betrachten. Dann liefern die restlichen Gleichungen
von (128) (m-ρ) von den unbekannten Werten ν_r freie Beziehungen für $\lambda_j(t_E)$,
und wir sehen, daß (128) und (125) zusammen gerade m Endbedingun-
gen für die x_j, λ_j ergeben. Entsprechendes würden wir erhalten,
wenn wir statt der m Werte $x_j(t_A)$ $\hat{\rho}$ Kombinationen $\hat{Q}_r[t_A, x_j(t_A)]$
vorgeschrieben hätten (wobei in diesen Gleichungen das P-Glied
fehlt, da P nur eine Funktion der Endwerte war). D. h. gleichgültig,
inwieweit Randbedingungen bezüglich der x_j gestellt sind, hat man
immer m Vorschriften am Anfang und m Vorschriften am Ende für die
2m Differentialgleichungen (123), (127), d. h. immer ein Randwertproblem.

Da die Gleichungen (126) bis (129) in λ, ν homogen sind, kann man
im übrigen einen λ-Wert frei wählen, z. B. $\lambda_0 = -1$ oder ein $\lambda_j(t_A)$.
Dieser scheinbaren Einschränkung der freien Funktionen steht gegen-
über, daß bei Gültigkeit von (129) die Endzeit t_E frei ist, also noch
mit bestimmt werden muß.

3.1.2. <u>Ausgangsgleichungen</u>. Für die im folgenden darzustellenden
Lösungswege wird grundsätzlich vorausgesetzt, daß aus (126)

$$u_1 \equiv u_1(t, x_i, \lambda_j)$$

berechnet und in (123), (127) eingesetzt worden ist, so daß Gleichungen der Form entstehen:

$$(130) \quad \dot{x}_j = g_j(t, x_i, \lambda_k)$$

$$(131) \quad \dot{\lambda}_j = h_j(t, x_i, \lambda_k)$$

Für die Randbedingungen nehmen wir vereinfacht an, daß vorgegeben ist
ist:

$$x_j(t_A) = A_j$$

$$x_j(t_E) = E_j$$

und das Intervall der unabhängigen Variablen zu einem Minimum zu
machen ist:

$$P \equiv t_E$$

Auf diese Weise lassen sich die Überlegungen einfacher darstellen,
als wenn man allgemeine Fälle behandelt. Eine Erweiterung auf die
Randbedingungen $Q_r = 0$ ist ohne weiteres möglich.

Mit diesen Voraussetzungen wird (128), (129) zu

$$\lambda_j(t_E) = \nu_j$$

$$\sum_{j=1}^{m} \lambda_j g_j \Big|_{t_E} = -\lambda_0$$

Da die ν_j und λ_0 frei wählbare Konstanten sind, ergeben (128), (129)
keine wirklichen zusätzlichen Endbedingungen. Es bleibt bei den vorgegebenen m Endbedingungen $x_j(t_E) = E_j$.

Um der Homogenität in λ, ν Rechnung zu tragen, können wir z. B.
grundsätzlich voraussetzen

$$\lambda_m(t_A) = 1$$

$\lambda_m = 0$ entspräche einem frei wählbaren $x_m(t_A)$. Das ist aber hier fest
vorgegeben, so daß wir keine Einschränkung der Allgemeinheit vornehmen.

Daß nur m - 1 $\lambda_j(t_A)$ frei wählbar sind, entspricht der Tatsache, daß
wir irgendein $x_j(t_E)$ oder eine Kombination der $x_j(t_E)$ als Stopbedingung auswählen müssen, bei deren Erreichen die Integration abgebrochen wird. Wir nehmen an, dies sei $x_m(t_E)$, d. h. daß gilt:

(132) t_E wird jeweils festgelegt durch $x_m(t_E) - E_m = 0$.

3.2. Iterative Erfüllung der Randbedingungen bei Erfüllung der Differentialgleichungen

Grundsätzlich gehen die hier zuerst zu schildernden Methoden davon aus, daß die Differentialgleichungen (130), (131) exakt erfüllt werden. Man schätzt einen Satz der freien Randwerte und errechnet die sich damit ergebenden Werte für die vorgegebenen Bedingungen am anderen Ende des $[t_A, t_E]$ - Intervalls. Sodann versucht man, die geschätzten Werte in einem oder mehreren Schritten so abzuändern, daß die vorgegebenen Werte am anderen Intervallende erfüllt werden.

3.2.1. Systematische Variation der Anfangswerte. Will man von t_A aus bis t_E rechnen, so muß man die $\lambda_{s^*}(t_A)$ schätzen, also einen Ansatz $\lambda_{s^*}(t_A) = \hat{\alpha}_{s^*}$ machen. ($s^* = 1,2 \ldots m-1$; $\lambda_m(t_A) = 1$) Die so zu errechnenden Endwerte $x_j(t_E) = \hat{E}_j$ sind von den geschätzten Werten $\hat{\alpha}_{s^*}$ abhängig, und es gilt:

$$(133) \qquad \hat{E}_{j^*} \equiv \hat{E}_{j^*}(\hat{\alpha}_{s^*}) \qquad\qquad j^* = 1,2 \ldots m-1$$

da $x_m = E_m$ die zur Bestimmung von t_E benutzte Stopbedingung war. Die $\hat{E}_{j^*}$ stimmen i. a. nicht mit den gewünschten Werten E_{j^*} überein.

Für eine Veränderung $\Delta\hat{\alpha}_{s^*}$ der $\hat{\alpha}_{s^*}$ folgt mit einer Taylorentwicklung nach den $\hat{\alpha}_{s^*}$

$$(134) \qquad \hat{E}_{j^*}(\hat{\alpha}_{s^*} + \Delta\hat{\alpha}_{s^*}) = \hat{E}_{j^*}(\hat{\alpha}_{s^*}) + \sum_{s^*=1}^{m-1} \left.\frac{\partial\hat{E}_{j^*}}{\partial\hat{\alpha}_{s^*}}\right|_{\hat{\alpha}_{s^*}} \Delta\hat{\alpha}_{s^*} + \ldots.$$

wobei $\Delta\hat{\alpha}_m = 0$ ist, da $\lambda_m(t_A) = 1$ fest vorgegeben war.

Bei einer Linearisierung erhält man in erster Näherung für die Veränderung der Endwerte:

$$(135) \qquad \Delta\hat{E}_{j^*} = \hat{E}_{j^*}(\hat{\alpha}_{s^*} + \Delta\hat{\alpha}_{s^*}) - \hat{E}_{j^*}(\hat{\alpha}_{s^*}) = \sum_{s^*=1}^{m-1} \left.\frac{\partial\hat{E}_{j^*}}{\partial\hat{\alpha}_{s^*}}\right|_{\hat{\alpha}_{s^*}} \Delta\hat{\alpha}_{s^*}$$

Können wir die $\left.\dfrac{\partial\hat{E}_{j^*}}{\partial\hat{\alpha}_{s^*}}\right|_{\hat{\alpha}_{s^*}}$ berechnen, so können wir die Veränderungen

$\Delta\hat{\alpha}_{s*}$, die notwendig sind, um eine gewünschte Veränderung $\Delta\hat{E}_{j*}$ der $\hat{E}_{j*}$ in Richtung der E_{j*} zu erzielen, aus dem linearen Gleichungssystem (135) bestimmen. Dabei muß allerdings die Veränderung $\Delta\hat{E}_{j*}$ beschränkt sein, um die vorgenommenen Linearisierungen nicht zu verletzen.

Bei der Methode der systematischen Variation der Anfangswerte geht man nun so vor: Man berechnet neben der Lösung mit $\hat{\alpha}_{s*}$ noch weitere m Lösungen mit den Anfangswerten:

$$
\begin{array}{llllll}
\hat{\alpha}_1 + \delta\hat{\alpha}_1 \, , & \hat{\alpha}_2 \, , & \hat{\alpha}_3 & \cdots & \hat{\alpha}_{m-1} & , \ 1 \\[2ex]
\hat{\alpha}_1 \, , & \hat{\alpha}_2 + \delta\hat{\alpha}_2 , & \hat{\alpha}_3 & \cdots & \hat{\alpha}_{m-1} & , \ 1 \\
\vdots & \vdots \quad \vdots & \vdots & & \vdots \\
\hat{\alpha}_1 \, , & \hat{\alpha}_2 \, , & \hat{\alpha}_3 & \cdots & \hat{\alpha}_{m-1} + \delta\hat{\alpha}_{m-1} & , \ 1
\end{array}
$$

wobei t_E jeweils durch Erfüllung der Stopbedingung (132) gegeben, also durchaus verschieden ist, und nähert die partiellen Ableitungen $\left.\dfrac{\partial\hat{E}_{j*}}{\partial\hat{\alpha}_{s*}}\right|_{\hat{\alpha}_{s*}}$ an durch die Differenzenquotienten:

$$
(136) \qquad \frac{\partial\hat{E}_{j*}}{\partial\hat{\alpha}_{s*}} \approx \frac{\hat{E}_{j*}(\hat{\alpha}_1, \hat{\alpha}_2 \ldots, \hat{\alpha}_{s*} + \delta\hat{\alpha}_{s*}, \ldots \hat{\alpha}_{m-1}) -}{\delta\hat{\alpha}_{s*}}
$$

$$
\frac{- \hat{E}_{j*}(\hat{\alpha}_1, \hat{\alpha}_2 \ldots, \hat{\alpha}_{s*}, \ldots \hat{\alpha}_{m-1})}{\delta\hat{\alpha}_{s}*}
$$

Diese Näherung benutzt man dann in (135), um die notwendige Veränderung der $\hat{\alpha}_{s*}$ zur Erzielung der gewünschten Veränderungen $\Delta\hat{E}_{j*}$ zu bestimmen.

Im allgemeinen wird man den Iterationsprozeß mit der Berechnung der Gleichungen für jeden Anfangswertsatzes in einem Digitalrechenprogramm zusammenfassen. Dann muß man neben den vom Problem her vorgegebenen Werten noch folgendes eingeben:

    1. Die Ausgangswerte $\hat{\alpha}_{s*}$

2. Die zur Berechnung der partiellen Ableitungen zu benutzen-
   den Veränderungen $\delta\hat{\alpha}_{s*}$ der Ausgangswerte $\hat{\alpha}_{s*}$

3. Die in jedem Rechenschritt gewünschte maximale Veränderung
   der $\hat{E}_{j*}$ bzw. die gewünschte prozentuale Fortschreitung
   $\Delta\hat{E}_{j*} = x\ \% \cdot (\hat{E}_{j*} - E_{j*})$

4. Eine Schranke, die angibt, wann die Abweichung der $\hat{E}_{j*}$ von
   den E_{j*} als klein genug angesehen wird, daß der Iterationsprozeß abgebrochen werden kann.

Von der gewünschten Veränderung der $\hat{E}_{j*}$/Schritt, den geschätzten
Ausgangswerten und der Empfindlichkeit der Endwerte gegenüber Veränderungen der Anfangswerte, die bei verschiedenen Randwertaufgaben
desselben Gleichungssatzes verschieden sein können, ist abhängig, ob
das Verfahren konvergiert. Häufig zeigt es einen recht großen Konvergenzbereich, so daß keine besondere Sorgfalt bei der Iteration
notwendig ist. Es gibt aber auch Gegenbeispiele.

Es soll noch daran erinnert werden, daß die numerische Lösung des
Randwertproblems nicht mehr leisten kann, als bei der Aufstellung
der Gleichungen hineingesteckt wurde. Entsprechend den Eigenschaften der Grundgleichungen, die nur lokales Verhalten berücksichtigen,
können mit verschiedenen Anfangswerten durchaus verschiedene End-
lösungen erreicht werden, wenn mehrere relative Extrema möglich
sind. In 3.2.2. gehen wir auf einen entsprechenden Fall ein.

3.2.2. <u>Beispiel: Optimaler Flug im Vakuum.</u> Wir wollen nun unser
Beispiel des zeitoptimalen Fluges einer Rakete im Vakuum von vorgegebenen Anfangsbedingungen zu einer gewünschten Zielbahn (vgl. 2.1.4)
mit der in 3.2.1. beschriebenen Iterationsmethode bis zu numerischen
Resultaten hin weiterverfolgen.

Dazu betrachten wir eine zweistufige Trägerrakete. Das Nickwinkelprogramm und damit die Schubrichtung der ersten Stufe ist im allgemeinen durch die Bedingungen des Fluges durch die Atmosphäre vorgegeben, bei dem eine zu große aerodynamische Aufheizung und eine zu

große Biegebeanspruchung durch die Luftkräfte, die infolge des Aus-
einanderliegens von Druckpunkt und Schwerpunkt der Rakete und den
Luftströmungen (Wind, Böen) auftreten kann, vermieden werden muß.
Ein typisches Aufstiegsprogramm durch die Atmosphäre ist z. B.
20 sec senkrechter Aufstieg, anschließend Drehung um $0,7^o$ pro Se-
kunde bis zum Erreichen eines vorgegebenen Winkels gegen die Hori-
zontale am Abschußort und Beibehalten dieses als Parameterwert opti-
mierbaren Winkels (EUROPA 1 - Nickwinkelprogramm der 1. Stufe).

Damit verbleibt eine Optimierung des Nickwinkelprogramms bzw. der
Schubrichtung der 2. Stufe,was bei Ausnahme des Zusammenfallens
von Schubrichtung und Raketenachse, wie es der Einfachheit halber
in 2.1.4. vorausgesetzt wurde, dasselbe ist.

Wir wollen annehmen, die erste Stufe hat die Lagekoordinatenwerte:

$$r_A = 6448 \text{ km}$$

$$v_A = 3,900 \text{ km/sec}$$

$$\vartheta_A = 22,7^o$$

erreicht, wobei der Index A anzeigt, daß diese Werte die Anfangswerte für unsere Optimierung der Flugzeit der 2. Stufe darstellen.

Wir wollen nun die minimale Treibstoffmenge für die 2. Stufe bestimmen, die notwendig ist, um

    a) eine 200 km Kreisbahn,

    b) eine 200 km / 700 km Ellipsenbahn

zu erzielen, wobei 200/700 Perigäums- und Apogäumshöhe der Ellipsenbahn darstellen.

Als Grunddaten der 2. Stufe seien vorgegeben:

$$m_0 = 9860 \text{ kg} \qquad (\text{Stufe + Nutzlast})$$

$$\mu_0 = 14,1 \text{ kg/sec}$$

$$w_A = 4167,8 \text{ m/sec}$$

Für die 200 km Kreisbahn hat man die Endwerte:

$$r_E = 6570 \text{ km}$$

$$v_E = 7,8 \text{ km/sec}$$

$$\vartheta_E = 0^O$$

d. h., wir haben - wie in 3.1.2. - drei Anfangs- und drei Endbedingungen für die Lagekoordinaten und die Endzeit t_E (notwendige Treibstoffmenge) als zu optimierende Größe. Das Gleichungssystem (130), (131) ist gegeben durch (76).

Wir nehmen nun zweckmäßig einige Umformungen vor:

Da keine der drei Variablen r, v, ϑ notwendig monoton, dies aber für eine Integrations-Stopbedingung wünschenswert ist, gehen wir zu dem Endbedingungssatz:

$$r_E \quad - \quad 6570 \text{ km} = 0$$

$$v_E^2/2 - g_0 r_0^2/r_E + 3{,}042 \text{ km}^2/\text{sec}^2 = 0$$

$$\vartheta_E = 0$$

über, wobei die mittlere Gleichung das Kriterium für die Erreichung der spezifischen Kreisbahnenergie:

$$E_{\text{Kreisb.}} = \frac{v_E^2}{2} - \frac{g_0 r_0^2}{r_E} = -3{,}042 \, \frac{\text{km}^2}{\text{sec}^2} \quad (200 \text{ km Kreisbahn})$$

darstellt. Da für die Energie gilt:

$$\dot{E}_{\text{nergie}} = \frac{S}{m} v \cos \alpha$$

nimmt die Energie für $|\alpha| < 90^O$ monoton zu, d. h. sie ist eine vernünftige Stopbedingung.

Für den Anfangswert $\lambda_v(t_A)$ machen wir entsprechend der Möglichkeit, einen Anfangswert oder λ_0 zu normieren (vgl. 3.1.2.) den Ansatz:

$$(137) \quad \lambda_v(t_A) = 1$$

Für die restlichen zwei Anfangswerte $\lambda_\vartheta(t_A)$, $\lambda_r(t_A)$ führen wir den
Hilfswinkel γ ein. Er ist mit α, ϑ entsprechend Abb. II.22 durch

$$\gamma = \frac{\pi}{2} - (\alpha + \vartheta)$$

verbunden. Aus (75) folgt damit:

$$(138) \quad \lambda_\vartheta = v\lambda_v \operatorname{tg}\alpha$$

$$= v\lambda_v \operatorname{ctg}(\gamma + \vartheta)$$

Für die Anfangswerte gilt dann mit (137):

$$(139) \quad \lambda_0(t_A) = v(t_A) \cdot \operatorname{ctg}\{\vartheta(t_A) + \gamma(t_A)\}$$

Leitet man (138) nach t ab und setzt $\dot\lambda_\vartheta$, $\dot\lambda_v$, $\dot\vartheta$, $\dot v$ aus (76) ein,
so folgt für $t = t_A$:

$$(140) \quad \lambda_r(t_A) = \frac{\dot\gamma(t_A) + \dfrac{v(t_A)}{r(t_A)}\left[\cos\vartheta(t_A) + \cos(\vartheta(t_A) + \gamma(t_A))\cos\gamma(t_A)\right]}{\sin(\vartheta(t_A) + \gamma(t_A))\sin\gamma(t_A)}$$

(139), (140) erlauben es, statt $\lambda_\vartheta(t_A)$, $\lambda_r(t_A)$ die Werte $\gamma(t_A)$, $\dot\gamma(t_A)$
vorzugeben. Diese Werte sind physikalisch etwas anschaulicher, so
daß sich leichter ein Gefühl dafür einstellt, mit welchen Werten man
bei einem neuen Problem die Iteration beginnen sollte (vgl. auch
[58]).

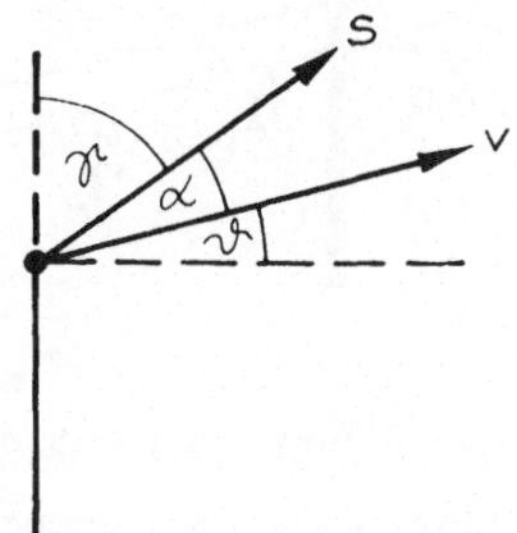

Abb. II.22   Zusammenhang zwischen
den Winkeln γ, α, ϑ

Wir gehen nun entsprechend 3.2.1. wie folgt vor: Wir schätzen ein
Wertepaar $\hat\gamma(t_A)$, $\hat{\dot\gamma}(t_A)$ und berechnen damit und mit den Zusatzan-

fangswertepaaren $\dot{\hat{\gamma}}(t_A) + \delta\dot{\hat{\gamma}}(t_A)$, $\dot{\hat{\gamma}}(t_A)$; $\dot{\hat{\gamma}}(t_A)$, $\dot{\hat{\gamma}}(t_A) + \delta\dot{\hat{\gamma}}(t_A)$ die
sich so ergebenden Endwerte $\hat{r}_E$, $\hat{\vartheta}_E$. Sodann ermitteln wir mit:

$$\Delta r_E = \hat{r}_E - r_E$$

$$\Delta\vartheta_E = \hat{\vartheta}_E - \vartheta_E$$

nach (135) die Veränderungen $\Delta\hat{\gamma}(t_A)$, $\Delta\dot{\hat{\gamma}}(t_A)$ wobei die

$$\frac{\partial\hat{r}_E}{\partial\hat{\gamma}(t_A)} \;,\; \frac{\partial\hat{r}_E}{\partial\dot{\hat{\gamma}}(t_A)} \;;\; \frac{\partial\hat{\vartheta}_E}{\partial\hat{\gamma}(t_A)} \;,\; \frac{\partial\hat{\vartheta}_E}{\partial\dot{\hat{\gamma}}(t_A)} \quad \text{entsprechend (136) berechnet}$$

sind. Wir versuchen also bei jedem Schritt die ganze Abweichung auf
einmal abzubauen. Die Abb. II.23 gibt eine geometrische Deutung:
Wir legen durch die Abweichungen $\hat{r}_E - r_E$, $\hat{\vartheta}_E - \vartheta_E$ in den drei Punkten
①$(\hat{\gamma}(t_A) = \hat{\gamma}_A, \dot{\hat{\gamma}}(t_A) = \dot{\hat{\gamma}}_A)$, ②$(\hat{\gamma}_A, \dot{\hat{\gamma}}_A + \delta\dot{\hat{\gamma}}_A)$, ③$(\hat{\gamma}_A + \delta\hat{\gamma}_A, \dot{\hat{\gamma}}_A)$ jeweils
eine Ebene und erhalten den neuen Punkt ④$(\hat{\gamma}_A + \Delta\hat{\gamma}_A ; \dot{\hat{\gamma}}_A + \Delta\dot{\hat{\gamma}}_A)$ als
Schnitt der Spuren der beiden Ebenen.

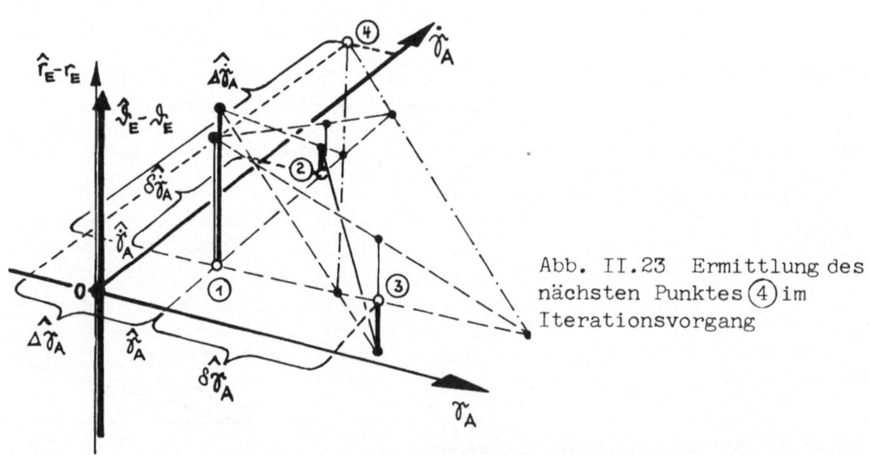

Abb. II.23 Ermittlung des nächsten Punktes ④ im Iterationsvorgang

Wir können nun entweder im 4. Punkt nach Berechnung der dort vor-
liegenden Abweichungen $\hat{r}_E - r_E$, $\hat{\vartheta}_E - \vartheta_E$ genau wie im Punkt ① vorgehen oder aber einfach von den vier Punkten den Punkt mit den größ-
ten Abweichungen weglassen, durch die drei restlichen jeweils eine
Ebene bezüglich $\hat{r}_E - r_E$ und $\hat{\vartheta}_E - \vartheta_E$ legen und die Spuren dieser

Ebenen in $\hat{r}_E - r_E = 0$, $\hat{\vartheta}_E - \vartheta_E = 0$ zum Schnitt bringen, um so einen
weiteren Punkt zu erhalten. Letzteres ist in dem hier aus [58] zi-
tierten Beispiel gesehen und man erhält die in Abb. II.24 gezeigte
Punktfolge für die Anfangswerte, also trotz nicht sehr günstiger
Ausgangswerte eine rasche Konvergenz.

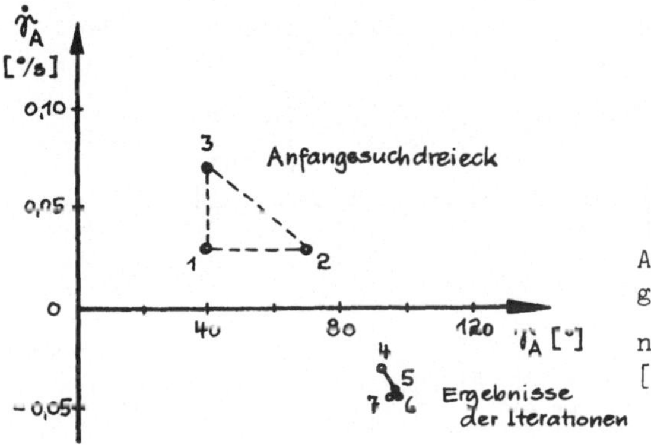

Abb. II.24 Iterationsfol-
ge für γ_A, $\dot{\gamma}_A$ bei Durchrechnung des Beispiels gemäß
[58]

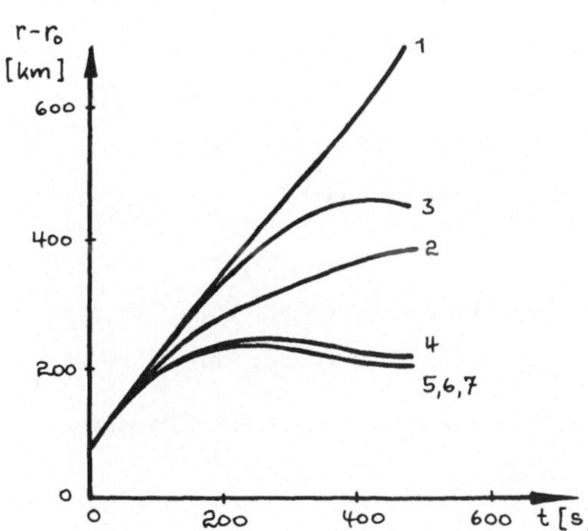

Abb. II.25 Iterationsfolge
für $r(t) - r_0$ zur Iterationsfolge aus Abb. II.24 (nach [58])

Abbildung II. 25 zeigt die Veränderung des Bahnverlaufs, wobei hier
nur die Flughöhe über der Flugzeit aufgetragen ist.

Wir wollten als zweites Beispiel den Aufstieg in eine 200/700 km
Ellipse betrachten.

Die Angabe von Apogäum und Perigäum gibt die Endenergie, d. h. mit Hilfe des Energiesatzes die Stopbedingung:

$$(141) \qquad Q_1 = \frac{v^2}{2} - \frac{g_0 r_0^2}{r} - \frac{g_0 r_0^2}{r_{Ap_E} + r_{Per._E}} = 0$$

und eine weitere Bedingung für r_{Ap} bzw. $r_{Per.}$ wobei sich diese Beziehungen nur durch das Vorzeichen vor der Wurzel unterscheiden. Man hat also z. B.:

$$(142) \qquad Q_2 = \left\{ \frac{r}{2 - \dfrac{rv^2}{g_0 r_0^2}} \cdot \left[1 + \sqrt{1 - \frac{rv^2}{g_0 r_0^2} \left(2 - \frac{rv^2}{g_0 r_0^2} \right) \cos^2 \vartheta} \right] \right\} \Bigg|_{t_E} - r_{Ap_E} = 0$$

als zweite Endbedingung (vgl. z. B. [13]).

Die fehlende Endbedingung ist als Transversalitätsbedingung zu berechnen. Wir benutzen dazu die Formulierung, wie wir sie im Rahmen der Pontryaginschen Theorie angegeben haben (siehe 1.2.1.), da dies hier am einfachsten ist. Danach muß $\vec{\lambda}$ (t_E) senkrecht stehen auf $m - z$ Richtungen, wenn z die Zahl der die Endfläche definierenden Gleichungen ist und m die Zahl der Lagekoordinaten.

Wir haben hier drei Lagekoordinaten und zwei Gleichungen für die Endfläche $r_{Ap} - r_{Ap_E} = 0$, $r_{Per} - r_{Per._E} = 0$. Eine in der durch diese beiden Gleichungen definierten Fläche liegende Richtung ist zweifellos:

$$\operatorname{grad} \left(r_{Ap} - r_{Ap_E} \right) \times \operatorname{grad} \left(r_{Per} - r_{Per._E} \right)$$

d. h. die gesuchte Transversalitätsbedingung kann geschrieben werden:

$$\vec{\lambda} \cdot \left[\operatorname{grad} \left(r_{Ap} - r_{Ap_E} \right) \times \operatorname{grad} \left(r_{Per} - r_{Per._E} \right) \right] = 0$$

Daraus erhält man mit (142) und der entsprechenden Formel für r_{Per_E}:

$$(143) \qquad \frac{r}{2 - \dfrac{rv^2}{g_0 r_0^2}} \cdot \left[1 - \sqrt{1 - \frac{rv^2}{g_0 r_0^2} \left(2 - \frac{rv^2}{g_0 r_0^2} \right) \cos^2 \vartheta} \, \right] - r_{Per_E} = 0$$

nach einiger Rechnung, wobei man zweckmäßig die Symmetrie von (142) und (143) beachtet:

$$(144) \qquad Q_3 = \left\{ \lambda_r \left(\frac{r^2 v}{g_0 r_0^2} - \lambda_v \right) \operatorname{tg} \vartheta + \lambda_\vartheta \left(\frac{rv}{g_0 r_0^2} - \frac{1}{v} \right) \right\} \bigg|_{t_E} = 0$$

Man hat dann in (141), (142) und (144) die notwendigen Stop- und Endbedingungen und kann - wie vorher mit $\hat{\vartheta}_E - \vartheta_E$, $\hat{r}_E - r_E$ nun mit $\hat{Q}_2 - 0$, $\hat{Q}_3 - 0$ arbeiten, um durch Bestimmumg der Spuren der durch jeweils drei Punkte einer Iterationsrechnung legbaren Ebenen die Iteration zu verbessern und so aus einem Satz geschätzter Anfangswerte $\hat{\gamma}(t_A)$, $\dot{\hat{\gamma}}(t_A)$ eine Lösung der Gleichungen (76) ermitteln. (Dieses geometrische Vorgehen erlaubt, auf die ursprüngliche Einschränkung, daß die x_{j_E} vorgegeben sein sollten, hier zu verzichten.) Bemerkenswert ist beim Einschuß in die Ellipse, daß es zwei mögliche Lösungen gibt, die man je nach Wahl der Anfangswerte erreichen kann. Betrachtet man zunächst nicht den allgemeinen Einschuß in die Ellipse, sondern einen Einschuß mit vorgegebenem Endwinkel ϑ_E, so findet man die in der Abb. II.26 gezeigte Abhängigkeit der zu optimierenden Flugzeit vom Einschußwinkel, wobei $\vartheta_E = 0$ den Einschuß ins Perigäum und $\vartheta_E > 0$ den Einschuß hinter dem Perigäum bedeutet. Es gibt ein relatives Optimum beim Einschuß kurz vor dem Perigäum und das absolute Optimum beim Einschuß kurz hinter dem Perigäum.

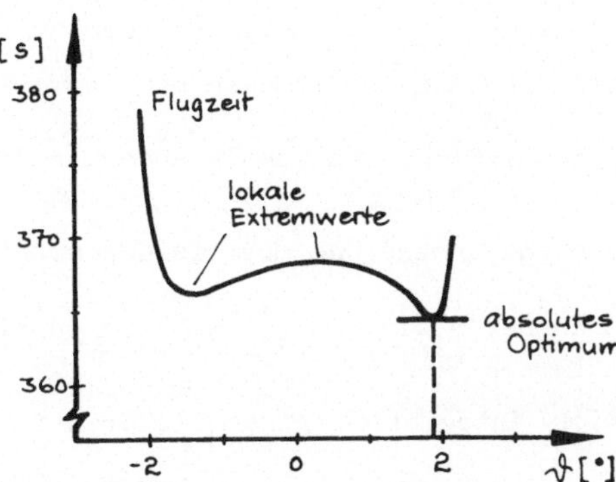

Abb. II.26 Auftreten zweier lokaler Minima beim optimalen Einschuß in eine Ellipse (nach [58])

Die Abbildung II.27 zeigt, daß die zu den beiden lokalen Minima gehörigen $\gamma(t_A)$, $\dot{\gamma}(t_A)$ - Werte nicht allzuweit auseinander liegen, sondern weniger, als wir z. B. beim ersten Problem von den endgültigen
Werten entfernt waren.

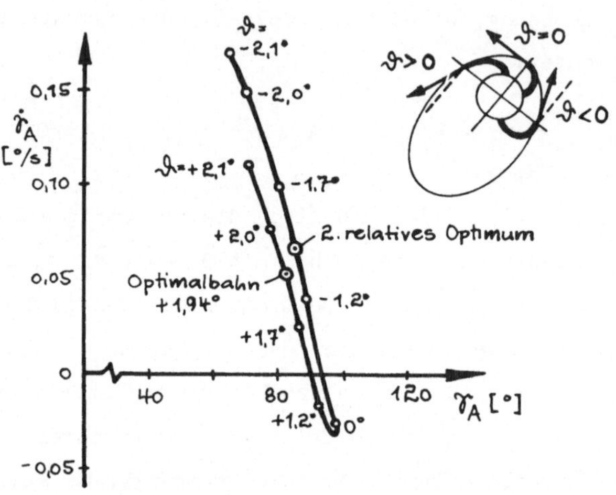

Abb. II.27 Relative Lage der Werte γ_A, $\dot{\gamma}_A$ für den Einschuß in die
Ellipse an verschiedenen Stellen (nach [58])

Man sieht, daß die Erfüllung der Optimierungsbedingungen und die
Konvergenz der Rechnung, wie bereits früher erläutert, nicht unbedingt zur absoluten Lösung des Problems ausreichen.

3.2.3. Exakte Berechnung der partiellen Ableitungen nach den freien
Anfangswerten. Wir haben bei dem zunächst besprochenen Iterations-
verfahren die Ableitungen der Endwerte nach den freien Anfangs-
werten $\left.\dfrac{\partial \hat{E}_{j*}}{\partial \hat{\alpha}_{s*}}\right|_{\hat{\alpha}_{s*}}$ durch Veränderung jedes freien Anfangswertes ein-
zeln und Annäherung mittels der so bildbaren Differenzenquotienten
berechnet [vgl. (136)]. Wir können die $\left.\dfrac{\partial \hat{E}_{j*}}{\partial \hat{\alpha}_{s*}}\right|_{\alpha_{s*}}$ aber auch direkt
durch Integration eines Differentialgleichungssystem bestimmen.

Dazu beachten wir, daß nicht nur die bei jeder Integration bis zur Erfüllung der Stopbedingung erreichten Endwerte $\hat{E}_{j*}$ Funktionen der Anfangswerte sind [s. (133)], sondern daß der ganze Lösungskurvenverlauf von diesen freien Anfangswerten abhängt, d. h. daß gilt:

$$x_j(t) = x_j(t, \hat{\alpha}_{s*})$$

$$\lambda_j(t) = \lambda_j(t, \hat{\alpha}_{s*})$$

Wir können demnach die Differentialgleichungen (130), (131) nach den $\hat{\alpha}_{s*}$ partiell differenzieren, wobei sich die Differentiationen nach t und $\hat{\alpha}_{s*}$ wegen der Unabhängigkeit dieser Variablen vertauschen lassen.

Damit ergeben sich, m - 1 mal folgende 2 m zusätzliche gewöhnliche Differentialgleichungen:

$$(145) \qquad \frac{\partial \dot{x}_j}{\partial \hat{\alpha}_{s*}} = \sum_{i=1}^{m} \frac{\partial g_j}{\partial x_i} \frac{\partial x_i}{\partial \hat{\alpha}_{s*}} + \sum_{i=1}^{m} \frac{\partial g_j}{\partial \lambda_i} \frac{\partial \lambda_i}{\partial \hat{\alpha}_{s*}}$$

$$\frac{\partial \dot{\lambda}_j}{\partial \hat{\alpha}_{s*}} = \sum_{i=1}^{m} \frac{\partial h_j}{\partial x_i} \frac{\partial x_i}{\partial \hat{\alpha}_{s*}} + \sum_{i=1}^{m} \frac{\partial h_j}{\partial \lambda_i} \frac{\partial \lambda_i}{\partial \hat{\alpha}_{s*}}$$

mit - wenn wir an die Bedeutung der $\hat{\alpha}_{s*} = \lambda_{s*}(t_A)$ s = 1, 2 ... m-1 denken - den Anfangswerten:

$$(146) \qquad \left(\frac{\partial x_j}{\partial \hat{\alpha}_{s*}} \right)_{t_A} = 0$$

$$\left(\frac{\partial \lambda_j}{\partial \hat{\alpha}_{s*}} \right)_{t_A} = \begin{cases} 0 & s* \neq j \\ 1 & s* = j \end{cases}$$

Die simultane Berechnung von (145), (146) mit (130), (131) liefert direkt, wenn sie bei Erfüllung der Stopbedingung abgebrochen wird, die $\dfrac{\partial \hat{E}_{j*}}{\partial \hat{\alpha}_{s*}} \bigg|_{\hat{\alpha}_{s*}}$.

Die weitere Ermittlung zweckmäßiger Veränderungen $\Delta\hat{\alpha}_{s*}$ der geschätzten $\hat{\alpha}_{s*}$ läuft genau wie in 3.2.1.

Es bleibt die Frage, wie sich der Aufwand dieser Berechnung zu der
in 3.2.1. angegebenen Methode verhält. Bei der systematischen Ver-
änderung einzelner Anfangswerte zur Bestimmung der $\left.\dfrac{\partial\hat{E}_{j*}}{\partial\hat{\alpha}_{s*}}\right|_{\hat{\alpha}_{s*}}$ sind

die 2 m Differentialgleichungen (130), (131) einmal für die Ausgangslösung und m - 1 mal für die Variation der einzelenen $\hat{\alpha}_{s*}$ zu
lösen. Man berechnet also m × 2 m Differentialgleichungen. Hier sind
die 2 m Differentialgleichungen (130), (131) und die (m - 1) · 2 m
Differentialgleichungen (145) zu lösen, also ebenfalls m × 2 m Differentialgleichungen. Der Rechenaufwand ist demnach im Prinzip derselbe, wenn man von der Differenzenquotientenbildung im ersten Fall
und der i. a. komplizierteren Struktur der Differentialgleichungen
(145) im zweiten Fall absieht.

Beide Verfahren sind in Deutschland z. B. mit Erfolg für die Schub-
richtungsoptimierung bei Raketenoberstufen im Vakuum angewendet
worden, das erste Verfahren bei der ERNO Raumfahrttechnik GmbH,
das zweite bei der Messerschmitt-Bölkow-Blohm GmbH.

Vergleiche über die Konvergenzbereiche und Rechengeschwindigkeiten
liegen nicht vor. Man kann sich aber an einem vereinfachten Beispiel
klar machen, daß z. B. die Frage der relativen Güte der Konvergenz
vom Einzelproblem abhängt.

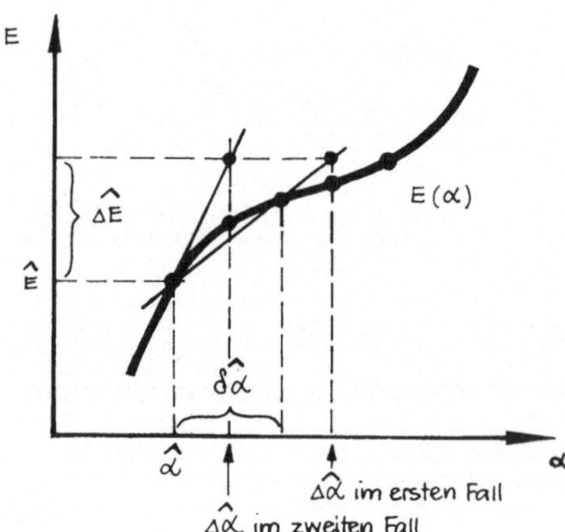

Abb. II.28 Prinzipieller Vergleich, Methode der exakten und
angenäherten Berechnung der Ableitung der Endwerte nach den Anfangswerten bei der Iteration
der Randwerte

Wir setzen dazu $m = 2$. Dann schrumpft $\hat{E}_{j*}(\hat{\alpha}_{s*})$ auf eine Kurve $E(\alpha)$ zusammen, und man folgt, wie die Abb II.28 zeigt, im ersten Falle ein Stück einer Kurvensehne und im zweiten Fall ein Stück der Kurventangente. Was günstiger ist, hängt von der jeweiligen Gestalt der unbekannten Kurve $E(\alpha)$ ab, wobei bei Form und Ausgangspunkt gemäß Abb. II.28 für den ersten Schritt die erste Methode günstiger erscheint, wenn das zu erreichende E rechts von $\hat{E}(\hat{\alpha})$ liegt, und die zweite Methode, wenn es sich links von $\hat{E}(\hat{\alpha})$ befindet.

3.2.4. Weitere Methoden.

Die beiden geschilderten Methoden sind nicht die einzigen möglichen Verfahren für die Iteration der Randwerte. Wir hatten in 3.2.3. z. B. gesehen, daß man nicht unbedingt eine Einzelvariation der Anfangswerte vornehmen muß, sondern daß man auch mit Ableitungen in anderen Richtungen als $\hat{\alpha}_1$, $\hat{\alpha}_2$ ... arbeiten kann, indem wir auf das anschauliche Verfahren der Ebenenbildung und ihrer Spuren in $\hat{r}_E - r_E = 0$, $\hat{\vartheta}_E - \vartheta_E = 0$ zurückgegriffen hatten. Grundsätzlich steht bei numerischen Verfahren nicht das Prinzip des Verfahrens sondern die zweckmäßige Anpassung an das Einzelproblem im Vordergrund.

Man kann sagen, daß die Benutzung der Ableitungen der Endwerte nach den Anfangswerten oder Kombinationen der Anfangswerte die Grundlage für die iterative Erreichung der Sollendwerte bildet und die Differenzenquotientenbildung und die direkte Berechnung der Ableitungen die Verfahrensmöglichkeiten allgemein charakterisieren.

Wir wollen zur Illustration dieser Bemerkung noch kurz eine scheinbar von unseren bisherigen Überlegungen vollständig verschiedene Methode erörtern (s. [45]), wobei der Einfachheit halber t_E gegeben sein und $x_m(t_E)$ optimiert werden soll.

Dazu betrachten wir allgemein die Auswirkung einer Veränderung der x_j, λ_j in den Differentialgleichungen (130), (131). Man findet:

$$(147) \qquad \delta x_j = \sum_{i=1}^{m} \frac{\partial g_j}{\partial x_i} \delta x_i + \sum_{i=1}^{m} \frac{\partial g_j}{\partial \lambda_i} \delta \lambda_i$$

$$(148) \qquad \delta\dot{\lambda}_j = \sum_{i=1}^{m} \frac{\partial h_j}{\partial x_i}\, \delta x_i + \sum_{i=1}^{m} \frac{\partial h_j}{\partial \lambda_i}\, \delta\lambda_i$$

(147), (148) ist ein homogenes, lineares Differentialgleichungssystem in δx_j, $\delta\lambda_j$. Für ein solches System kann man durch Definition eines adjungierten Systems mit den Funktionen μ_j, ν_j eine direkte Verknüpfung der Anfangs- und Endwerte berechnen, die keine komplizierte Integration mehr erfordert. Setzt man nämlich als adjungiertes System an:

$$(149) \qquad \dot{\mu}_j = - \sum_{i=1}^{m} \frac{\partial g_i}{\partial x_j}\, \mu_i - \sum_{i=1}^{m} \frac{\partial g_i}{\partial \lambda_j}\, \nu_i$$

$$(150) \qquad \dot{\nu}_j = - \sum_{i=1}^{m} \frac{\partial h_i}{\partial x_j}\, \mu_i - \sum_{i=1}^{m} \frac{\partial h_i}{\partial \lambda_j}\, \nu_i$$

also ein lineares System, das aus (147), (148) durch Vorzeichenänderung und Vertauschung des Indexes, über den zu integrieren ist, entsteht, so kann man durch Multiplikation von (147) mit μ_j und (148) mit ν_j und von (149) mit δx_j und (150) mit $\delta\lambda_j$, bei Aufsummation über j und einer Addition der so entstehenden vier Gleichungen die Formel erhalten:

$$(151) \qquad \sum_{j=1}^{m} \left(\dot{\delta x}_j\, \mu_j + \dot{\delta\lambda}_j\, \nu_j + \dot{\mu}_j\, \delta x_j + \dot{\nu}_j\, \delta\lambda_j \right) = 0$$

da sich die Doppelsummen auf der rechten Seite alle wegheben. (151) kann man auch schreiben:

$$\frac{d}{dt} \sum_{j=1}^{m} \left(\mu_j\, \delta x_j + \nu_j\, \delta\lambda_j \right) = 0$$

bzw.

$$(152) \qquad \sum_{j=1}^{m} \left(\mu_j\, \delta x_j + \nu_j\, \delta\lambda_j \right)\Big|_{t_E} = \sum_{j=1}^{m} \left(\mu_j\, \delta x_j + \nu_j\, \delta\lambda_j \right)\Big|_{t_A}$$

was der gesuchte unmittelbare Zusammenhang zwischen den Anfangsund Endwerten ist. Bei den μ_j, ν_j sind mit (149), (150) nur die

Differentialgleichungen festgelegt, die Anfangswerte können noch frei gewählt werden.

Wir berechnen nun (149), (150) m - 1 Mal, und zwar von t_E nach t_A mit den Anfangswertsätzen:

$$\mu^{s*}_{j*}\Big|_{t_E} = \begin{cases} 0 & s* \neq j* \\ 1 & s* = j* \end{cases} \qquad \mu^{s*}_m = E_m$$

$$\nu^{s*}_j\Big|_{t_E} = 0 \qquad\qquad \begin{aligned} s* &= 1,2 \ldots m - 1 \\ j* &= 1,2 \ldots m - 1 \end{aligned}$$

Dann bestehen, wenn wir uns für das System (147), (148) die Anfangswerte:

$$\delta x_j\Big|_{t_A} = 0$$

$$\delta \lambda_{s*}\Big|_{t_A} = \delta\hat{\alpha}_{s*}$$

$$\delta \lambda_m\Big|_{t_A} = 1$$

vorgegeben denken, die unseren Veränderungsmöglichkeiten beim System (130), (131) entsprechen, nach (152) folgende Beziehungen zwischen den Randbedingungen der beiden Differentialgleichungssysteme (147), (148) und (149), (150)

$$(153) \qquad \delta x_{j*}\Big|_{t_E} = \sum_{s*=1}^{m-1} \nu^{j*}_{s*}\, \delta\hat{\alpha}_{s*}$$

Wir finden also einen Zusammenhang zwischen Veränderungen $\delta\hat{E}_{j*} \equiv \delta x_{j*}\Big|_{t_E}$ und Veränderungen der freien Anfangswerte $\hat{\alpha}_{s*}$ durch m - 1 malige Integration von t_E nach t_A der Gleichungen (149), (150) und einmalige Integration der Gleichungen (130), (131) von t_A nach t_E, da ja die $x_j(t)$, $\lambda_j(t)$ in (149), (150) für die Grundlösung, um die verändert werden soll, zuvor ermittelt werden müssen.

Vergleicht man (153) mit (135), so erkennt man, wegen der Eindeutigkeit der Taylorentwicklung in (134), daß gelten muß:

$$\nu_{s*}^{j*} = \left.\frac{\partial E_{j*}}{\partial \hat{\alpha}_{s*}}\right|_{\hat{\alpha}_{s*}}$$

d. h. wir haben wieder wie in 3.2.3. die $\dfrac{\partial E_{j*}}{\partial \hat{\alpha}_{s*}}$ direkt berechnet. Allerdings dürfte die hier geübte Mischung der Vorwärtsintegration und Rückwärtsintegration programmtechnisch diffiziler sein, als die vollständige Vorwärtsintegration von 3.2.3. Ebenso erfordert eine offene Endzeit zusätzlichen Aufwand, da man die verschiedene Endzeit für die um $\delta\hat{\alpha}_{s*}$ abgeänderten Anfangswerte durch eine zusätzliche Iteration der Endzeit explizit erfassen muß (vgl. [45]).

Andererseits kann in Einzelfällen die Lösung bei geringfügigen Änderungen der Anfangswerte im Bereich der Endwerte sehr stark schwanken. In diesen Fällen ist der Bereich für Ausgangswerte, die eine konvergente Iterationsfolge ergeben, beim Rückwärtsrechnen größer als beim Vorwärtsrechnen.

Auf dieser Überlegung bauen auch weitere Modifikationen der hier geschilderten Verfahren der Iteration der Randwerte bei Erfüllung der Differentialgleichungen auf, wie sie z. B. von Keller in [14a] beschrieben werden. Da hier jedoch nur die Grundprinzipien der Lösungsverfahren des Randwertproblems dargelegt werden sollten, soll darauf nicht weiter eingegangen werden.

3.3. Iterative Erfüllung der Differentialgleichungen

3.3.1. Darstellung des Grundprinzips.
Wir sind in 3.2. vom funktionalen Zusammenhang der Randbedingungen für die Extremalen ausgegangen, haben eine Reihenentwicklung dieses Zusammenhanges vorgenommen und diese Reihenentwicklung linearisiert [vgl. (134), (135)], um dann bei ständiger Erfüllung der Differentialgleichungen (130), (131) iterativ von der linearen Näherung zu einer im Rahmen der numerisch geforderten Genauigkeit exakten Lösung zu gelangen.

Wir gehen nun gerade entgegengesetzt vor. Wir entwickeln die Differentialgleichungen in ihrer Abhängigkeit von den $x_j(t)$, $\lambda_j(t)$ in eine Reihe, linearisieren diese Reihenentwicklung und versuchen dann, iterativ von dieser linearen Näherung bei ständiger Erfüllung der vorgegebenen Randbedingungen zu einer im Rahmen der numerisch geforderten Genauigkeit exakten Lösung zu gelangen. Hier wird also die Bahn zwischen genau eingehaltenen Randbedingungen iterativ in die Optimalbahn verformt, während wir zuvor schrittweise das Ende jeweiliger Optimalbahnen gegen die geforderten Endbedingungen geschoben haben.

Während in 3.2. der Ausgangspunkt der Überlegungen die funktionale Abhängigkeit der jeweils erreichten $x_j(t)$, $\lambda_j(t)$ von den Anfangsbedingungen ist, liegt dieser Überlegung die Tatsache zugrunde, daß man bei linearen Differentialgleichungen die allgemeine Lösung des Differentialgleichungssystems durch lineare Kombination eines Fundamentalsystems für die homogenen Gleichungen und einer partikulären Lösung der inhomogenen Gleichungen erhalten kann.

Um das Verfahren möglichst einfach darstellen zu können, wollen wir neue Bezeichnungen einführen: Es sei:

$$z_\xi = \left\{ z_1, \ z_2 \ \cdots \ z_{2m} \right\} = \left\{ x_j, \ \lambda_j \right\}$$

und

$$f_\xi = \left\{ f_1, \ f_2 \ \cdots \ f_{2m} \right\} = \left\{ g_j, \ h_j \right\}$$

Dann schreiben sich die Gleichungen (130), (131) einfach:

$$(154) \quad \dot{z}_\xi = f_\xi(t, \ z_\zeta) \qquad \xi, \ \zeta = 1, 2 \ \cdots \ 2\,m$$

Wir wollen ferner zunächst annehmen, daß die Endzeit t_E fest vorgegeben ist, während $z_m(t_E) = P$ die zu optimierende Größe darstellt. Mit den $m-1$ freien Anfangswerten $z_{m+1}(t_A)$, $z_{m+z}(t_A) \cdots z_{2m-1}(t_A)$ (die Homogenität in λ_j und damit $z_{2m}(t_A) = 1$ bleibt erhalten) sind somit die $m-1$ vorgegebenen Endwerte $z_1(t_E)$, $z_2(t_E) \cdots z_{m-1}(t_E)$ zu erfüllen.

Wir nehmen dann in (154) eine Reihenentwicklung vor, indem wir eine Ausgangslösung $\bar{z}_\xi(t)$ betrachten und für eine Nachbarlösung $z_\xi(t)$ über den Ansatz $\bar{z}_\xi = z_\xi(t) + (\bar{z}_\xi(t) - z_\xi(t))$ entwickeln:

$$\dot{\bar{z}}_\xi = f_\xi(t,\ z_\zeta) + \sum_{\zeta=1}^{2m} (\bar{z}_\zeta - z_\zeta)\,\frac{\partial f_\xi}{\partial z_\zeta}\bigg|_{z_\xi} + \ \dots$$

Durch Linearisierung erhalten wir:

$$\left|\dot{\bar{z}}_\xi = f_\xi(t,\ z_\zeta) + \sum_{\zeta=1}^{2m} (\bar{z}_\zeta - z_\zeta)\cdot\frac{\partial f_\xi}{\partial z_\zeta}\right|_{z_\xi}$$

$$= \sum_{\zeta=1}^{2m} \frac{\partial f_\xi}{\partial z_\zeta}\bigg|_{z_\xi}\bar{z}_\zeta + \left[f_\xi(t,\ z_\zeta) - \sum_{\zeta=1}^{2m}\frac{\partial f_\xi}{\partial z_\zeta}\bigg|_{z_\xi}\cdot z_\zeta \right]$$

Dies ist eine lineare Differentialgleichung in $\bar{z}_\xi$:

$$\dot{\bar{z}}_\xi = \sum_{\zeta=1}^{2m} a_{\xi\zeta}(t)\,\bar{z}_\zeta + b_\xi(t)$$

wenn die Lösung $z_\xi(t)$ bekannt ist.

Wir können dementsprechend einen Iterationsprozeß ansetzen:

$$(155)\qquad \dot{z}_\xi^{(n)} = \sum_{\zeta=1}^{2m} \frac{\partial f_\xi}{\partial z_\zeta}\bigg|_{z_\zeta^{(n-1)}} z_\zeta^{(n)} +$$

$$+ \left[f_\xi(t,\ z_\zeta^{(n-1)}) - \sum_{\zeta=1}^{2m}\frac{\partial f_\xi}{\partial z_\zeta}\bigg|_{z_\xi^{(n-1)}} z_\xi^{(n-1)} \right]$$

Gemäß den Prinzipien der Lösung von Randwertaufgaben für lineare inhomogene Differentialgleichungssysteme (vgl. z. B. [25]) und unseren Anfangswertvorgaben $z_1(t_A) \dots z_m(t_A)$, $z_{2m}(t_A)$ berechnen wir (155) mit dem Anfangswertsatz:

$$z_\xi (t_A) \overset{\text{inhomogen}}{=} \{A_1, \; A_2 \ldots A_m, \; 0, \; 0 \ldots, \; 1\}$$

und den homogenen Teil von (155), der aus (155) durch Weglassen der $[\;\;]$ entsteht, mit den Anfangswertsätzen:

$$(156) \qquad z_{\xi,1}^{\text{hom}}(t_A) = \{0, \; 0 \ldots 0, \; z_{m+1}=1, \; 0, \; 0 \ldots 0\}$$

$$z_{\xi,2}^{\text{hom}}(t_A) = \{0, \; 0 \ldots 0, \; 0, \; z_{m+2}=1, \; 0 \ldots 0\}$$

$$\vdots$$

$$z_{\xi,m-1}^{\text{hom}}(t_A) = \{0, \; 0 \ldots 0, \; 0, \; 0, \; 0 \ldots z_{2m-1}=1, \; 0\}$$

Man hat als allgemeine Lösung dann:

$$z_\xi(t) = \sum_{\mu=1}^{m-1} z_{\xi,\mu}^{\text{hom}}(t)\, C_\mu + z_\xi^{\text{inhomogen}}(t)$$

worin die C_μ freie Konstanten darstellen.

Die m-1 freien C_μ können gerade so bestimmt werden, daß die m-1 vorgegebenen Endbedingungen erfüllt sind:

$$(157) \qquad z_1(t_E) = \sum_{\mu=1}^{m-1} z_{1,\mu}^{\text{hom}}(t_E)\, C_\mu + z_1^{\text{inhomogen}}(t_E) = E_1$$

$$z_2(t_E) = \sum_{\mu=1}^{m-1} z_{2,\mu}^{\text{hom}}(t_E)\, C_\mu + z_2^{\text{inhomogen}}(t_E) = E_2$$

$$\vdots$$

$$z_{m-1}(t_E) = \sum_{\mu=1}^{m-1} z_{m-1,\mu}^{\text{hom}}(t_E) C_\mu + z_{m-1}^{\text{inhomogen}}(t_E) = E_{m-1}$$

wobei die Auflösbarkeit des Systems (157) infolge der linearen Unabhängigkeit der Anfangswertsätze (156) gewährleistet ist.

Das gesamte Vorgehen ist damit Folgendes:

1. Man setzt irgendeine Lösung $z_\xi^{(0)}$ an, die durch Integration von (154) mit beliebigen Anfangsbedingungen $z_{m+1}(t_A)$, ... $z_{2m-1}(t_A)$ entsteht, also nicht notwendig die Randbedingungen erfüllt.

2. Man löst das lineare Differentialgleichungssystem (155) mit $z_\xi^{(n-1)} = z_\xi^{(0)}$ entsprechend dem angegebenen Schema so, daß $z_\xi^{(1)}$ die Randbedingungen erfüllt.

3. Man löst (155) mit dem jeweils im vorangegangenen Schritt berechneten $z_\xi^{(n-1)}$ so, daß die Randbedingungen erfüllt sind, bis die Abweichung

$$\sum_{\xi-1}^{2m} K_\xi^2 \,|\, z_\xi^{(n)} - z_\xi^{(n-1)} \,|$$

für alle t kleiner als eine vorgegebene Schranke ist, wobei die K_ξ Gewichtskonstanten (bzw. -funktionen) sind.

Dann hat man eine schrittweise Lösungsfolge, die stets die Randbedingungen erfüllt und im Konvergenzfall die nichtlinearen Differentialgleichungen im Rahmen der gewünschten numerischen Genauigkeit lösen.

Bei Konvergenzschwierigkeiten kann man - ähnlich wie in 3.2. - statt in einem Schritt von den bei $z^{(0)}(t)$ erreichten Endwerten auf die E_m überzugehen, dies auch in mehreren Schritten vollziehen.

3.3.2. Ähnlichkeiten des Verfahrens mit dem Newtonschen Verfahren zur Bestimmung der Wurzeln einer Funktion $f(\bar{z}) = 0$. Man nennt das in 3.3.1. geschilderte Verfahren "verallgemeinertes Newtonsches Verfahren" oder gemäß der in der amerikanischen Literatur üblichen Bezeichnung "Newton-Raphsonsches-Verfahren" für die bei uns als Newtonsches Verfahren bekannte Methode auch "verallgemeinertes Newton-Raphsonsches-Verfahren".

Die Ursache dafür, ist die Ähnlichkeit mit dem Newtonschen Verfahren.
Dort löst man die Aufgabe, den Wert $\bar{z}$ für

$$0 = f(\bar{z})$$

zu bestimmen, indem man $f(\bar{z})$ für einen Nachbarwert z über den Ansatz $\bar{z} = z + (\bar{z} - z)$ entwickelt

$$0 = f(z) + (\bar{z} - z) \left.\frac{df}{dz}\right|_z + \ldots$$

und diese Reihenentwicklung nach dem linearen Glied abbricht, so daß man erhält:

$$(158) \qquad 0 = \left.\frac{df}{dz}\right|_z \bar{z} + \left[f(z) - \left.\frac{df}{dz}\right|_z z \right]$$

Mit (158) setzt man dann den Iterationsprozeß an:

$$(159) \qquad 0 = \left.\frac{df}{dz}\right|_{z^{(n-1)}} z^{(n)} + \left[f(z^{(n-1)}) - \left.\frac{df}{dz}\right|_{z^{(n-1)}} z^{(n-1)} \right]$$

Dies entspricht genau unserem Vorgehen in (154) bis (155).
(159) läßt sich allerdings nach $z^{(n)}$ auflösen:

$$z^{(n)} = z^{(n-1)} - \left.\frac{f(z)}{f'(z)}\right|_{z^{(n-1)}}$$

und entspricht, gemäß der Abb. II.29, dem Ersetzen der Kurve $f(z)$
durch die Tangente in $z^{(n-1)}$:

$$f'(z)\Big|_{z^{(n-1)}} = \frac{f(z)\big|_{z^{(n-1)}}}{z^{(n-1)} - z^{(n)}}$$

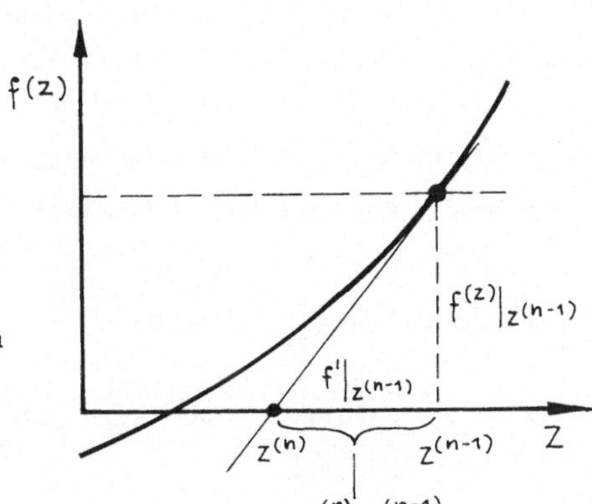

Abb. II.29 Ansatz zur iterativen
Nulstellenbestimmung nach
Newton

Eine bemerkenswerte Eigenschaft der Newtonschen Formel ist dabei, daß

$$\left| z^{(n)} - \bar{z} \right| = c \cdot \left| z^{(n-1)} - \bar{z} \right|^2$$

$$\text{und nicht nur} = c \cdot \left| z^{(n-1)} - \bar{z} \right| \qquad c < 1$$

gilt, wie bei den einfachsten Iterationsformeln, d. h. daß quadratische Konvergenz - wenn überhaupt - vorliegt.

3.3.3. Ergänzende Bemerkungen.

Während die Iteration der Randwerte schon immer zur Lösung von Randwertproblemen von nichtlinearen Differentialgleichungssystemen benutzt worden ist, ist die Iteration bezüglich der Erfüllung der Bedingungsgleichungen erst in letzter Zeit in den Blickpunkt des Interesses gerückt. Die Methode scheint 1949 von H e s t e n e s angeregt worden zu sein und ist dann von B e l l m a n und K a l a b a als "quasilinearisation" weiter ausgebaut und von M c G i l l und K e n n e t h in [37] für eine Reihe von flugmechanischen Aufgabenstellungen näher betrachtet und numerisch genauer verfolgt worden. M c G i l l und K e n n e t h haben gezeigt, daß sich die quadratische Konvergenz auch auf das verallgemeinerte Newtonsche Verfahren übertragen läßt. Ferner haben sie das konvergente Verhalten für gewisse einfache Voraussetzungen nachgewiesen.

Eine ganze Reihe von Arbeiten zeigt, daß das Verfahren i. a. auch bei bei komplizierteren Aufgaben einen guten Konvergenzbereich aufweist, wobei in Einzelfällen auch die Grenzen des Konvergenzbereiches durch systematisches Probieren ermittelt worden sind ([52]).

Leider fehlen umfangreichere numerische Vergleichsrechnungen bezüglich Konvergenzbereich und Rechenzeit zwischen den Verfahren der Iteration der Randwerte und der iterativen Erfüllung der Differentialgleichungen. (s. III. 2.3.2.)

Wir wollen abschließend noch kurz die in 3.3.1. gemachten Einschränkungen erörtern.

Die Ersetzung der allgemeinen Form der Endbedingungen $Q_r(z_\xi(t_E)) = 0$
durch die einfachen Endbedingungen $z_1(t_E) = E_1$, $z_2(t_E) = E_2 \ldots$
$z_{m-1}(t_E) = E_{m-1}$ ist in den hier wiedergegebenen Überlegungen an sich
nicht notwendig. Hat man nämlich beliebige Endbedingungen, so kann man
man immer, statt den Ansatz (123) zur Bestimmung von C_μ zu benutzen,
die C_μ durch Einsetzen der $z_\xi(t_E)$ in die allgemeinen Randbedingungen
bestimmen.

Einige Schwierigkeiten bereitet eine variable z. B. zu optimierende
Endzeit. Wir wollen uns hier auf die Darstellung eines einfachen
Verfahrens zur Endzeitoptimierung beschränken, wie es z. B. von
H. G. M o y e r und G. P i n k h a m mit Erfolg auf flugmechani-
sche Berechnungen angewendet worden ist (vgl. [54]).

Wir nehmen dazu an, $z_m(t_E) = E_m$ sei die Stopbedingung.

Dann bekümmern wir uns zunächst nicht um diese Bedingung, sondern
schätzen ein t_E, das nicht zu klein sein darf, da sonst überhaupt
keine Lösung entsteht, die die Randbedingungen erfüllt, und rechnen
mit diesem t_E wie zuvor, was einer Optimierung von $z_m(t_E)$ entspricht.

Sodann ermitteln wir nach dem einfachen Newtonschen Verfahren (vgl.
3.3.2.) für

$$0 = f(t_E) \equiv z_m(t_E) - E_m$$

eine Näherung $t_E^{(1)}$, iterieren wieder mit $t_E^{(1)}$ das Differentialgleichungssystem und fahren so fort, bis auch für $t_E^{(n)}$ gilt, daß
die Veränderungen pro Durchlauf kleiner als eine vorgegebene Schranke sind.

Weitere Methoden zur Behandlung von Aufgaben mit variabler Endzeit
findet man bei L e w a l l e n in [52].

III. Direkte Verfahren

Wir benutzen die Bezeichnung "direkte Verfahren" in anderm Sinne als dies in der Variationsrechnung geschieht.

Wir hatten nämlich als indirekte Verfahren Verfahren bezeichnet, bei denen die optimale Lösung zunächst durch einen Satz von Bedingungsgleichungen gekennzeichnet wurde - z. B. $H^{(-)} = \text{Max.bezügl.}$ $u_1(t)$, $\dot{\lambda}_j = \ldots$ usw. -, um dann für ein spezifisches Randwertproblem und einen spezifischen Satz der freien Parameter die Lösung der Einzelaufgabe durch Lösung der Bedingungsgleichungen unter Beachtung der Nebenbedingungen des Optimierungsproblems zu gewinnen. Als direkte Verfahren sind hier dementsprechend Verfahren zu verstehen, für die für einen bestimmten Randwert- und Parametersatz ohne Umweg über die Aufstellung von Bedingungsgleichungen direkt die jeweilige Einzellösung berechnet wird.

In der Variationsrechnung sind direkte Verfahren, wie das Rayleigh-Ritzsche Verfahren und das Galerkinsche Verfahren, auf die Extremierung eines Integralwertes ohne Nebenbedingungen beschränkt und benutzen die Annäherung der freien Funktionen durch endliche Summen geeigneter bekannter Funktionen, für die dann die Koeffizienten der einzelnen Summanden mittels der gewöhnlichen Extremwertrechnung so bestimmt werden, daß der betrachtete Integralwert ein Maximum bzw. Minimum wird. In bestimmten Fällen lassen sich die uns interessierenden Optimierungsprobleme auf die Extremierung eines Integralwertes zurückführen, wie wir z. B. bei der Behandlung der Höhenraketenaufgabe durch das Verfahren von M i e l e gesehen haben (s. I.2.2.4.). Dann können natürlich auch die direkten Verfahren der Variationsrechnung benutzt werden (vgl. [60]).

Wir wollen uns hier mit den direkten Verfahren der Variationsrechnung nicht beschäftigen - Angaben dazu findet man z. B. in [9] und
[14] - da wir daraus keine Einführung in die uns interessierenden
Verfahren erhalten. Wir werden statt dessen bei dem Gradientenverfahren und dem Bellmanschen Dynamic Programming von gewöhnlichen
Extremwertaufgaben ausgehen und durch systematischen Ausbau dieser
Basis über die Anwendung dieser Verfahren für einfache Probleme der
Variationsrechnung schrittweise zu den uns interessierenden Optimierungsaufgaben mit Differentialgleichungen als Nebenbedingungen
fortschreiten.

Das Gradientenverfahren geht nach K e l l c y (vgl. [16]) für gewöhnliche Extremalaufgaben auf C a u c h y zurück (ca. 1847) und
für Variationsaufgaben auf H a d a m a r d (ca. 1908). Für die uns
hier interessierenden Optimierungsaufgaben ist es um 1960 unabhängig
von K e l l e y und B r y s o n , D e n h a m , M i k a m i ,
C a r r o l (s. [46] bzw. [29]) aufgegriffen worden.

Das dynamische Programmieren wurde von B e l l m a n Anfang der
fünfziger Jahre zunächst für Optmierungsaufgaben mit diskreten
Größen, wie z. B. der Frage der wertgünstigsten Beladung eines
Flugzeuges bei Waren verschiedner Größe mit verschiedem Stückwert,
entwickelt. Diese Ansätze haben sich dann aber auch als unmittelbar
fruchtbar für die Optimierung kontinuierlicher Größen, wie der
Schubgröße bei Höhenraketen usw., erwiesen.

1. Gradientenverfahren 1. Ordnung

1.1. Das Gradientenverfahren für gewöhnliche Extremalaufgaben

1.1.1. Grundgleichungen. Wir betrachten eine Fläche im Raum

$$(1) \qquad z = F(y_1, y_2)$$

und suchen den niedrigsten oder höchsten Punkt. Wir wollen hier und im folgenden annehmen, daß die notwendigen Differenzierbarkeitsbedingungen immer erfüllt sind. Die Beschränkung auf $F(y_1, y_2)$ ist aus Gründen der Anschaulichkeit vorgenommen, die Schreibweise aber so gewählt, daß eine Ausdehnung auf $F(y_1, y_2 \ldots y_n)$ unmittelbar evident ist.

Um die Aufgabe, den höchsten oder niedrigsten Punkt von (1) zu finden, zu lösen, wählen wir zunächst einen Ausgangspunkt $P(y_1^{(0)}, y_2^{(0)})$ und untersuchen die Veränderung von F für verschiedene Fortschreitungsrichtungen:

$$\vec{dy} = \{dy_1, dy_2\}$$

Man hat:

$$dF = \frac{\partial F}{\partial y_1} \, dy_1 + \frac{\partial F}{\partial y_2} \, dy_2$$

Definiert man als grad F (Gradient von F) den Vektor:

$$\operatorname{grad} F = \left\{ \frac{\partial F}{\partial y_1} , \frac{\partial F}{\partial y_2} \right\}$$

so steht grad F gerade senkrecht auf den Höhenlinien F = const, wenn man sich die Fläche F durch ihre Höhenlinien in der y_1, y_2 - Ebene dargestellt denkt, da für die Richtung dy_t der Tangente an F = const gilt:

$$dF = \operatorname{grad} F \cdot \vec{dy}_t = 0$$

Aus der Tatsache, daß das innere Produkt $\vec{a}\,\vec{d} = a \cdot d \cdot \cos(a, d)$ ist, folgt sofort, daß $\mathrm{grad}\,F \cdot \vec{dy}$ für $\vec{dy} \sim \mathrm{grad}\,F$ am größten ist, da $\cos(\mathrm{grad}\,F, \vec{dy})$ dann seinen maximalen Wert 1 annimmt.

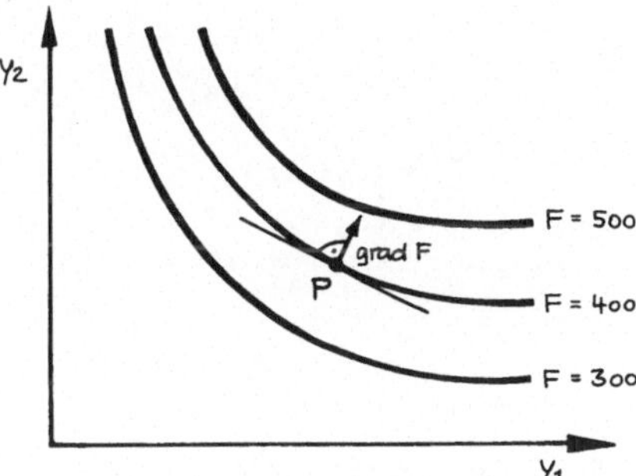

Abb. III.1 Orthogonalität von Höhenlinientangente und Gradientenrichtung

Wir wollen diese Eigenschaft, daß dF in Richtung grad F einen Extremwert hat, aber auch noch mit Hilfe der gewöhnlichen Max-, Min-Berechnung zeigen, weil man so auch dann leicht die Richtung der stärksten Änderung von F erhält, wenn diese – z. B. wegen einzuhaltender Nebenbedingungen – nicht mehr unmittelbar erkennbar ist.

Dazu muß man zunächst dafür sorgen, daß man in jeder Richtung um denselben Betrag:

$$|\vec{dy}| = \sqrt{dy_1^2 + dy_2^2} = ds$$

fortschreitet. Dies ergibt für die stärkste Änderung von F das Extremalproblem:

$$dF = \sum_{i=1}^{2} \frac{\partial F}{\partial y_i}\, dy_i$$

ist unter der Nebenbedingung (quadrierte Form):

$$(2) \qquad N \equiv ds^2 - \sum_{i=1}^{2} dy_i^2 = 0$$

durch geeignete Wahl der dy_i zu einem Maximum zu machen.

Die Lösung erhält man gemäß dem üblichen mathematischen Vorgehen
mit Hilfe eines Lagrangeschen Multiplikators aus der notwendigen
Bedingung:

$$\frac{\partial (dF + \lambda N)}{\partial \, dy_i} = 0 \qquad i = 1,2$$

als:

$$\frac{\partial F}{\partial y_i} - 2\lambda \, dy_i = 0$$

$$dy_i = \frac{1}{2\lambda} \frac{\partial F}{\partial y_i}$$

Der Lagrangesche Multiplikator λ berechnet sich durch Einsetzen
von dy_i in die Nebenbedingung (2):

$$N \equiv ds^2 - \frac{1}{4\lambda^2} \sum_{i=1}^{2} \left(\frac{\partial F}{\partial y_i} \right)^2 = 0$$

zu:

$$\lambda = \pm \frac{1}{2ds} \cdot \sqrt{\sum_{i=1}^{2} \left(\frac{\partial F}{\partial y_i} \right)^2}$$

Man hat also, wie behauptet, für die Richtung der stärksten Änderung von F:

$$\vec{dy} \sim \operatorname{grad} F$$

wobei - wie man durch Einsetzen von dy_i in dF sieht - die positive
Gradientenrichtung (+ Zeichen) der Zunahme von F und die negative
Gradientenrichtung (- Zeichen) der Abnahme von F zugeordnet ist.

Das Gradientenverfahren besteht nun darin, von dem frei gewählten
Ausgangspunkt in der Gradientenrichtung fortzuschreiten, um so am
schnellsten zu dem gesuchten Extremwert zu gelangen. Dabei kann
man zwei Wege einschlagen:

Auf der Hand liegend ist es, von $P(y_1^{(0)}, \ y_2^{(0)})$ um ein bestimmtes
Stück Δs in der Gradientenrichtung fortzuschreiten, dann den Gra-
dienten neu zu berechnen, wieder um Δs fortzuschreiten usw.

Dies führt zu der Formel:

$$\vec{y}^{\,(p+1)} = \vec{y}^{\,(p)} \pm \left. \mathrm{grad}\right|_{\vec{y}^{\,(p)}} F \cdot \Delta s$$

bzw. in Komponentenschreibweise:

$$(3) \qquad y_i^{\,(p+1)} = y_i^{\,(p)} \pm \left.\frac{\partial F}{\partial y_i}\right|_{y_i^{\,(p)}} \cdot \Delta s$$

(s. auch Weg 1 in Abb. III.2).

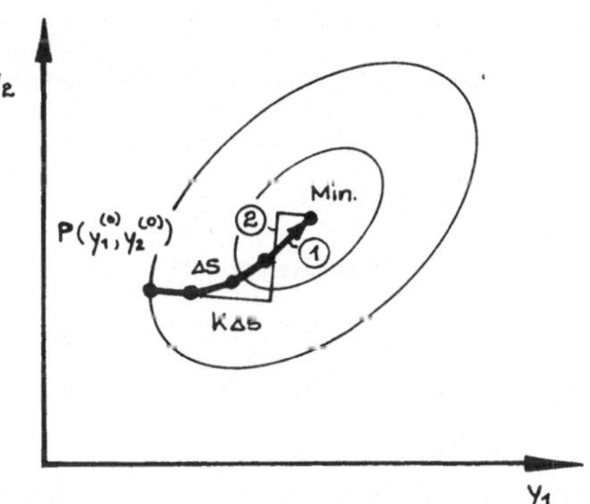

Abb. III.2 Darstellung der
Fortschreitungswege bei den
verschiedenen Gradientenver-
fahren-Ansätzen

Lassen sich die $\dfrac{\partial F}{\partial y_i}$ nur schwer berechnen, so kann man auch den

folgenden Weg einschlagen: Man folgt der mit den $y_i^{\,(p)}$ berechneten

Gradientenrichtung nicht nur um Δs sondern soweit, bis F sein Maxi-

mum bzw. Minimum längs der gegebenen Gradientenrichtung annimmt.

Dort berechnet man dann erneut die Gradientenrichtung und folgt

ihr wieder bis zum Extremwert usw. (Weg 2 in Abb. III.2).

Im zweidimensionalen Fall $F(y_1, y_2)$ kann man ganz auf die Berech-

nung der $\dfrac{\partial F}{\partial y_i}$ verzichten. Eine vorgegebene Gerade schneidet die

Höhenlinien in der y_1, y_2-Ebene zweimal. Im Extremalwert von F auf

dieser Geraden fallen die Schnittpunkte zusammen, die Gerade ist

also Tangente an die Höhenlinie, die dem Extremwert von F auf der

vorgegebenen Geraden entspricht. Geht man von dort aus senkrecht

zur gegebenen Geraden weiter, wobei durch einen Versuchsschritt zu

prüfen ist, in welcher Richtung man sich zu bewegen hat, so bewegt

man sich automatisch in Gradientenrichtung da diese senkrecht zur

Tangente an die Höhenlinie war. Da diese Aussage unabhängig davon

ist, ob die Tangente als Gradientenrichtung bestimmt wurde oder
nicht, kann man insbesondere die Richtung der Ausgangsgeraden frei
wählen und bewegt sich dann stets in dieser Richtung oder senkrecht
dazu. Man kann also z. B. in einem y_1, y_2 - System die Richtungen der
Koordinatenachsen direkt für das Gradientenverfahren benutzen.

Eine Beschleunigung der Konvergenz erhält man insbesondere in der
Nähe des Extremwertes, wenn man beachtet, daß:

1. für die Höhenlinie einer Fläche 2. Ordnung gilt, daß die
   Tangenten an die Höhenlinien bei Schnitt der Höhenlinien
   mit einer durch den Extremwert gehenden Geraden parallel
   sind und

2. jede beliebige Fläche $F(y_1, y_2)$ um den Extremwert in eine
   Reihe entwickelt werden und somit durch eine Fläche 2. Ordnung in der Nähe des Extremwertes angenähert werden kann.

Geht man wieder von einer beliebigen Richtung aus, ermittelt in
ihrem Extremwert die Senkrechte und in deren Extremwert wieder die
Senkrechte, so hat man in dem Extremwert auf der Ausgangsrichtung
und in dem Extremwert auf der 2. Senkrechten 2 Punkte auf verschiedenen Höhenlinien gefunden, deren Tangenten parallel sind, so daß
man - statt weiter den Senkrechten zu folgen - besser direkt auf der
Verbindung dieser beiden Punkte fortschreitet, die bei Flächen 2.
Ordnung direkt zum absoluten Extremwert und sonst nahe an den gesuchten Extremwert führt.

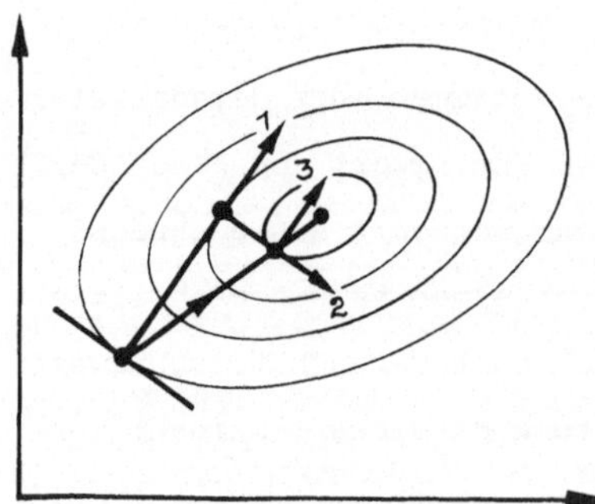

Abb. III.3   Beschleunigung des
Gradientenverfahrens nach der
Methode von P o w e l l

Dieses Verfahren wurde 1962 von P o w e l l angegeben([56]), und
zwar allgemein für n Variable, wobei dann aber die Gradientenrich-
tungen berechnet werden müssen, da im mehrdimensionalen Fall zu
einer Ausgangsrichtung mehrere senkrechte Richtungen existieren.

1.1.2. Stufengrößenoptimierung als Beispiel zum Gradientenverfahren.

Als Beispiel zum Gradientenverfahren für die Bestimmung eines gewöhnlichen Extremwertes wollen wir wieder eine Aufgabe aus der Ra-
ketentechnik betrachten (entnommen aus [58]).

Bei der Auslegung einer mehrstufigen Trägerrakete ist u. a. eine
erste Abschätzung für die Größe der einzelnen Stufen notwendig; die
endgültige Festlegung der Stufengröße geschieht später im Zusammenhang mit Bahnrechnungen. Für diese erste Abschätzung geht man
von der integrierten Raketengrundgleichung (I.46) aus, die lautet
(vgl. auch [2]):

$$\Delta v = w_A \cdot \ln \frac{M_0}{M_1}$$

Δv ist die maximal mögliche Geschwindigkeitsveränderung durch Verbrennen der Treistoffmenge $M_0 - M_1$ bei einer Anfangsmasse M_0 und
einer Relativgeschwindigkeit der ausströmenden Gase zur Rakete von
der Größe w_A. Bei einem Aufstieg von der Erdoberfläche auf eine
Kreisbahn in ca. 200 km Höhe ist z. B. die theoretische Veränderung
der Geschwindigkeit:

$$\Delta v = v_K - v_0$$

wobei v_K die Kreisbahngeschwindigkeit von ca. 7900 m/sec ist und v_0
die in Richtung der Umlaufgeschwindigkeit v_K zeigende Komponente
der Erddrehgeschwindigkeit. Praktisch sind beim Aufstieg der Luftwiderstand und die Erdgravitation zu überwinden, was insgesamt das
erforderliche Δv um ca. 1600 m/sec erhöht.

Man hat also für eine Nutzlast bei einem Abschuß nach Norden in eine
200 km Kreisbahn ein Δv von ca. 9500 m/sec bereitzustellen, wobei

für eine mehrstufige Rakete gilt:

$$(4) \qquad \Delta v = \sum_{i=1}^{n} \Delta v_i = \sum_{i=1}^{n} w_{Ai} \cdot \ln \frac{M_{Oi}}{M_{1i}}$$

Das Optimierungsproblem lautet, für gegebene Stufencharakteristiken die Stufenaufteilung zu finden, für die das kleinste Abfluggewicht M_{OO} erforderlich ist, um der gegebenen Nutzlast N das erforderliche Δv zu erteilen.

Als Stufencharakteristiken hat man:

    1. die Ausströmgeschwindigkeiten w_{Ai}

    2. den Zusammenhang zwischen Treibstoffmenge m_T und Struktur-
       masse m_S, der linear sei:

$$(5) \qquad m_{Si} = \alpha_i + \beta_i \, m_{Ti}$$

mit den gegebenen Werten α_i, β_i .

Man kann dann wie folgt eine Abhängigkeit zwischen der Masse zu Brennbeginn der i-ten Stufe und der Masse zu Brennbeginn der i + 1-ten Stufe herleiten:

Nach (4) gilt:

$$(6) \qquad \Delta v_i = w_{Ai} \ln \frac{M_{O\,i+1} + m_i}{M_{O\,i+1} + m_{Si}}$$

wobei m_i die Masse der i-ten Stufe ist:

$$(7) \qquad m_i = m_{Si} + m_{Ti}$$

da sich Zähler und Nenner gerade durch das Treibstoffgewicht der i-ten Stufe unterscheiden und $M_{O\,i+1}$ aus M_{1i} durch Abwerfen des Strukturgewichtes m_{Si} entsteht.

Nach (5) und (7) gilt:

$$m_{Si} = \alpha_i + \beta_i \, (m_i - m_{Si})$$

$$\hookrightarrow \quad m_{Si} = \frac{\alpha_i}{1 + \beta_i} + \frac{\beta_i}{1 + \beta_i} \, m_i$$

und nach (6)

$$(1 + \beta_i) M_{0\,i+1} \, e^{\frac{\Delta v_i}{w_{Ai}}} + \alpha_i \, e^{\frac{\Delta v_i}{w_{Ai}}} + \beta_i m_i \, e^{\frac{\Delta v_i}{w_{Ai}}} =$$

$$= M_{0\,i+1} \, (1 + \beta_i) + m_i \, (1 + \beta_i)$$

$$\hookrightarrow \quad (M_{0\,i+1} + \alpha_i) \, e^{\frac{\Delta v_i}{w_{Ai}}} = (M_{0\,i+1} + m_i) \left[(1 + \beta_i) - \beta_i \, e^{\frac{\Delta v_i}{w_{Ai}}} \right]$$

d. h.

$$(8) \qquad M_{0i} = M_{0\,i+1} + m_i = \frac{\alpha_i + M_{0\,i+1}}{(1 + \beta_i) \, e^{-\frac{\Delta v_i}{w_{Ai}}} - \beta_i}$$

Betrachten wir nun eine 3-stufige Rakete und beachten, daß wegen (4) gilt:

$$\Delta v_3 = \Delta v - \Delta v_1 - \Delta v_2$$

so läßt sich die Minimierung des Abfluggewichts als Minimierung über die Δv - Leistung der Einzelstufen, die dann die Treibstoffmengen nach (4) festlegt, wie folgt schreiben:

$$(9) \quad M_{00} = \operatorname*{Min}_{\Delta v_1, \Delta v_2} \cdot \cfrac{\alpha_2 + \cfrac{\alpha_3 + N}{(1 + \beta_3)\, e^{-\dfrac{\Delta v - \Delta v_1 - \Delta v_2}{w_{A3}}} - \beta_3}}{\alpha_1 + \cfrac{(1 + \beta_2)\, e^{-\dfrac{\Delta v_2}{w_{A2}}} - \beta_2}{(1 + \beta_1)\, e^{-\dfrac{\Delta v_1}{w_{A1}}} - \beta_1}}$$

$$= \operatorname*{Min}_{\Delta v_1, \Delta v_2} g(\Delta v_1, \Delta v_2)$$

Dies ist aber genau eine Aufgabe, wie wir sie in 1.1. für das Gradientenverfahren betrachtet haben. Wir wollen sie mit den Zahlenwerten:

$$(10) \quad \Delta v = 11\,500\ ^m/sec \qquad\qquad N = 0,5\ \text{to}$$

$$\alpha_1 = 6,2\ \text{to} \qquad \alpha_2 = 0,9\ \text{to} \qquad \alpha_3 = 0,223\ \text{to}$$

$$\beta_1 = 0 \qquad\qquad \beta_2 = 0,06 \qquad\qquad \beta_3 = 0,06$$

$$w_{A1} = 2610\ ^m/sec \qquad w_{A2} = 2790\ ^m/sec \qquad w_{A3} = 2850\ ^m/sec$$

kurz erläutern.

Wir haben zunächst einen Ausgangspunkt zu wählen, wofür die beiden Wertepaare:

$$(11) \quad \text{a)} \quad (\Delta v_1^{(0)}, \Delta v_2^{(0)}) = (4000\ ^m/sec\ ;\ 0\ ^m/sec)$$

$$\text{und} \quad \text{b)} \quad (\Delta v_1^{(0)}, \Delta v_2^{(0)}) = (\ 10\ ^m/sec\ ;\ 4000\ ^m/sec)$$

benutzen. Von jedem Wertepaar aus wollen wir das Gradientenverfahren ansetzen.

Als erstes wählen wir den Weg, immer in Gradientenrichtung zu gehen, also entsprechend der Formel (3) zu rechnen. Um nicht die partiellen

Ableitungen von (9) durch Differentiation bilden zu müssen, nähern
wir die Gradientenrichtung durch Differenzenquotienten an, setzen
also an:

$$\frac{\partial g}{\partial \Delta v_1} = \frac{g(\Delta v_1 + h, \ \Delta v_2) - g(\Delta v_1, \ \Delta v_2)}{h}$$

$$\frac{\partial g}{\partial \Delta v_2} = \frac{g(\Delta v_1, \ \Delta v_2 + h) - g(\Delta v_2)}{h}$$

wobei für h der Wert 0,1 m/sec gewählt wurde.

Sodann ist die Schrittweite Δs zu bestimmen. Hierfür wurde, um
zugleich den Einfluß der Schrittweite zu zeigen, benutzt:

$$\text{für} \quad a) \quad \Delta s = 100 \ ^m/\text{sec} \quad \text{und} \quad \Delta s = 500 \ ^m/\text{sec}$$

$$\text{für} \quad b) \quad \Delta s = 1000 \ ^m/\text{sec} \ .$$

Liefert ein Punkt $(\Delta v_1^{(n+1)}, \ \Delta v_2^{(n+1)})$ keine Verkleinerung von M_{00}

gegenüber dem Wert mit $(\Delta v_1^{(n)}, \ \Delta v_2^{(n)})$ mehr, so verkleinern wir Δs
auf 10 % seines Ausgangswertes. Liefert ein Fortschreiten um
0,1 m/sec bzw. 0,05 m/sec keine Verbesserung mehr, so wird dies
als optimaler $(\Delta v_1, \Delta v_2)$ - Satz benutzt.

Die Abbildung III.4 zeigt die Schrittweise Annäherung an einen
Wert von:

Abb. III.4 Stufengrößenoptimierung bei Fortschreiten in
Gradientenrichtung für verschiedene Schrittweiten und
Ausgangspunkte

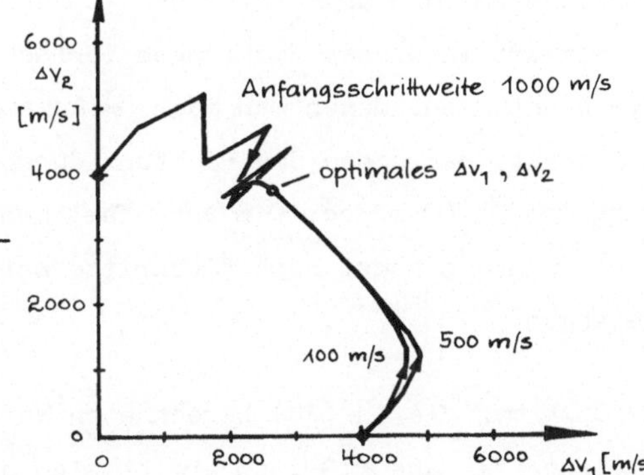

(12) $\Delta v_1 = 2727,0$ m/sec

         $\Delta v_2 = 3735,5$ m/sec

von beiden Ausgangspunkten aus, wobei das Fortschreiten in Abhängigkeit vom Anfangspunkt und der Schrittweite mehr oder weniger oszil-
lierend geschieht.

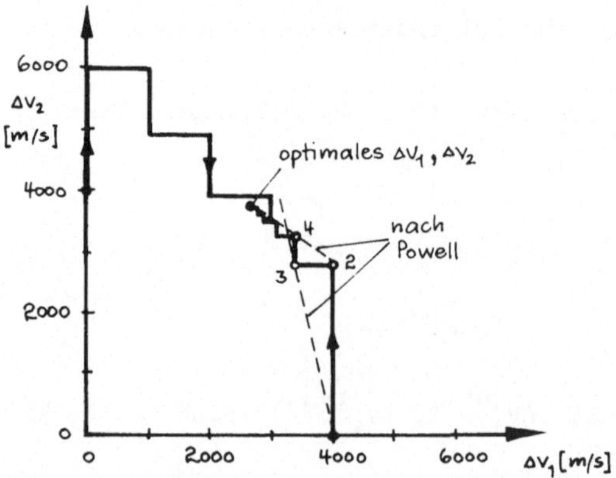

Abb. III.5 Stufengrößenoptimierung bei Fortschreiten in vorgegebenen Richtungen und Schrittzahlverkleinerung mit dem Verfahren
von P o w e l l

Die Abbildung III.5 zeigt die Annäherung an den Optimalwert von den
beiden Ausgangswerten in (11), wenn man nicht mehr in Gradientenrichtung sondern nach dem vereinfachten Verfahren in zwei beliebigen
senkrechten Richtungen (hier den Achsenrichtungen) jeweils bis zum
Extremwert in diesen Richtungen fortschreitet. Gestrichelt sind
die Richtungen, denen man nach dem Ansatz von P o w e l l folgen würde.
Man sieht, daß schon die Richtung durch die Punkte 2,4 beim Ausgang von (4000 m/sec, 0 m/sec) fast genau durch den Optimalpunkt
geht, während sonst noch 6 Schritte notwendig sind, um dorthin zu
gelangen.

Benutzt man die in (12) berechneten Werte von Δv_1, Δv_2 mit den
Zahlenwerten aus (10), so ergibt sich aus (8) schrittweise:

$$M_{02} = \quad 6,00 \text{ to}$$

$$M_{01} = \quad 31,77 \text{ to}$$

$$M_{00} = 107,96 \text{ to}$$

woraus alle weiteren gewünschten Angaben mit den gegebenen Formeln
unmittelbar folgen.

1.1.3. Gewöhnliche Extremalaufgaben mit Nebenbedingungen. Häufig

treten bei Extremalaufgaben Nebenbedingungen auf, so daß insgesamt
zu lösen ist:

$$(13) \qquad F\,(y_1, y_2, \ldots y_n) \Rightarrow \text{Extremwert}$$

$$G_j\,(y_1, y_2, \ldots y_n) = 0 \qquad\qquad j = 1, 2 \ldots r \leqslant n$$

Lassen sich r der y_i aus den Nebenbedingungen als Funktion der
restlichen n-r y_i darstellen, braucht man nur diese funktionalen
Zusammenhänge in $F(y_1, y_2 \ldots y_n)$ einzusetzen und kann dann das Extremum von F wie zuvor bezüglich der verbleibenden n-r unabhängigen
Variablen suchen.

In vielen Fällen ist eine solche Umformung der Nebenbedingungen jedoch nicht möglich oder zu umständlich. Man kann nach einer Idee
von C o u r a n t ([32] - siehe auch K e l l e y in [16] -)
statt (13) ein Ersatzproblem betrachten, das für F ⇒ Minimum lautet:

$$(14) \qquad F^{*}(y_1 \ldots y_n) = F(y_1 \ldots y_n) + \sum_{j=1}^{r} K_j\, G_j^{2}(y_1 \ldots y_n) \Rightarrow \text{Min.}$$

mit

$$K_j = \text{const} > 0$$

Man addiert also zu F eine stets positive Funktion hinzu, die für
$G_j = 0$ ihr Minimum hat. Die neue Funktion F^{*} hat zwar ihr Minimum
nicht mehr bei F = Min, aber dieses verschiebt sich mit wachsendem
K_j gegen F = Min und erreicht diesen Wert exakt bei $K_j \rightarrow \infty$, wie

wir noch sehen werden. Die Abb. III.6 zeigt den Vorgang für das
Beispiel:

$$H = (y_1 - c)^2 + (y_2 - d)^2 + e^2$$

$$G = y_1 - a = 0$$

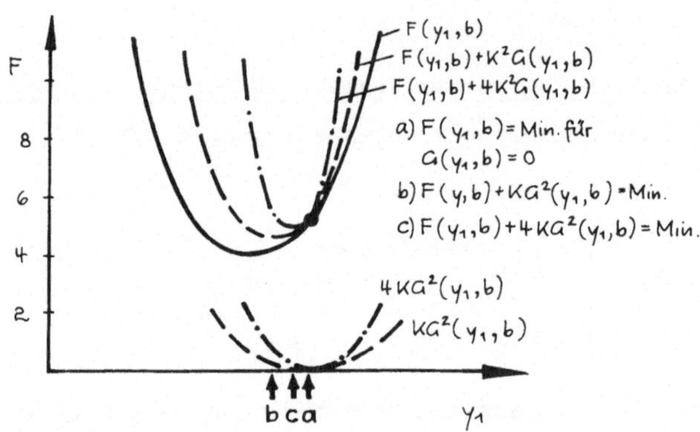

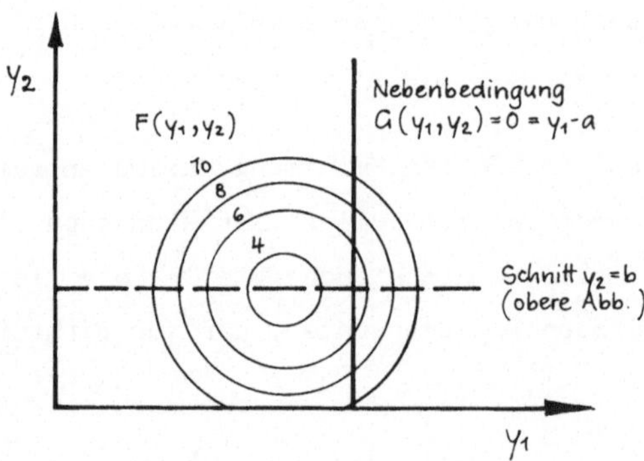

Abb. III.6 Minimum mit Nebenbedingung, Aufriß und Grundriß

Praktisch genügen große K_j, wobei man die ausreichende Größe durch
Durchrechnen mit einem Satz K_j und dem Satz $2K_j$ testet. Durch die
relative Wahl der K_j steht zugleich eine gewisse Bewertung zur Verfügung, die man der Einhaltung der einzelnen Nebenbedingungen zu-
ordnen kann.

Der Kunstgriff F^* zu betrachten erlaubt es, Nebenbedingungen einzubeziehen, ohne am Gradientenverfahren selbst etwas zu ändern; man vergrößert nur den Rechenaufwand. Dies macht den Ansatz (14) für das Gradientenverfahren sehr attraktiv.

Wir wollen nun noch die Verbindung zu der in der Extremalwertberechnung üblichen Verwendung Lagrangescher Multiplikatoren herstellen. Man macht dabei für (13) den Ansatz ($j = 1$):

$$F + \lambda G \Rightarrow Min$$

woraus folgt:

$$(15) \qquad \frac{\partial F}{\partial y_i} + \lambda \frac{\partial G}{\partial y_i} = 0$$

λ erhält man, indem man die Lösung von (15) in $G = 0$ einsetzt, als endliche Größe.

Für das Ersatzproblem (14) gilt nach der Extremwertrechnung:

$$(16) \qquad \frac{\partial F}{\partial y_i} + 2KG \cdot \frac{\partial G}{\partial y_i} = 0$$

Damit (16) mit (15) identisch wird, sich also derselbe Minimalwert ergibt, muß gelten:

$$\lambda = 2Kg$$

d. h.

$$K = \frac{\lambda}{2G}$$

Nun betrachten wir die Nebenbedingung $G = 0$, also muß $K \rightarrow \infty$ gehen, wenn (16) dieselben Werte wie (15) liefern soll.

1.1.4. Grenzen des Gradientenverfahrens. Das einfache Beispiel der Fläche $z = F(y_1, y_2)$ gibt eine gute Einsicht, was man von einem Gradientenverfahren erwarten darf. Man betrachte die in der

Abb. III.7 durch Höhenlinien dargestellte Fläche. Sie hat zwei Maxima $M_1 (h = 6)$ und $M_2 (h = 5)$ und einen Sattelpunkt S. Man sieht, daß man je nach Wahl des Ausgangspunktes M_1, M_2 oder auch - was allerdings wenig wahrscheinlich ist - S mit Hilfe des Gradientenverfahrens erreicht. Das heißt:

> Das Gradientenverfahren liefert zwar eine ständige Verbesserung des Ausgangswertes, aber keineswegs unbedingt das absolute Optimum des Bereiches.

Es ist aber zu bedenken, daß bei vielen technischen Aufgaben ein Verfahren sehr begrüßenswert ist, das schrittweise den Leistungsindex verbessert, wobei man jederzeit aufhören kann, wenn technische Voraussetzungen, die in der Ausgangslösung berücksichtigt waren aber nicht speziell für die Optimierung mathematisch formuliert wurden, verletzt werden, bzw. wenn die Verbesserungen nur noch wenig Gewinn bringen.

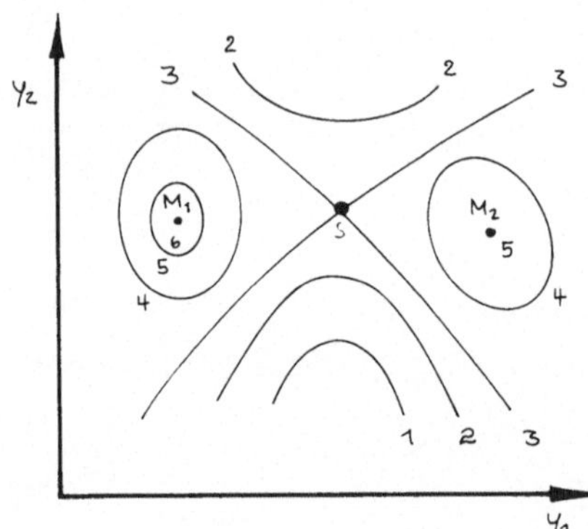

Abb. III.7 Ansatz zur Erläuterung der mit dem Gradientenverfahren möglicherweise zu erreichenden stationären Werte

1.2. Das Gradientenverfahren für einfache Variationsprobleme

Wir betrachten nun die Aufgabe, eine Funktion $y(t)$ zu finden, die in den Punkten $t = t_A$, $t = t_E$ feste Werte $y(t_A) = A$ und $y(t_E) = E$ annimmt, und das Integral:

$$J = \int_{t_A}^{t_E} L(t, y, y') \, dt$$

zu einem Minimum macht, also die Grundaufgabe der Variationsrechnung.

Wir nehmen an, wir hätten irgendein $y^{(0)}(t)$, das hier zur Vereinfachung beide Randbedingungen erfüllen soll, und fragen nach der Veränderung eines gegebenen $y(t)$ bei festgehaltenen Randbedingungen,
für die sich J am stärksten verändert.

Für eine Veränderung:

$$y(t) \parallel y(t) + \delta y(t)$$

gilt ganz allgemein:

$$J + \delta J = \int_{t_A}^{t_E} L(t,\, y + \delta y,\, y' + \delta y')\, dt$$

$$-\int_{t_A}^{t_E} L\, dt + \int_{t_A}^{t_E} (L_y \delta y + L_{y'} \delta y')\, dt + \ldots$$

so daß für die sich so ergebende Veränderung des Integralwertes in
erster Näherung folgt:

$$\delta J = \int_{t_A}^{t_E} L_y \delta y\, dt + \int_{t_A}^{t_E} L_{y'} \delta y'\, dt$$

$$= \int_{t_A}^{t_E} L_y \delta y\, dt + L_{y'} \delta y \Big|_{t_A}^{t_E} - \int_{t_A}^{t_E} \left(\frac{d}{dt} L_{y'} \right) \delta y\, dt$$

$$= \int_{t_A}^{t_E} \left(L_y - \frac{d}{dt} L_{y'} \right) \delta y\, dt$$

wenn man beachtet, daß δy an den Grenzen t_A, t_E gleich Null sein
sollte.

Treffen wir nun wieder eine Festlegung über die Gesamtvariation
von $y(t)$:

$$N \equiv \delta s^2 - \int_{t_A}^{t_E} \delta y^2(t)\, dt = 0$$

so haben wir ein Extremwertproblem mit Nebenbedingungen, daß sich
wieder lösen läßt, indem man betrachtet:

$$\frac{\partial(\delta J + \lambda N)}{\partial\,\delta y} = \int_{t_A}^{t_E} [\,(L_y - \frac{d}{dt}L_{y'})\, - 2\,\lambda\,\delta y\,]\,dt = 0$$

Hinreichend ist der Ansatz:

$$\delta y \sim [L]$$

wobei $[L] = L_y - \frac{d}{dt}L_{y'}$, wie früher bezeichnet.

An die Stelle der partiellen Ableitungen $\frac{\partial F}{\partial y_i}$ tritt also im Variationsfall der die Eulersche Gleichung ergebende Differentialausdruck,
und man erhält als Gradientenverfahren - wobei der Ausdruck jetzt in
erweitertem Sinne gebraucht wird - ein Fortschreiten gemäß der Stärke
der Abweichung von der Erfüllung der Eulerschen Gleichung:

$$(17) \qquad y^{(p+1)}(t) = y^{(p)}(t) \pm [L](t)\Big|_{y^{(p)}} \cdot \Delta s$$

Dabei kann es zweckmäßig sein, den Ausdruck [L] durch einen äqui-
valenten Integralausdruck zu ersetzen (vgl.[65]).

1.3. Das Gradientenverfahren für Optimierungsprobleme mit Differentialgleichungen als Nebenbedingungen

1.3.1. Die Schlüsselgleichung für Optimierungsprobleme mit Differentialgleichungen als Nebenbedingungen.
Ausgangspunkt für das Gra-
dientenverfahren ist die Mayersche Problemstellung. Dies liegt daran, daß man von einer beliebigen Ausgangslösung aus sowohl die gewünschte Optimierung als auch die Einhaltung der Endbedingungen erreichen will, und man bei der Mayerschen Problemstellung eine formale Ähnlichkeit zwischen dem zu optimierenden Wert und den Endbedingungen hat.

Wir betrachten also die Problemstellung:

Gegeben sei ein Satz von gewöhnlichen Differentialgleichungen

erster Ordnung:

$$(18) \qquad \dot{x}_j = g_j(t, x_i, u_l) \qquad i, j = 1,2 \ldots m$$
$$l = 1,2 \ldots k$$

der die Veränderung der Lagekoordinaten $x_j(t)$ festlegt. Gesucht

sind diejenigen Steuerfunktionen $u_l(t)$, die eine von den Endwerten

und der Endzeit t_E (bzw. einem Teil dieser Werte) abhängige Funk-

tion

$$(19) \qquad P[x_j(t_E), t_E]$$

zu einem Extremum, etwa einem Minimum macht, wobei die Anfangsbe-

dingungen

$$x_j(t_A) = A_j$$

gegeben und i. a. noch eine Reihe von Endbedingungen

$$(20) \qquad Q_r[x_j(t_E), t_E] = 0 \qquad r = 1,2 \ldots \rho < m$$

zu erfüllen sind. Der Endzeitpunkt der Integration wird durch eine

Stopbedingung

$$(21) \qquad R[x_j(t_E), t_E] = 0$$

gegeben, die im einfachsten Fall $t_E - T = 0$ lautet, aber z. B. auch

$$\frac{1}{2} v^2(t_E) - \frac{g_0 r_0^2}{r(t_E)} - E^{Soll} = 0, \text{ d. h. das Erreichen einer vorgegebenen}$$

Energie, oder einen anderen komplizierten Ausdruck bedeuten kann.

Wir nehmen nun wieder an, daß wir eine Ausgangslösung haben, z. B.

indem wir einen Satz von Steuerfunktionen $u_l^{(0)}(t)$ willkürlich an-

gesetzt und damit (18) von den Anfangsbedingungen aus integriert

haben und fragen, wie wir die Funktionen $u_l^{(0)}(t)$ verformen müssen,

damit unsere willkürliche Lösung in möglichst wenig Schritten in

die Optimallösung übergeführt wird unter Erfüllung der Endbedingun-

gen, die für die Ausgangslösung nicht notwendig eingehalten zu wer-

den brauchen.

Dazu müssen wir zunächst ermitteln, wie sich eine Veränderung:

$$(22) \qquad u_1(t) \parallel u_1(t) + \delta u_1(t)$$

bei den Funktionen (19) bis (21) bemerkbar macht.

Wir beachten, daß (19) bis (21) formal völlig gleich gebaut sind und betrachten deshalb allgemein die Veränderungen einer Funktion

$$(23) \qquad F[x_j(t_E), t_E]$$

infolge (22). Dabei ist zu beachten, daß sich von t_A bis t_E durch den Übergang von $u_1(t)$ zu $u_1(t) + \delta u_1(t)$ die Bahn, d. h. der Wert der $x_j(t)$ etwas verändert, am Bahnende aber sowohl der Wert der $x_j(t_E)$ als auch der Wert von t_E selbst.

Zunächst folgt aus (23) ganz formal:

$$(24) \qquad \left. dF \right|_{t_E} = \sum_{j=1}^{m} \left. \frac{\partial F}{\partial x_j} \right|_{t_E,\, u_1(t)} dx_j(t_E) + \left. \frac{\partial F}{\partial t} \right|_{t_E,\, u_1(t)} dt_E$$

In (24) ist im zweiten Summanden nur die direkte Veränderung von F durch eine Veränderung von t_E erfaßt. Die Veränderung des Bahnendes infolge einer Zeitveränderung steckt in den dx_j; man muß deshalb schreiben:

$$\left. dx_j \right|_{t_F} = \left. \delta x_j \right|_{t_E} + \left. \dot{x}_j \right|_{t_E,\, u_1(t)} dt_E$$

wobei $\left. \delta x_j \right|_{t_E}$ die Bahnänderung bei festem t_E und verändertem $u_1(t)$

und $\left. \dot{x}_j \right|_{t_E,\, u_1(t)} dt_E = \left. g_j \right|_{t_E,\, u_1(t)} dt_E$ die Bahnänderung bei festem $u_1(t)$

und verändertem t_E angibt.

Mit der Definition der vollständigen Ableitung

$$\left. \frac{dF}{dt} \right|_{t_E} = \left. \dot{F} \right|_{t_E} = \sum_{j=1}^{m} \left(\frac{\partial F}{\partial x_j}\, g_j \right)_{t_E,\, u_1(t)} + \left. \frac{\partial F}{\partial t} \right|_{t_E,\, u_1(t)}$$

folgt dann für (24):

$$(25) \qquad dF\Big|_{t_E} = \sum_{j=1}^{m} \frac{\partial F}{\partial x_j}\Big|_{t_E, u_1(t)} \delta x_j\Big|_{t_E} + \dot{F}\Big|_{t_E, u_1(t)} dt_E$$

In dieser Gleichung ist alles bekannt bis auf die Veränderungen $\delta x_j\Big|_{t_E}$, da wir ja nicht eine direkte Veränderung der $x_j(t)$ vorgeben können, so wie wir eine direkte Veränderung der Flugzeit anzusetzen vermögen, sondern von einer Veränderung der freien Steuerfunktionen $u_1(t)$ ausgehen müssen.

Nun sind die Veränderungen der Lagekoordinaten durch die Steuerfunktionen über die Bewegungsgleichungen gegeben. Es gilt gemäß (18):

$$\frac{d}{dt}(x_j + \delta x_j) = \dot{x}_j + \delta\dot{x}_j = g_j(t, x_j + \delta x_j, u_1 + \delta u_1)$$

und damit in erster Näherung:

$$(26) \qquad \delta\dot{x}_j = \sum_{i=1}^{m} \frac{\partial g_j}{\partial x_i}\delta x_i + \sum_{l=1}^{k} \frac{\partial g_j}{\partial u_1}\delta u_1$$

Dies ist ein lineares inhomogenes Differentialgleichungssystem in den $\delta x_j(t)$. Wir könnten wieder - wie in II.3.3.1. - die allgemeine Lösung durch Berechnung von m unabhängigen Lösungen für das aus (26) durch Weglassen des inhomogenen Gliedes entstehenden homogenen Systems und eine geeignete Lösung des inhomogenen Systems ermitteln. Da uns aber hier nur der Zusammenhang zwischen den Endwerten $\delta x_j(t_E)$ und den $\delta u_1(t)$ interessiert, ist ein anderer Weg zweckmäßig. Man schreibt nämlich - wie bereits in II.3.2.4. angewendet - das sog. adjungierte Differentialgleichungssystem zu (26) auf. Dies ist ein homogenes Differentialgleichungssystem, bei dem die Koeffizienten in der Summe auf der rechten Seite durch Indexvertauschung aus den Koeffizienten des ursprünglichen Systems entstehen, wobei noch ein Minus-Zeichen hinzugefügt wird. Man hat also in unserem Fall für das adjungierte System:

$$(27) \qquad \dot{\lambda}_j = - \sum_{i=1}^{m} \frac{\partial g_i}{\partial x_j} \lambda_i$$

Multipliziert man nun (26) mit λ_j und summiert über j auf, (27) mit δx_j und summiert über j auf und addiert die beiden so entstehenden Differentialgleichungen, so folgt:

$$(28) \qquad \sum_{j=1}^{m} \dot{\delta x}_j \lambda_j + \sum_{j=1}^{m} \dot{\lambda}_j \delta x_j = \sum_{j=1}^{m} \sum_{i=1}^{m} \frac{\partial g_j}{\partial x_i} \delta x_i \lambda_j +$$

$$+ \sum_{j=1}^{m} \sum_{l=1}^{k} \frac{\partial g_j}{\partial u_l} \delta u_l \lambda_j - \sum_{j=1}^{m} \sum_{i=1}^{m} \frac{\partial g_i}{\partial x_j} \lambda_i \delta x_j$$

Man erkennt jetzt den Sinn der Koeffizientenwahl in (27). Beachtet man nämlich, daß man in einer Summe die Summationsindices beliebig nennen darf und ersetzt im letzten Summanden i durch j und j durch i, so sieht man, daß sich der erste und letzte Summand grade wegheben.

Ferner ist:

$$\sum_{j=1}^{m} \dot{\delta x}_j \lambda_j + \sum_{j=1}^{m} \dot{\lambda}_j \delta x_j = \frac{d}{dt} \left(\sum_{j=1}^{m} \lambda_j \delta x_j \right)$$

so daß man bei Integration von (28) von t_A bis t_E erhält:

$$(29) \qquad \sum_{j=1}^{m} \lambda_j(t_E) \delta x_j(t_E) = \sum_{j=1}^{m} \lambda_j(t_A) \delta x_j(t_A) +$$

$$\int_{t_A}^{t_E} \sum_{j=1}^{m} \left(\sum_{l=1}^{k} \frac{\partial g_j}{\partial u_l} \delta u_l \right) \lambda_j \, dt$$

Nun ist für (27) noch ein Satz von Randwerten frei zu wählen. Setzt man:

$$(30) \qquad \lambda_j(t_E) = \frac{\partial F}{\partial x_j} \bigg|_{t_E,\, u_l(t_E)}$$

so erhält man für die linke Seite von (29) gerade den ersten Summanden von (25), so daß sich (29) mit (30) schreibt:

$$(31) \qquad dF\Big|_{t_E} = \sum_{j=1}^{m} \lambda_j(t_A)\, \delta x_j(t_A) +$$

$$+ \int_{t_A}^{t_E} \sum_{l=1}^{k} \left(\sum_{j=1}^{m} \frac{\partial g_j}{\partial u_l} \lambda_j \right) \delta u_l(t)\, dt + \dot{F}\Big|_{t_E} dt_E$$

Die Wahl von (30) als Randwert für (27) ergibt, daß man die $\lambda_j(t)$ durch Rückwärtsintegration von t_E nach t_A aus (27) mit den Anfangswerten (30) unmittelbar erhält.

Wir können nun (31) wie folgt deuten:

(32)

$$\lambda_j(t_A)$$

gibt den Einfluß einer Veränderung der von uns i. a. als fest gegeben vorausgesetzten Anfangswerte $x_j(t_A) = A_j$ auf $F\Big|_{t_E}$.

$$\lambda_{u_1} = \sum_{j=1}^{m} \frac{\partial g_j}{\partial u_1} \lambda_j$$

die sogennante Einflußfunktion $u_1(t)$, gibt den Einfluß einer Veränderung $\delta u_1(t)$ auf $F\Big|_{t_E}$ und

$$\dot{F}\Big|_{t_E} \quad \sum_{j=1}^{m} \left(\frac{\partial F}{\partial x_j} g_j\right)\Big|_{t_E, u_1(t)} + \frac{\partial F}{\partial t}\Big|_{t_E, u_1(t)}$$

gibt den Einfluß einer Veränderung der Endzeit t_E auf $F\Big|_{t_E}$.

Mit (31) haben wir, da (31) allgemein für Veränderungen von $P[x_j(t_E),\, t_E]$, $Q_r[x_j(t_E),\, t_E]$, $R[x_j(t_E),\, t_E]$ gilt, die Schlüsselgleichung des Gradientenverfahrens gefunden, die bei der nun folgenden Diskussion von Einzelaufgaben alle notwendigen Informationen liefert.

1.3.2. Diskussion verschiedener einfacher Aufgabenstellungen. Wir wollen zunächst den einfachsten Fall betrachten:

Gesucht wird das Minimum von $P[t_E,\, x_j(t_E)]$ bei gegebener Flugzeit ohne Endbedingungen $Q_r[t_E,\, x_j(t_E)]$ mit nur einer Steuerfunktion

u(t) und einer Ausgangslösung $\{x_j{}^{(0)}(t),\ u^{(0)}(t)\}$, die die Anfangsbedingungen erfüllt, indem sie z. B. durch Integration der Gleichungen $x_j = g_j(t, x_i,\ u)$ mit $u^{(0)}(t)$ von den Anfangsbedingungen
$x_j(t_A) = A_j$ berechnet wurde.

Mit t_E gegeben und $\delta x_j(t_A) = 0$ erhält man für dP aus (31):

$$(33) \qquad dP = \int_{t_A}^{t_E} \lambda_u(t)\, \delta u(t)\, dt$$

und dies ist auch die einzige zu beachtende Gleichung. Aus (33)
können wir entweder durch eine Zuordnung der zulässigen Gesamtvariation:

$$N \equiv \int_{t_A}^{t_E} \delta u^2(t)\, dt - \Delta s^2 = 0$$

als Nebenbedingung und Bildung der extremalen Veränderung von dP
unter Beachtung dieser Nebenbedingung:

$$\frac{\partial\left[dP + \nu\left(\Delta s^2 - \int_{t_A}^{t_E} \delta u^2\, dt\right)\right]}{\partial\, \delta u} = 0$$

oder über die einfache Überlegung, daß $\int \vec{a}\, \vec{c}\, dt$ sein Maximum für $\vec{a}$
parallel $\vec{c}$ hat, sehen, daß dP am größten wird für:

$$\delta u(t) \sim \lambda_u(t)$$

An die Stelle der Gradientenrichtung grad F tritt hier also die Einflußfunktion $\lambda_u(t)$ und man hat als Gradientenverfahren:

$$(34) \qquad u^{(p+1)} = u^{(p)} + \lambda_u\Big|_{u^{(p)}} \cdot \Delta s$$

Wir hatten früher gesehen, daß die Gradientenrichtung immer mit der
Optimalitätsbedingung verknüpft war. So war z. B. $\delta y \sim [L]$ beim ein-
fachen Variationsfall, wo $[L] = 0$ Bedingung für einen stationären
Wert ist. Wir müßten demgemäß hier erwarten, daß:

$$\lambda_u = \sum_{j=1}^{m} \frac{\partial g_j}{\partial u} \lambda_j = 0 \qquad \text{mit } \lambda_j \text{ aus:}$$

$$\dot{\lambda}_j = - \sum_{j=1}^{m} \frac{\partial g_i}{\partial x_j} \lambda_i$$

Optimalbedingung ist. Dies sind aber gerade die Bedingungen (II. 93), die Eulerschen Gleichungen für die Pontryaginsche Aufgabenstellung. D. h. die notwendigen Bedingungen der Pontryaginschen Aufgabenstellung für Punkte in einem offenen Steuerfunktionsgebiet lassen sich genauso aus dem Gradientenverfahren vermuten, wie wir aus dem Pontryaginschen Maximumprinzip gefolgert hatten, daß eine Bewegung in Richtung $\text{grad}/_u H^{(-)}$ die Beste Verbesserung eines $H^{(-)}$ berechnet mit einem beliebigen $u^{(0)}(t)$ ergibt. (s. II.1.1.3.)

Als zweites Problem wollen wir nun dieselbe Aufgabe wie eben lösen, nur daß jetzt eine zusätzliche Endbedingung $Q[x_j(t_E), t_E]$ mit zu erfüllen ist. Unsere freie Ausgangslösung kann dabei $Q = 0$ erfüllen, braucht dies aber nicht zu tun.

Jetzt müssen wir (31) für P und Q aufschreiben:

$$(35) \qquad dP = \int_{t_A}^{t_E} \lambda_u^{\,P} \, \delta u \, dt$$

$$dQ = \int_{t_A}^{t_E} \lambda_u^{\,Q} \, \delta u \, dt$$

wobei der Index P bzw. Q bei der Einflußfunktion λ_u anzeigt, ob $\lambda(t)$ gemäß (27), (30) mit den Anfangsbedingungen

$$\left. \frac{\partial P}{\partial x_j} \right|_{t_E} \qquad (\rightarrow \lambda_u^{\,P}(t))$$

oder

$$\left. \frac{\partial Q}{\partial x_j} \right|_{t_E} \qquad (\rightarrow \lambda_u^{\,Q}(t))$$

berechnet ist.

Das weitere Vorgehen ist auf verschiedene Weise möglich. Wir benutzen hier zunächst das von B r y s o n , D e n h a m , C a r r o l l
und M i k a m i in [29] vorgeschlagenen Vorgehen, während wir
später noch auf andere Methoden zu sprechen kommen werden. Man beachtet, daß man, um P zu reduzieren $\sim \lambda_u^P$ und um Q zu beeinflussen $\sim \lambda_u^Q$ vorgehen muß und setzt deshalb:

$$(36) \qquad \delta u = k_0 \lambda_u^P + k_1 \lambda_u^Q$$

Geht man mit (36) in (35) und benutzt die Definition

$$(37) \qquad \int_{t_A}^{t_E} \lambda_u^P(t)\, \lambda_u^Q(t)\, dt = J_{PQ}$$

so erhält man:

$$dP = k_0 J_{PP} + k_1 J_{PQ}$$

$$dQ = k_0 J_{PQ} + k_1 J_{QQ}$$

woraus folgt:

$$(38) \qquad k_0 = \frac{dP\, J_{QQ} - dQ\, J_{PQ}}{J_{PP}\, J_{QQ} - J_{PQ}^2}$$

$$k_1 = \frac{dQ\, J_{PP} - dP\, J_{PQ}}{J_{PP}\, J_{QQ} - J_{PQ}^2}$$

Setzt man für dP, dQ Veränderungen ΔP, ΔQ ein, die man mit einem
linearisierten Schritt erzielen zu können glaubt, z. B. $\Delta P \approx 1\,\%$
von P usw., so sind die rechten Seiten von (38) voll bestimmt, man
kann also die Konstanten k_0, k_1 berechnen und erhält damit aus (36)
ein $\lambda_u(t)$, das in erster Näherung u(t) so verändert, daß die gewünschten Veränderungen ΔP, ΔQ erzielt werden.

Als dritten Fall betrachten wir die Aufgabe, daß zwar keine Endbedingung Q = 0 vorliegt, aber die Flugzeit nicht vorgegeben ist, sondern aus $R[x_j(t_E), t_E] = 0$ berechnet werden muß.

Jetzt ist in (31) nicht mehr $dt_E = 0$ zu setzen. Da aber $R = 0$ bei jedem Schritt gelten muß, ist $dR = 0$, so daß man zu betrachten hat:

$$dP = \int_{t_A}^{t_E} \lambda_u^{\ P} \, \delta u \, dt + \dot{P}\Big|_{t_E} dt_E$$

$$dR \equiv 0 = \int_{t_A}^{t_E} \lambda_u^{\ R} \, \delta u \, dt + \dot{R}\Big|_{t_E} dt_E$$

Wir können aus der zweiten Gleichung dt_E errechnen (bezüglich der Division durch $\dot{R}/_{t_E}$ s. 1.3.5.):

$$(39) \qquad dt_E = - \frac{1}{\dot{R}/_{t_E}} \int_{t_A}^{t_E} \lambda_u^{\ R} \, \delta u \, dt$$

und in dP einsetzen:

$$dP = \int_{t_A}^{t_E} \left\{ \lambda_u^{\ P} - \frac{\dot{P}}{\dot{R}}\Big|_{t_E} \lambda_u^{\ R} \right\} \delta u \, dt$$

so daß praktisch wieder die erste Aufgabenstellung (33) vorliegt, wobei nur

$$\lambda_u^{\ P} \text{ zu ersetzen ist durch } \left\{ \lambda_u^{\ P} - \frac{\dot{P}}{\dot{R}}\Big|_{t_E} \lambda_u^{\ R} \right\}$$

Da $\dfrac{\dot{P}}{\dot{R}}\Big|_{t_E}$ eine Konstante ist, ist $\left\{ \ \right\}$ eine Linearkombination von $\lambda_u^{\ P}$, $\lambda_u^{\ R}$ die auch als solche die homogene Differentialgleichung (27) erfüllen muß, so daß man nicht etwa (27) zweimal mit

$\dfrac{\partial P}{\partial x_j}\Big|_{t_E}$ und $\dfrac{\partial R}{\partial x_j}\Big|_{t_E}$ durchrechnen muß, sondern nur einmal mit den

Anfangswerten:

$$(40) \qquad \lambda_j^{\ PR}\Big|_{t_E} = \frac{\partial P}{\partial x_j}\Big|_{t_E} - \frac{\dot{P}}{\dot{R}}\Big|_{t_E} \frac{\partial R}{\partial x_j}\Big|_{t_E}$$

rückwärts zu integrieren braucht und so unmittelbar

$$(41) \qquad \lambda_u^{PR} = \sum_{j=1}^{m} \frac{\partial g_j}{\partial u} \lambda_j^{P} - \frac{\dot{P}}{\dot{R}}\Bigg|_{t_E} \sum \frac{\partial g_j}{\partial u} \lambda_j^{R}$$

erhält.

Aus (39) folgt im übrigen sogleich die Lösung der Aufgabe, die
Flugzeit selbst zu einem Minimum zu machen. Es liegt dann nämlich
– bei Fehlen von Endbedingungen $Q_r = 0$ – nur die Stopbedingung $R = 0$
vor, und man kann t_E solange gemäß (39) vermindern, indem man:

$$\delta u \sim \lambda_u^{R}$$

ansetzt, wie man ein $dt_E < 0$ erhält.

1.3.3. Einschränkungen für Steuerfunktionen und Lagekoordinaten.

Wir wollen uns nun dem Problem zuwenden, wie man einfach Einschränkungen für eine Steuerfunktion und für die Lagekoordinaten berücksichtigen kann. Auf ein stärker an die theoretischen Grundlagen an-
gelehntes Verfahren, das unseren Überlegungen über Ungleichungen in
II.2.3.1. entspricht, gehen D e n h a m und B r y s o n in [33]
ein, wobei sich jedoch die Frage stellt, ob der so bedingte Aufwand
den einfachen, dem numerischen Verfahren angepaßten Methoden vorzu-
ziehen ist.

Wir betrachten als erstes Ungleichungen für eine Steuerfunktion und
beschränken uns dabei auf den einfachen, aber häufigen Fall, daß die
Steuerfunktion eine konstante untere und obere Grenze besitzt:

$$(42) \qquad u_1 \leq u(t) \leq u_2$$

Dies entspricht eigentlich zwei Ungleichungen:

$$u_1 - u(t) \leq 0$$

$$u(t) - u_2 \leq 0$$

aber da keine zusätzlichen Schwierigkeiten auftreten, können wir
gleich diesen etwas allgemeineren Fall erledigen.

Man geht hierbei davon aus, daß die Näherung $u^{(0)}(t)$ die Beschränkungen nicht verletzt. Kommt man dann im Verlaufe der Iteration zu einem Bahnstück $[t^*, t^{**}]$ bei dem $u^{(p)}(t)$ z. B. noch $\leq u_2$ ist, aber $u^{(p+1)}(t) = u^{(p)} + \delta u(t)$ in $[t^*, t^{**}] > u_2$ würde, so setzt man $\delta u(t)$ über diese Intervall $[t^*, t^{**}]$ einfach gleich Null bzw. $= u_2 - u^{(p)}(t)$.

Man kann dies so deuten, daß man zu einer neuen Steuerfunktion $u^*(t)$ übergegangen ist, die keine Nebenbedingungen der Art (42) zu erfüllen braucht, indem man etwa definiert:

$$u = u_1 \qquad\qquad\qquad \text{für } u^* \leq 0$$

$$u = u_1 + u^*(u_2 - u_1) \qquad \text{für } 0 \leq u^* \leq 1$$

$$u = u_2 \qquad\qquad\qquad \text{für } 1 \leq u^*$$

so daß der in Abb. III.8 gezeigte stetige Zusammenhang zwischen u, u^* entsteht.

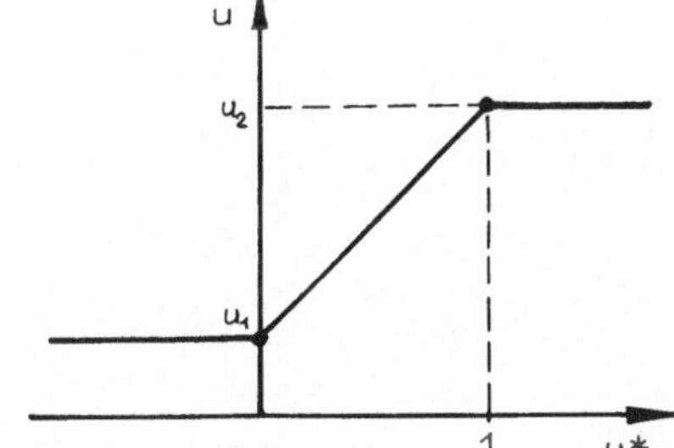

Abb. III.8 Unbegrenzte Ersatz-
steuerfunktion für begrenzte
Steuerfunktionen

Man stetzt dann das Gradientenverfahren für u^* als Steuerfunktion an und berechnet δu^* anstatt δu. Dabei kann man die hergeleiteten Formeln direkt übernehmen, wenn man den formalen Zusammenhang

$$(43) \qquad \delta u = \frac{du}{du^*} \, \delta u^*$$

beachtet. Hierbei muß nur eine Festlegung für $\dfrac{du}{du^*}$ an den Stellen $u^* = 0$, $u^* = 1$ getroffen werden, da $\dfrac{du}{du^*}$ dort unbestimmt ist, etwa $\dfrac{du}{du^*} = 0$ für $u^* = 0$, $u^* = 1$.

Aus (43) folgt dann:

$$\delta u^* \sim \delta u \qquad \text{für } u_1 < u < u_2$$

$$\delta u^* = 0 \qquad \text{für } u = u_1, \; u = u_2$$

d. h., wie wir vorhin gesagt hatten, wird bei einem Erreichen der Einschränkungen die Veränderung der Steuerfunktion einfach Null gesetzt.

Für Ungleichungen, die die Lagekoordinaten betreffen, d. h. also Ungleichungen der Art

$$\hat{S}\,[x_j(t),\,t] \leq 0$$

- vgl. auch II.2.3.1. - verändert man nicht die Steuerfunktion, sondern schafft eine zusätzliche Lagekoordinate. Man setzt nämlich an:

$$(44) \qquad \dot{x}_{\hat{S}} = \hat{S}^2 \hat{H}(\hat{S}) \; ; \quad x_{\hat{S}}(t_A) = 0$$

Wobei $\hat{H}$ die Heavisidesche Sprungfunktion ist:

$$\hat{H}(\hat{S}) = 0 \qquad \text{für } \hat{S} < 0$$

$$\hat{H}(\hat{S}) = 1 \qquad \text{für } \hat{S} \geq 0$$

Integriert man (44) mit $x_{\hat{S}}(t_A) = 0$, so hat man in:

$$(45) \qquad x_{\hat{S}}(t_E) = \int_{t_A}^{t_E} \hat{S}^2 \, \hat{H}(\hat{S}) \, dt$$

eine Aufsummierung der Verletzungen der Ungleichungen und durch Vorgabe der Endbedingung:

$$(46) \qquad Q_{\rho+1}[x_j(t_E),\, t_E] \equiv x_{\hat{S}}(t_E) = 0$$

eine Berücksichtigung der Ungleichung.

Man kann also bei Verwendung von $\tilde{x} = \{x_1,\, x_2 \ldots x_m,\, x_{\hat{S}}\}$ und Ergänzung der Endbedingungen durch (46) genau das normale Gradientenverfahren benutzen. Da $x_{\hat{S}}$ weder in den Bewegungsgleichungen (18) noch

in (44) auftritt, ergibt sich im übrigen als zusätzliche adjungierte
Gleichung nach (27):

$$\dot{\lambda}_{\hat{S}} = 0$$

Bei allen numerisch opportun erscheinenden Verfahren gibt es im üb-
rigen i. a. mehrere mögliche Wege. Wir wollen dies am Beispiel der
Beschränkungen für die Lagekoordinaten zeigen, indem wir folgenden
Fall betrachten: Es gelte als Einschränkung:

$$(47) \qquad x_1 \leq e_1$$

Dann kann man, statt (44) zu benutzen, auch definieren:

$$x_{m+1} = \sqrt{x_1 - e_1}$$

Daraus folgt:

$$(48) \qquad \dot{x}_{m+1} = \frac{1}{2x_1} \dot{x}_1 = \frac{1}{2x_1} g_1(t, x_j, u_1)$$

$$x_{m+1}(t_A) = \sqrt{x_1(t_A) - e_1}$$

und, da wir uns im Reellen bewegen, durch (48) eine automatische
Berücksichtigung von (47).

1.3.4. <u>Behandlung der maximalen Steighöhe einer Höhenrakete mit dem
Gradientenverfahren.</u> Als Beispiel zur näheren Erläuterung des Gra-
dientenverfahrens wollen wir wieder die maximale Steighöhe einer
Höhenrakete betrachten. Wir benutzen dabei die Bezeichnungen aus
II.1.2.3.

Wir beachten, daß wir zunächst eine Schubphase haben, für die wir
die Durchsatzbeschränkung:

$$(49) \qquad \mu_{min} \leq \mu \leq \mu_{max}$$

ansetzen wollen, und daß dann nach Verbrennen des gesamten Treib-
stoffes zwangsläufig noch eine Freiflugphase bis zur Gipfelhöhe
kommt. Wir haben demgemäß zwei Sätze von Bewegungsgleichungen. Für
die Schubphase gilt nach (I.47), (I.53):

$$(50) \qquad \dot{v} = \frac{\widetilde{S} - W}{m} - g$$

$$\dot{h} = v$$

$$\dot{m} = - \mu$$

und gemäß (27):

$$(51) \qquad \dot{\lambda}_v = - \lambda_h + \frac{\partial W}{\partial v} \, \frac{\lambda_v}{m}$$

$$\dot{\lambda}_h = - \left[\left(\frac{\partial \widetilde{S}}{\partial h} - \frac{\partial W}{\partial h} \right) \frac{1}{m} - \frac{\partial g}{\partial h} \right] \lambda_v$$

$$\dot{\lambda}_m = \frac{\widetilde{S} - W}{m^2} \, \lambda_v$$

wenn man mit λ_v die zur Gleichung $\dot{v} = \ldots$ zugeordnete adjungierte Variable bezeichnet usw.

Für die Freiflugphase folgt:

$$(52) \qquad \dot{v} = - \frac{W}{m_1} - g$$

$$\dot{h} = v$$

wenn wir die Nahtstelle zwischen Freiflugphase und angetriebener Phase durch die Zeit t_1 entsprechend der Endmasse m_1 kennzeichnen, und:

$$(53) \qquad \dot{\lambda}_v = - \lambda_h + \frac{\partial W}{\partial v} \, \frac{\lambda_v}{m_1}$$

$$\dot{\lambda}_h = \left(\frac{\partial W}{\partial h} \, \frac{1}{m_1} + \frac{\partial g}{\partial h} \right) \lambda_v$$

Die Anfangsbedingungen des Bewegungsablaufes sind:

$$t = t_A \; ; \; v(t_A) = 0 \; ; \; h(t_A) = 0 \; ; \; m(t_A) = m_0$$

bzw. bei der Freiflugphase:

$$t = t_1 \; ; \; v(t_1) = v_1 \; ; \; h(t_1) = h_1$$

Die Endbedingungen sind:

>   für die Schubphase $m = m_1$
>   für die Freiflugphase $v = 0$

In der angetriebenen Phase ist der Durchsatz $\mu(t)$ variabel, in der
Freiflugphase sind es die Anfangswerte.

Also erhält man für die Schubphase drei sich gemäß der Schlüsselgleichung (31) bei $t = t_1$ ändernde Funktionen:

$$(54) \qquad dv\big|_{t_1} = \int_{t_A}^{t_1} \lambda_\mu{}^v \, \delta\mu \, dt + \dot v\big|_{t_1} dt_1$$

$$dh\big|_{t_1} = \int_{t_A}^{t_1} \lambda_\mu{}^h \, \delta\mu \, dt + \dot h\big|_{t_1} dt_1$$

$$d_m\big|_{t_1} = \int_{t_A}^{t_1} \lambda_\mu{}^m \, \delta\mu \, dt + \dot m\big|_{t_1} dt_1$$

wobei das erste Glied aus (31) gemäß den festen Anfangsbedingungen
entfällt und die Einflußfunktion λ_μ nach (32) und (50) gegeben ist
durch:

$$(55) \qquad \lambda_\mu = \frac{\partial \tilde S}{\partial \mu} \lambda_v - \lambda_m$$

während $\dot v$, $\dot h$, $\dot m$ unmittelbar aus (50) folgen.

Beachtet man, daß die letzte Gleichung in (54) Stopbedingung ist,
also gilt:

$$dm\big|_{t_1} = 0$$

so kann man dt_1 aus dieser Gleichung ausrechnen und in die oberen
beiden Gleichungen von (54) einsetzen.

Für die Einflußfunktionen bezüglich v, h, m hat man als Randwerte
bei $t = t_1$ nach (30):

$$(56) \qquad \lambda_v^v\Big|_{t_1} = \frac{\partial v}{\partial v}\Big|_{t_1} = 1 \;\; ; \;\; \lambda_v^h\Big|_{t_1} = 0 \;\; ; \;\; \lambda_v^m\Big|_{t_1} = 0$$

$$\lambda_h^v\Big|_{t_1} = \frac{\partial v}{\partial h}\Big|_{t_1} = 0 \;\; ; \;\; \lambda_h^h\Big|_{t_1} = 1 \;\; ; \;\; \lambda_h^m\Big|_{t_1} = 0$$

$$\lambda_m^v\Big|_{t_1} = \frac{\partial v}{\partial m}\Big|_{t_1} = 0 \;\; ; \;\; \lambda_m^h\Big|_{t_1} = 0 \;\; ; \;\; \lambda_m^m\Big|_{t_1} = 1$$

Damit folgt unmittelbar aus (51), da die ersten beiden Gleichungen
dort ein in sich geschlossenes lineares System bilden, in unserem
Fall:

$$\lambda_v^m = \lambda_h^m \equiv 0 \;\; ; \;\; \lambda_m^m \equiv 1$$

so daß sich nach (55) ergibt:

$$\lambda_\mu^m \equiv -1$$

Für (54) hat man bei Ersetzen von dt_1 aus der Stopbedingung und Beachtung der letzten Gleichung von (50) und der Gleichung (55) somit:

$$(57) \qquad dv\Big|_{t_1} = \int_{t_A}^{t_1} \left(\lambda_v^v \frac{\partial \widetilde{S}}{\partial \mu}_m - \lambda_m^v - \frac{\dot{v}}{\mu}\Big|_{t_1} \right) \delta\mu \; dt$$

$$dh\Big|_{t_1} = \int_{t_A}^{t_1} \left(\lambda_v^h \frac{\partial \widetilde{S}}{\partial \mu}_m - \lambda_m^h - \frac{\dot{h}}{\mu}\Big|_{t_1} \right) \delta\mu \; dt \;\; \cdot$$

wobei die letzte Gleichung von (50) mitbeachtet ist.

Für die Freiflugphase gilt nach der Schlüsselgleichung:

$$(58) \qquad dv\Big|_{t_E} = \lambda_h^v \; dh\Big|_{t_1} + \lambda_v^v \; dv\Big|_{t_1} + \dot{v}\Big|_{t_E} dt_E$$

$$dh\Big|_{t_E} = \lambda_h^h \; dh\Big|_{t_1} + \lambda_v^h \; dv\Big|_{t_1} + \dot{h}\Big|_{t_E} dt_E$$

d. h. es entfällt das Glied mit $\delta\mu$, so daß nur eine Beziehung zwischen Anfangs- und Endwerten entsteht.

Hier ist die erste Gleichung Stopbedingung:

$$dv\Big|_{t_E} = 0$$

woraus sich wieder dt_E berechnen läßt. Allerdings entfällt hier das Ersetzen von dt_E in der zweiten Gleichung, da dort wegen $\dot{h} = v$ nach (52) und $v/_{t_E} = 0$ der Summand mit dt_E Null ist. Es bleibt also von (58):

$$(59) \qquad dh\Big|_{t_E} = \lambda_h^h \, dh\Big|_{t_1} + \lambda_v^h \, dv\Big|_{t_1}$$

wobei λ_h^h, λ_v^h – und für die dt_E-Bestimmung λ_v^h, λ_v^v – aus (53) zu berechnen sind mit:

$$(60) \qquad \lambda_h^h\Big|_{t_E} = \frac{\partial h}{\partial h}\Big|_{t_E} = 1 \quad ; \quad \lambda_h^v\Big|_{t_E} = 0$$

$$\lambda_v^h\Big|_{t_E} = \frac{\partial h}{\partial v}\Big|_{t_E} = 0 \quad ; \quad \lambda_v^v\Big|_{t_E} = 1$$

Wir können endlich (57) in (59) einsetzen, wobei wir wegen des Schubsprunges bei $t = t_1$ [vgl. (49)] zwischen t_1^- und t_1^+ unterscheiden müssen, je nachdem, ob t_1 als Ende der Schubphase oder Anfang der Freiflugphase verstanden wird, und erhalten in:

$$(61) \qquad dh\Big|_{t_E} = \int_{t_A}^{t_1} \left\{ \lambda_h^h\Big|_{t_1^+} \left(\lambda_v^h \, \frac{\partial \tilde{S}}{\partial \mu}\frac{}{m} - \lambda_m^h - \frac{v}{\mu}\Big|_{t_1^-} \right) + \right.$$

$$\left. + \lambda_v^h\Big|_{t_1^+} \left(\lambda_v^v \, \frac{\partial \tilde{S}}{\partial \mu}\frac{}{m} - \lambda_m^v - \frac{\dot{v}}{\mu}\Big|_{t_1^-} \right) \right\} \delta\mu \, dt$$

die gesuchte Veränderung der Endhöhe als Funktion von Veränderungen der Steuerfunktion $\mu(t)$.

Die Gleichungen (50), (52); (51), (53); (56), (60) und (61) benutzt man nun zur praktischen Lösung wie folgt:

Man wählt eine Ausgangsnäherung $\mu^{(0)}(t)$ und integriert mit dieser
die Bewegungsgleichungen (50) von den Anfangswerten aus bis $m = m_1$
und anschließend die Gleichungen der Freiflugphase (52) bis $v = 0$.
Mit den so ermittelten $x_j(t)$ integriert man nun rückwärts von t_E
bis t_1 die adjungierten Gleichungen (53) unter Benutzung der Anfangswerte (60) und von t_1 bis t_A die adjungierten Gleichungen der
Schubphase mit den Anfangswerten (56).

Gemäß (61) setzt man an:

$$\delta\mu(t) = k_0 \left\{ \lambda_h^h \Big|_{t_1^+} \left(\lambda_v^h \frac{\partial \widetilde{S}}{\partial \mu} - \lambda_m^h - \frac{v}{\mu} \Big|_{t_1^-} \right) + \right.$$

$$\left. + \lambda_v^h \Big|_{t_1^+} \left(\lambda_v^v \frac{\partial \widetilde{S}}{\partial \mu} - \lambda_m^v - \frac{\dot{v}}{\mu} \Big|_{t_1^-} \right) \right\}$$

und kann dann bei Vorgabe eines $\Delta h \Big|_{t_E}^{(0)}$ aus (61) $k_0^{(0)}$ berechnen.
Sodann setzt man:

$$\mu^{(1)}(t) = \mu^{(0)}(t) + k_0^{(0)} \delta\mu(t)$$

und achtet darauf, daß $\mu^{(1)}(t)$ die Begrenzungen (49) nicht verletzt.
Nun geht man mit $\mu^{(1)}(t)$ genauso vor wie mit $\mu^{(0)}(t)$ usw.

Die Rechnung wird dann beendet, wenn auch ein kleines Δh ein großes
$\delta\mu$ verlangt, also nicht mehr erreicht werden kann. Die gefundene
Endhöhe ist die maximal erreichbare Endhöhe im Rahmen der vorgegebenen Genauigkeit.

Bei der Rechnung kann dann eine Schwierigkeit auftreten, wenn
der Flug mit dem neuen Durchsatz länger dauert als mit dem al-
ten Durchsatz. Dann ist $\mu^{(p+1)}(t)$ für $t > t_1^{(p)}$ nicht definiert. Da
wir $\mu(t)$ sowieso verformen, können wir irgendeine zweckmäßige Ver-
längerung vornehmen, z. B. eine lineare Extrapolation.

Es sollen nun noch einige Rechenergebnisse, die wie das Beispiel
selbst [58] entnommen sind, angegeben werden. Die Größen $\widetilde{S}$, W, g
sind allgemein durch die Formeln (II.25) bis (II.27) gegeben.

Für die Atmosphäre wurden die Werte der US-Standardatmosphäre 1962
benutzt. Als Raketendaten wurden angesetzt:

$$(62) \quad m_0 = 21,9 \; \frac{\text{kp sec}^2}{\text{m}} \qquad m_1 = 6,93 \; \frac{\text{kp sec}^2}{\text{m}}$$

$$\mu_{min} = 0,243 \; \frac{\text{kp sec}}{\text{m}} \qquad \mu_{max} = 0,971 \frac{\text{kp sec}}{\text{m}}$$

$$w_A = 2060 \quad \text{m/sec} \qquad F = 0,057 \; \text{m}^2$$

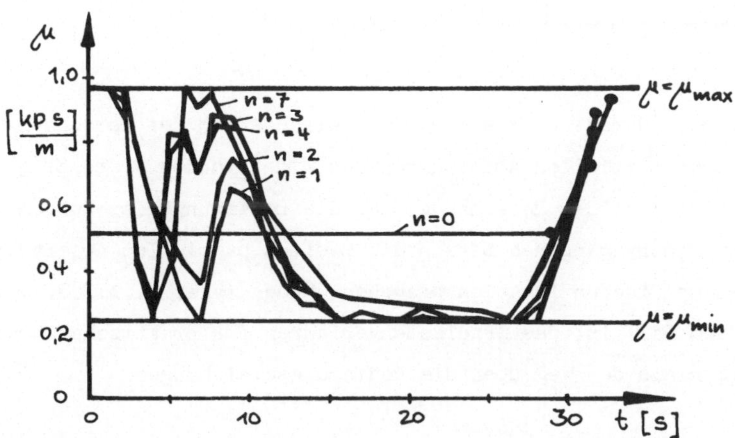

Abb. III.9 Widerstandsbeiwert
der Höhenrakete

Abb. III.10 Durchsatzoptimierung bei der Höhenrakete nach dem
Gradientenverfahren aus [58]

Die Höhenabhängigkeit des Schubes wurde vernachlässigt, indem
$F_E = 0$ gesetzt wurde; für c_W wurde der in der Abb. III.9 angegebene
Verlauf benutzt. Dann ergibt sich die in der Abb. III.10 gezeigte

Veränderung des ursprünglich als konstant angesetzten Durchsatzes $\mu^{(0)}(t)$ $(n = 0)$. Dabei wurde in der ersten Näherung ein $\Delta h\big|_{t_E}^{(0)}$ von

$\sim 20\ \%$ von $h\big|_{t_E}^{(0)}$ benutzt und dann in den Folgeschritten immer das

tatsächliche $\Delta h\big|_{t_E}$ des vorigen Schrittes, das wegen der nur ange-
näherten Erfüllung von (22) immer etwas kleiner ist als das vorge-
gebene $\Delta h\big|_{t_E}^{(p-1)}$. Die Veränderung der Steighöhe zeigt die Abbildung

III. 11 aus der man erkennt, daß man sich einem Wert von ca. 165,5
km für die Steighöhe nähert und durch die letzten Iterationen nur
noch geringfügige Veränderungen erzielt.

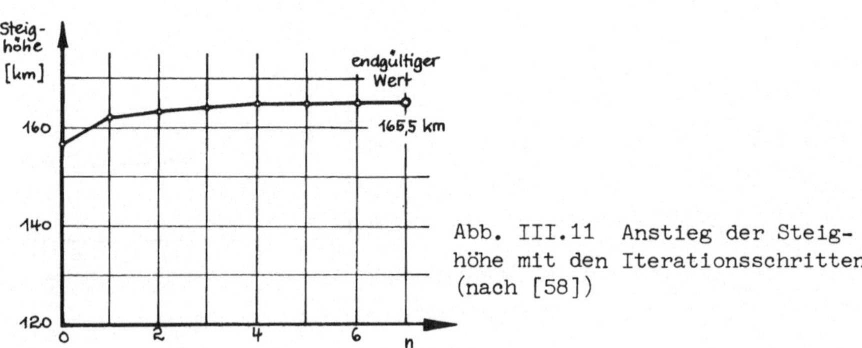

Abb. III.11 Anstieg der Steighöhe mit den Iterationsschritten
(nach [58])

Es sei noch darauf hingewiesen, daß wir hier in der Berechnung nur
die ersten partiellen Ableitungen des Widerstandes W benötigen,
während wir bei der Berechnung über die Bedingungsgleichungen gemäß den Pontryaginschen Sätzen die zweiten partiellen Ableitungen
dieser empirischen Funktion brauchen würden (vgl. II.1.2.3.); d. h.
in diesem Fall ist das Gradientenverfahren für praktische Lösungen
günstiger als der Weg über die Bedingungsgleichungen.

<u>1.3.5. Erörterung der allgemeinen Aufgabenstellung.</u> Wir haben uns
bisher auf bestimmte, einfache Aufgabenstellungen beschränkt. Wir
wollen nunmehr annehmen, daß gleichzeitig mit $P[x_j(t_E),\ t_E] = \mathrm{Min}$
ρ Endbedingungen $Q_r[x_j(t_E),\ t_E] = 0$ und eine Stopbedingung $R[x_j(t_E),$
$t_E] = 0$ zu erfüllen sind. Dann sind gleichzeitig zu beachten:

$$(63) \qquad dP = \sum_{j=1}^{m} \lambda_j^P(t_A)\, \delta x_j(t_A) +$$

$$+ \int_{t_A}^{t_E} \sum_{l=1}^{k} \sum_{j=1}^{m} \frac{\partial g_j}{\partial u_l} \lambda_j^P\, \delta u_l\, dt + \dot{P}\Big|_{t_E} dt_E$$

$$dQ_r = \sum_{j=1}^{m} \lambda_j^{Q_r}(t_A)\, \delta x_j(t_A) +$$

$$+ \int_{t_A}^{t_E} \sum_{l=1}^{k} \sum_{j=1}^{m} \frac{\partial g_j}{\partial u_l} \lambda_j^{Q_r}\, \delta u_l\, dt + \dot{Q}_r\Big|_{t_E} dt_E$$

$$0 = dR = \sum_{j=1}^{m} \lambda_{,j}^{R}(t_A)\, \delta x_j(t_A) +$$

$$+ \int_{t_A}^{t_E} \sum_{l=1}^{k} \sum_{j=1}^{m} \frac{\partial g_j}{\partial u_l} \lambda_j^R\, \delta u_l\, dt + \dot{R}\Big|_{t_E} dt_E$$

Wir lösen wieder (vgl. 1.3.2.) die letzte Gleichung nach dt_E auf:

$$dt_E = -\frac{1}{\dot{R}\big|_{t_E}} \sum_{j=1}^{m} \lambda_j^R(t_A)\, \delta x_j(t_A) -$$

$$- \int_{t_A}^{t_E} \frac{1}{\dot{R}\big|_{t_E}} \sum_{l=1}^{k} \sum_{j=1}^{m} \frac{\partial g_j}{\partial u_l} \lambda_j^R\, \delta u_l\, dt$$

wobei wir das konstante $\dot{R}\big|_{t_E}$ unter das Integral gezogen haben.
Die Division durch $\dot{R}\big|_{t_E}$ ist erlaubt, da

$$\dot{R}\big|_{t_E} \equiv \frac{dR}{dt}\Big|_{t_E} \neq 0$$

gelten muß. $\dot{R}\big|_{t_E} = 0$ würde nämlich bedeuten, daß sich R in der Um-
gebung von t_E bei Variation von t nicht verändern würde, also R = 0
als Stopbedingung zur Festlegung von t_E nicht zu gebrauchen ist.

Definieren wir jetzt entsprechend (41):

$$(64) \qquad \lambda_j^{FR}(t) = \lambda_j^F(t) - \frac{\dot{F}}{\dot{R}}\Bigg|_{t_E} \lambda_j^R(t)$$

so erhalten wir statt (63):

$$(65) \qquad dP = \sum_{j=1}^m \lambda_j^{PR}(t_A)\, \delta x_j(t_A) +$$

$$+ \int_{t_A}^{t_E} \sum_{l=1}^k \sum_{j=1}^m \frac{\partial g_j}{\partial u_l} \lambda_j^{PR}\, \delta u_l\, dt$$

$$dQ_r = \sum_{j=1}^m \lambda_j^{Q_r R}(t_A)\, \delta x_j(t_A) +$$

$$+ \int_{t_A}^{t_E} \sum_{l=1}^k \sum_{j=1}^m \frac{\partial g_j}{\partial u_l} \lambda_j^{Q_r R}\, \delta u_l\, dt$$

und haben so die Aufgabe (35) für r Nebenbedingungen und k Steuerfunktionen, wobei λ_j^{FR} direkt mit den sich gemäß (64) und (30) ergebenden Anfangsbedingungen aus (27) zu berechnen ist.

Die einfachste Lösung läßt sich entsprechend (36) ansetzen:

$$(66) \qquad \delta u_l = k_0\, \lambda_{u_l}^{PR} + \sum_{r=1}^\rho k_r\, \lambda_{u_l}^{P Q_r}$$

wobei wir von der Abkürzung λ_{u_l} gemäß (32) Gebrauch gemacht haben.

Dieses δu_l wird in (65) eingesetzt und so ein lineares Gleichungssystem erhalten, aus dem bei Vorgabe geschätzter sinnvoller Veränderungen ΔP, ΔQ_r die k_0, $k_1 \ldots k_\rho$ berechnet werden können.

Bei diesem Vorgehen ist bei jedem Schritt die Gesamtvariation:

$$\int_{t_A}^{t_E} \sum_{l=1}^k \delta u_l^2\, dt$$

jeweils verschieden. Verlangt man zu große Schritte, so ist die Linearisierungsbedingung verletzt, d. h. beim Durchrechnen mit den über (66) berechneten $\delta u_1(t)$ werden Werte $\widetilde{\Delta P}$, $\widetilde{\Delta Q}_r$ erhalten, die entweder alle oder auch nur teilweise von den vorgesehenen und der Rechnung zugrunde gelegten ΔP, ΔQ_r stark abweichen. Das Annähern an das Optimum macht sich dadurch bemerkbar, daß die Determinante des linearen Gleichungsystems gegen Null geht, d. h. daß zur Erzielung eines bestimmten zu groß gewählten ΔP $k_0 \to \infty$ gehen müßte. Dies ist selbstverständlich, da P nicht unter seinen Minimalwert gebracht werden kann.

Man kann nun aber auch, statt ΔP, ΔQ_r vorzugeben, die Gesamtvariation der $u_1(t)$ bei jedem Schritt gleich halten, um so in etwa immer eine Kontrolle über die Linearisierungsanforderungen zu bewahren. Wir wollen bei der Schilderung dieses Vorgehens, um eine möglichst gute Übersichtlichkeit zu erreichen, nur eine Steuerfunktion betrachten. Die sehr ähnlichen Formeln für Fälle mit mehreren Steuerfunktionen kann man leicht entsprechend dem hier benutzten Vorgehen herleiten.

Wir setzen zunächst an:

$$(67) \qquad \Delta s^2 = \int_{t_A}^{t_E} \widetilde{W}(t)\, \delta u^2(t)\, dt$$

wobei Δs das vorgegebene Maß der Gesamtänderung darstellt und $\widetilde{W}(t)$ eine beliebig wählbare positive Gewichtsfunktion ist, die es erlaubt, der Empfindlichkeit des Systems an einzelnen Stellen Rechnung zu tragen, bzw. sogar $u(t)$ über einen bestimmten Bereich konstant zu halten.

Zur Bestimmung des günstigsten $\delta u(t)$ betrachten wir wie früher die Extremalbedingung:

$$(68) \qquad \frac{\partial \left\{ dP + \sum_{r=1}^{\rho} \widetilde{v}_r \left(\Delta Q_r - \int_{t_A}^{t_E} \lambda_u^{Q_r R}\, \delta u\, dt \right) + \mu \left(\Delta s^2 - \int_{t_A}^{t_E} \widetilde{W}(t)\delta u^2\, dt \right) \right\}}{\partial\, \delta u} = 0$$

d. h. wir suchen das $\delta u(t)$, das die maximale Veränderung dP von P
liefert unter den Nebenbedingungen der Erzielung vorgegebener ΔQ_r
und der Einhaltung von (67).

Aus (68) folgt als hinreichende Bedingung mit dP aus (65):

$$\lambda_u^{PR} - \sum_{r=1}^{\rho} \tilde{\nu}_r \lambda_u^{Q_r R} - 2\tilde{\mu}\,\tilde{W}\,\delta u = 0$$

d.h.

$$(69) \qquad \delta u(t) = \frac{1}{2\tilde{\mu}\,\tilde{W}(t)} \cdot \left\{ \lambda_u^{PR} - \sum_{r=1}^{\rho} \tilde{\nu}_r \lambda^{Q_r R} \right\}$$

Die konstanten Lagrangeschen Multiplikatoren $\tilde{\mu}$, $\tilde{\nu}_r$ sind durch Einsetzen von (69) in $\Delta Q_r = \ldots$ aus (65) und in (67) zu berechnen. Dabei geht man zweckmäßigerweise zur Matrizenschreibweise über, die
bisher im wesentlichen vermieden wurde, um die Komplexität der
Rechnung deutlich zu machen.

Mit den Bezeichnungen:

$$(70) \qquad \vec{d\beta} = \left\{ \left(\Delta Q_r - \sum_{j=1}^{m} \lambda_j^{Q_r R}(t_A)\, \delta x_j(t_A) \right) \right\}$$

$$J^{FG} = \int_{t_A}^{t_E} \frac{\lambda_u^{FR}(t)\, \lambda_u^{GR}(t)}{\tilde{W}(t)}\, dt$$

$$\vec{J}^{PQ} = \left\{ \left(J^{P Q_r} \right) \right\}$$

$$J^{QQ} = \left\{ \left(J^{Q_r Q_s} \right) \right\}$$

erhält man so für

$$(71) \qquad 2\widetilde{\mu} = \pm \left[\frac{J^{PP} - \vec{J}^{PQ^T} \left(\overline{J^{QQ}}\right)^{-1} \vec{J}^{PQ}}{\Delta s^2 - \vec{d\beta}^T \left(\overline{J^{QQ}}\right)^{-1} \vec{d\beta}} \right]^{-\frac{1}{2}}$$

worin das T die Transponierung anzeigt. Für die $\widetilde{\nu}_r$ ergibt sich:

$$(72) \qquad \vec{\widetilde{\nu}}^{\,T} = \begin{pmatrix} \widetilde{\nu}_1 \\ \vdots \\ \widetilde{\nu}_\rho \end{pmatrix} = -2\widetilde{\mu} \left(\overline{J^{QQ}}\right)^{-1} \vec{d\beta} + \left(\overline{J^{QQ}}\right)^{-1} \vec{J}^{PQ}$$

Bei den einfach aussehenden Formeln (71), (72) ist zu beachten, daß
in der Berechnung der Umkehrmatrix und der anschließenden Matrix-
multiplikation einiger Rechenaufwand steckt. Das Vorzeichen in (71)
ist davon abhängig, ob man ein Maximum oder ein Minimum von P sucht.

Der Gesamtvorgang sieht dann so aus:

Man schätzt ein $u^{(0)}(t)$ und berechnet damit eine Ausgangslösung.
Dies ergibt die Anfangswerte für die Rückwärtsintegration und i. a.
Abweichungen von den Endbedingungen $Q_r = 0$. Aus der Rückwärtsintegration folgen direkt die λ_j^{FR} und damit auch die λ_u^{FR} und nach (70)
die J^{FG}. Sodann wählt man eine Gesamtveränderung von $u(t)$ durch
Vorgabe eines Δs von dem man annimmt, daß damit die Linearisierungsbedingungen nicht verletzt werden. $\widetilde{W}(t)$ wird i. a., wenn nicht gerade besondere Kenntnisse über den Vorgang vorliegen, gleich 1 gesetzt. Weiter setzt man die gewünschten Veränderungen ΔQ_r fest, damit die $Q_r \rightarrow 0$ gedrückt werden. Dabei muß man aber beachten, daß bei
gegebener Gesamtvariation Δs keine beliebig großen ΔQ_r erreicht
werden können. Dies drückt sich darin aus, daß bei der jetzt folgenden Berechnung $\widetilde{\mu}$ nach (71) der Radikant negativ wird, wenn die
ΔQ_r zu groß angesetzt sind. Mit $\widetilde{\mu}$ kann nach (72) $\vec{\nu}$ und dann aus
(69) $\delta u(t)$ berechnet werden. Alsdann setzt man $u^{(1)}(t) = u^{(0)}(t) +$
$+ \delta u^{(0)}(t)$ und beginnt wieder von vorn.

Man weiß, daß man so für das gewählte Δs bei Erzielung der Veränderungen ΔQ_r die maximale Veränderung von P erreicht hat, und zwar
die maximale Zunahme von P mit dem Pluszeichen und die maximale Ab-

nahme mit dem Minuszeichen in der Formel (71). Ein zu großer Schritt Δs macht sich so bemerkbar, daß die vorausgesetzten ΔQ_r bei der Durchrechnung der Bewegungsgleichungen nur sehr schlecht angenähert werden. Das Ende der Integration ergibt sich, wenn die Veränderungen von $P^{\cdot}$ bei $\Delta Q_r = 0$ nicht mehr wesentlich sind; $\Delta Q_r = 0$ ist notwendig, da sich ein kleines dP bei $\Delta Q_r \neq 0$ auch daraus ergeben kann, daß die limitierte Veränderung $\delta u(t)$ im wesentlichen zur Erzielung der gewünschten Veränderungen ΔQ_r in den Nebenbedingungen verbraucht wird.

Grundsätzlich sehen wir, daß sowohl bei dem ersten Verfahren, bei dem ΔP, ΔQ_r vorgegeben wurde und das, wie schon bemerkt, von B r y - s o n , D e n h a m , C a r r o l l , M i k a m i in [29] angeregt wurde, als auch bei dem zweiten Verfahren, bei dem Δs, ΔQ_r vorgegeben wird, und das von K e l l e y in [46] angegeben ist, die Berücksichtigung von Nebenbedingungen $Q_r = 0$ die Auflösung eines evtl. umfangreichen linearen Gleichungssystems erfordert.

Man kann dies umgehen, indem man auf den bei gewöhnlichen Extremalaufgaben beschriebenen Kunstgriff zur Berücksichtigung der Nebenbedingungen zurückkommt. Wir versuchen demgemäß, analog (14) statt $P \Rightarrow \text{Min}$ bei einem schrittweisen Abbau der Abweichungen ΔQ_r von $Q_r = 0$ das Ersatzproblem zu lösen:

$$(73) \qquad P^* = P + \sum_{r=1}^{\rho} K_r Q_r^2 \Rightarrow \text{Min}$$

Die K_r sind vorgegebene zunächst beliebig gewählte positive Konstanten. Der Einfluß der Größe der K_r auf P^* wird mit einer zweiten Rechnung mit anderen K_r festgestellt. Sodann werden die K_r solange vergrößert (z. B. verdoppelt), bis die Abweichungen von $Q_r = 0$ und die Veränderungen von P^* zwischen zwei aufeinanderfolgenden Rechnungen im Rahmen der vorgeschriebenen Genauigkeit als ausreichend klein anzusehen sind. Durch verschieden große K_r kann einer evtl. verschieden großen Bedeutung bei den $Q_r = 0$ Rechnung getragen werden.

Man erhält mit (73) statt (65) den Ansatz:

$$(74) \qquad dP = \sum_{j=1}^{m} \lambda_j^{*PR}(t_A)\, \delta x_j(t_A) +$$

$$+ \int_{t_A}^{t_E} \sum_{l=1}^{k} \sum_{j=1}^{m} \frac{\partial g_j}{\partial u_l}\, \lambda_j^{*PR}(t)\, \delta u_l(t)\, dt$$

wobei der Unterschied, der es erlaubt, die Gleichungen für die dQ_r wegzulassen, in den λ_j^{*} liegt, die sich gegenüber den λ_j dadurch auszeichnen, daß die Anfangsworte für die Rückwärtsintegration nunmehr lauten:

$$(75) \qquad \lambda_j^{*PR}\Big|_{t_E} = \left[\frac{\partial P}{\partial x_j}\Big|_{t_E} + \sum_{r=1}^{\rho} K_r \left(\frac{\partial Q_r}{\partial x_j}\right)^2 \Big|_{t_E}\right] -$$

$$- \frac{\left[\dot{P} + \sum_{r=1}^{\rho} 2K_r Q_r \dot{Q}_r\right]}{\dot{R}}\Bigg|_{t_E} \frac{\partial R}{\partial x_j}\Big|_{t_E}$$

Der ganze Formalismus wird also durch den Ansatz (73) wesentlich vereinfacht. Insbesondere läßt sich so ein Rechenprogramm, in dem Nebenbedingungen nicht von vornherein mit einprogrammiert wurden, leicht auf Aufgaben mit Nebenbedingungen erweitern.

Welche der drei beschriebenen Methoden am besten angewendet wird, wäre an Hand verschiedener numerischer Beispiele zu untersuchen. Ergebnisse zu dieser Frage scheinen noch nicht vorzuliegen. Dem Kerngedanken, numerisch möglichst einfach zu Ergebnissen zu gelangen, trägt allerdings m. E. das letzte Verfahren am besten Rechnung, dem in der Rangfolge der Einfachheit dann das erste Verfahren folgen würde.

<u>1.3.6. Approximationsgrad der Originaltrajektorien.</u> Bei der Anwendung des Gradientenverfahrens bricht man die numerischen Iterationen ab, wenn die Veränderung der zu extremierenden Größe $P[x_j(t_E), t_E]$ nicht mehr wesentlich ist. Bedenkt man nun, daß nicht notwendig alle Teile einer Flugbahn den gleichen Einfluß auf die zu optimierende Größe haben müssen, so wird man vermuten, daß nicht alle Teile der Ausgangslösung in gleichem Maße an die durch die theoretischen Bedingungsgleichungen gekennzeichnete Optimallösung angeglichen werden, sondern daß die Ergebnisbahn und die Ergebnissteuerfunktionen in gewissem Grade von der Ausgangsbahn und dem Ausgangsverlauf der Steuerfunktionen abhängig bleiben werden.

Dies ist auch tatsächlich der Fall, wie man z. B. aus der Iterationsfolge in den Abb. III.12, 13, 14 sieht, die aus [57] entnommen sind:

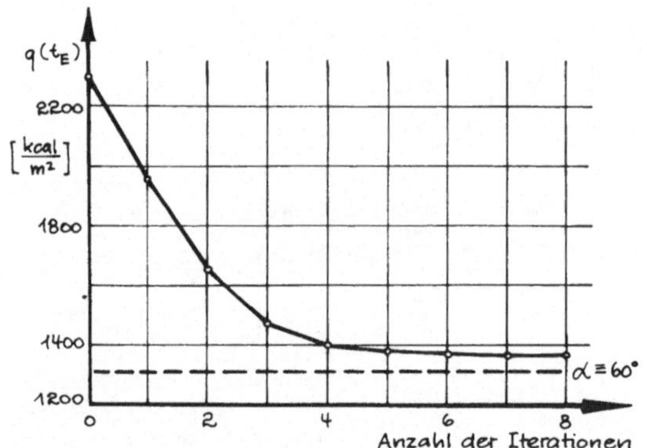

Abb. III.12 Verminderung der Aufheizung mit der Zahl der Iterationsschritte bei einem Wiedereintrittskörper nach [57]

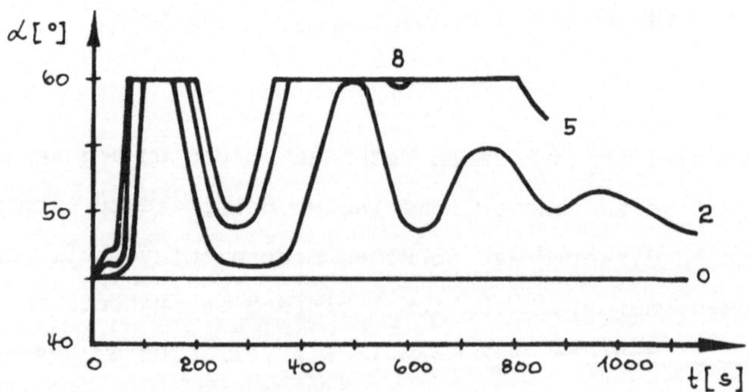

Abb. III.13 Anstellwinkelveränderung mit den Iterationschritten nach dem Gradientenverfahren([57])

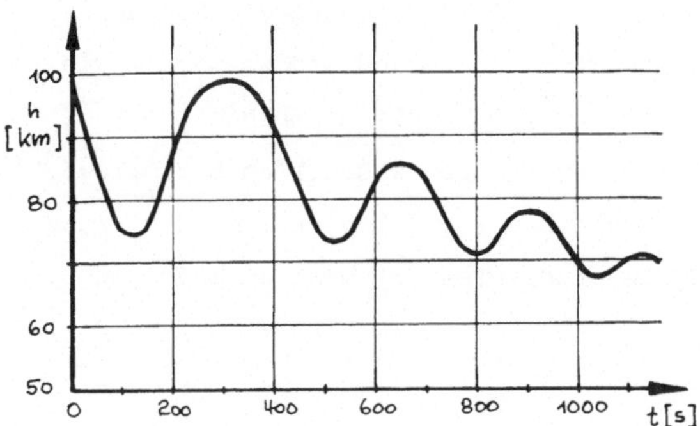

Abb. III.14   Höhenverlauf einer Wiedereintrittsbahn

Für einen Wiedereintrittskörper, auf dessen Form usw. hier nicht
näher eingegangen zu werden braucht, erhält man mit einem konstanten Anstellwinkel von $\alpha = 60^{\circ}$ im Staupunkt eine Aufheizung von
$q(t_E) = 1313 \; \frac{kcal}{m^2}$. Berechnet man mit $\alpha^{(0)}(t) = 60^{\circ}$ die Einflußfunktion $\lambda_{\alpha}^{q}(t)$ so ergibt sich, daß eine Verminderung für $q(t_E)$ nur durch
Winkel $\alpha > 60^{\circ}$ erzielt werden kann. Damit ist $\alpha = 60^{\circ}$ für eine Anstell-
winkelbegrenzung $10^{\circ} \le \alpha \le 60^{\circ}$ die gesuchte Optimallösung.

In Abb. III.12 ist der Wert $q(t_E) = 1313 \; \frac{kcal}{m^2}$ als untere Begrenzung
und die iterative Annäherung an diese untere Begrenzung für eine
Gradientenverfahren-Rechnung mit $\alpha^{(0)}(t) = 45^{\circ}$ dargestellt. In Abb.
III.13 ist der Anstellwinkelverlauf über der Zeit aufgetragen und
seine iterative Veränderung von $\alpha^{(0)}(t)$ bis $\alpha^{(8)}(t)$. Mit $\alpha^{(8)}(t)$ ist
nach Abb. III.12 der Optimalwert von $1313 \; \frac{kcal}{m^2}$ schon recht gut erreicht; $\alpha^{(8)}(t)$ schmiegt sich in einem großen Zeitbereich auch dem
optimalen Winkelprogramm $\alpha(t) = 60^{\circ}$ recht gut an, weicht aber bei
t = 0 sec und t = 250 sec nur relativ wenig von der Ausgangslösung
ab.

Die Ursache dafür zeigt Abb. III.14, in der die Höhe h für $\alpha^{(0)}(t) =$
45° über der Zeit aufgetragen ist. Da für t = 0 und t = 250 sec die
Maxima der wellenförmig verlaufenden Bahn durchflogen werden und
dort die Luftdichte gering ist, so daß die Aufheizung dort klein
bleibt, bringt eine Veränderung in diesem Bahnteil für die ange-
strebte Optimierung nur wenig ein.

Das Ausgangsanstellwinkelprogramm und die Ausgangslösung bleiben deshalb dort für die Bahn bestimmend und es wird - wie vermutet - nur der für die Optimierung maßgebliche Bahnteil bei der Bahnverformung durch das Gradientenverfahren wesentlich beeinflußt. (s. auch den Vergleich der Ergebnisse zur Höhenraketenoptimierung nach dem Bellmanschen- und dem Gradientenverfahren am Ende von 3.4.3.)

2. Verallgemeinerungen des Gradientenverfahrens 1. Ordnung und verwandte Verfahren

2.1. Das Gradientenverfahren 2. Ordnung

2.1.1. Definition des Gradientenverfahrens 2. Ordnung. Wir betrachten die Mayersche Problemstellung.

Beim Gradientenverfahren 1. Ordnung haben wir formal für die Veränderung einer Funktion $F[x_j(t_E), t_E]$ geschrieben [vgl. (24)]:

$$(76) \qquad dF\Big|_{t_E} = \sum_{j=1}^{m} \frac{\partial F}{\partial x_j}\Bigg|_{t_E,\, u_1(t)} dx_j(t_E) + \frac{\partial F}{\partial t}\Bigg|_{t_E,\, u_1(t)} dt_E$$

Dies läßt sich - wie schon in III.1.3.7. angedeutet - als der lineare Anteil einer Taylor-Entwicklung ansehen. Man kann nämlich schreiben ($dx_j(t_E)$ abgekürzt durch dx_j):

$$(77) \qquad F[x_j(t_E) + dx_j,\, t_E + dt_E]$$

$$= F[x_j(t_E),\ t_E] + \sum_{j=1}^{m} \frac{\partial F}{\partial x_j}\bigg|_{t_E,\,u_1(t)} dx_j + \frac{\partial F}{\partial t}\bigg|_{t_E,\,u_1(t)} dt_E +$$

$$+ \frac{1}{2}\left\{ \sum_{j=1}^{m} \sum_{i=1}^{m} \frac{\partial^2 F}{\partial x_j \partial x_i}\bigg|_{t_E,\,u_1(t)} dx_j\, dx_i +\right.$$

$$+ \sum_{j=1}^{m} \frac{\partial^2 F}{\partial x_j \partial t}\bigg|_{t_E,\,u_1(t)} dx_j\, dt_E + \frac{\partial^2 F}{\partial t^2}\bigg|_{t_E,\,u_1(t)} dt_E^2 \left.\vphantom{\sum}\right\} + \dots$$

und erhält dann als linearen Anteil dieser Entwicklung gerade (76),
wenn man die Abkürzung verwendet:

$$dF\bigg|_{t_E} = F[x_j(t_E) + dx_j,\ t_E + dt_E] - F[x_j(t_E),\ t_E]$$

Das Gradientenverfahren zweiter Ordnung besteht nun darin, daß man
in der Reihenentwicklung und bei allen Substitutionen gerade soweit
geht, daß man bis zu den Gliedern zweiter Ordnung kommt und alle
Glieder höherer Ordnung ergebenden Teile wegläßt. Es wird also wie
beim Gradientenverfahren erster Ordnung eine nichtoptimale Ausgangs-
trajektorie so verformt, daß sie möglichst rasch in die gesuchte
Optimaltrajektorie übergeht, wobei man nur wegen des Fortschreitens
bis zu den Gliedern zweiter Ordnung eine raschere Konvergenz erhofft.
Allerdings ergibt sich zugleich eine größere Komplexität des Formel-
apparates, so daß erst an Hand von Beispielrechnungen gesehen werden
kann, ob der Mehraufwand insgesamt lohnt.

2.1.2. Herleitung der Formeln. Wir betrachten die Aufgabe (18) bis
(21), beschränken uns aber auf eine Steuerfunktion.

In (77) hängen die dx_j von t_E und von $u(t)$ ab.

Durch die Bewegungsgleichungen:

$$(78) \qquad \dot{x}_j = g_j(t,\ x_i,\ u)$$

ist ein impliziter Zusammenhang zwischen den Veränderungen von $x_j(t)$ und $u(t)$ gegeben. Dies macht es zweckmäßig, die Reihenentwicklung der dx_j in zwei Schritten durchzuführen. Aus:

$$(79) \qquad dx_j = x_j[t_E + dt_E;\ u(t) + \delta u(t)] - x_j[t_E,\ u(t)]$$

erhält man bei Entwicklung nach t_E:

$$(80) \qquad dx_j = x_j[t_E;\ u(t) + \delta u(t)] - x_j[t_E,\ u(t)]$$

$$+ \dot{x}_j[t_E;\ u(t) + \delta u(t)]\, dt_E$$

$$+ \frac{1}{2}\, \ddot{x}_j[t_E;\ u(t) + \delta u(t)]\, dt_E^2$$

Setzt man nun wieder wie in III.1.3.1.:

$$\delta x_j = x_j(t,\ u + \delta u) - x_j(t,\ u)$$

und beachtet (18), so gilt:

$$\dot{x}_j + \delta \dot{x}_j = g_j(t,\ x_i + \delta x_i,\ u + \delta u)$$

$$= g_j(t,\ x_i,\ u) + \ldots\ldots$$

d. h. für die δx_j bei einer Entwicklung bis zu Gliedern zweiter Ordnung:

$$(81) \qquad \delta \dot{x}_j = \sum_{i=1}^{m} \frac{\partial g_j}{\partial x_i}\, \delta x_i + \frac{\partial g_j}{\partial u}\, \delta u +$$

$$+ \frac{1}{2} \sum_{i=1}^{m} \sum_{k=1}^{m} \frac{\partial^2 g_j}{\partial x_i\, \partial x_k}\, \delta x_i\, \delta x_k +$$

$$+ \frac{1}{2} \sum_{i=1}^{m} \frac{\partial^2 g_j}{\partial x_i\, \partial u}\, \delta x_i\, \delta u + \frac{1}{2} \frac{\partial^2 g_j}{\partial u^2}\, \delta u^2 + \ldots\ldots$$

Dies erlaubt in (80) die ersten beiden Summanden, die ja gerade $\delta x_{j/t_E}$ bilden, durch eine Reihenentwicklung bis zu Gliedern zweiter Ordnung auszudrücken, wenn man (81) geeignet integriert (s. unten).

Für die Folgesummanden in (80) gilt:

$$(82) \qquad \dot{x}_j[t_E, u + \delta u] = g_j(t_E,\ x_i + \delta x_i,\ u + \delta u)$$

$$= g_j(t_E,\ x_i,\ u) +$$

$$+ \sum_{i=1}^{m} \left.\frac{\partial g_j}{\partial x_i}\right|_{t_E, x_j, u} \delta x_i + \left.\frac{\partial g_j}{\partial u}\right|_{t_E, x_j, u} \delta u$$

$$+ \ldots \ldots$$

bzw.

$$(83) \qquad \ddot{x}_j[t_E, u + \delta u] = \dot{g}_j(t_E,\ x_i + \delta x_i,\ u + \delta u)$$

$$= \dot{g}_j(t_E,\ x_i,\ u) + \ldots \ldots$$

$$= \sum_{i=1}^{m} \left.\frac{\partial g_j}{\partial x_i} g_i\right|_{t_E, x_j, u} +$$

$$+ \left.\frac{\partial g_j}{\partial u} \dot{u}\right|_{t_E, x_j, u} + \left.\frac{\partial g_j}{\partial t}\right|_{t_E, x_j, u} + \ldots \ldots$$

wenn man nur die Glieder ausschreibt, die für eine Entwicklung bis
zur zweiten Ordnung notwendig sind.

Allerdings sind die Formeln (81) bis (83) nur für das dx_j im zweiten
Summanden von (77) notwendig. In den weiteren Summanden genügt für
die Entwicklung bis zur zweiten Ordnung:

$$(84) \qquad dx_j = \left.\delta x_j\right|_{t_E} + g_j(t_E,\ x_i,\ u)\, dt_E$$

Um aus (81) die δx_j für die ersten beiden Summanden in (80) zu berechnen, kann man wieder das adjungierte System:

$$(85) \quad \dot{\lambda}_j = - \sum_{i=1}^{m} \frac{\partial g_i}{\partial x_j} \lambda_i$$

benutzen, indem man alle Glieder vom zweiten Glied an als inhomogenen Anteil einer linearen Differentialgleichung ansieht.

Dann folgt wieder durch Multiplikation der Gleichungen (81) mit den λ_j und durch Multiplikation der Gleichungen (85) mit δx_j, Aufsummation, Integration und Beachtung, daß die $x_j(t_A)$ gegeben, also die $\delta x_j(t_A)$ gleich Null sind:

$$(86) \quad \lambda_j(t_E) \, \delta x_j(t_E) = \int_{t_A}^{t_E} (\lambda_u \, \delta u + \omega) \, dt$$

wobei die folgenden Abkürzungen verwendet sind:
Gemäß (32):

$$\lambda_u = \sum_{j=1}^{m} \lambda_j \frac{\partial g_j}{\partial u}$$

und zusätzlich:

$$(87) \quad \omega = \frac{1}{2} \sum_{j=1}^{m} \lambda_j \left\{ \sum_{i=1}^{m} \sum_{k=1}^{m} \frac{\partial^2 g_j}{\partial x_i \partial x_k} \delta x_i \, \delta x_k + \right.$$

$$\left. + \sum_{i=1}^{m} \frac{\partial^2 g_j}{\partial x_i \partial u} \delta x_i \, \delta u + \frac{\partial^2 g_j}{\partial u^2} \delta u^2 \right\}$$

Man hat also unter dem Integral zusätzlich zu der früheren Einflußfunktion noch ein weiteres Glied zweiter Ordnung, das außer den Veränderungen δu der Steuerfunktion auch noch die daraus folgenden Veränderungen der Lagekoordinaten δx_j enthält.

Mit dem Ansatz:

$$(88) \quad \lambda_j^F(t_E) = \left. \frac{\partial F}{\partial x_j} \right|_{t_E}$$

als Anfangswerten für eine Rückwärtsintegration von (85) gibt (86) gerade wieder einen Ersatzausdruck für:

$$\sum_{j=1}^{m} \left.\frac{\partial F}{\partial x_j}\right|_{t_E} \delta x_j(t_E)$$

und man findet insgesamt für eine Veränderung dF nach (77) und den folgenden Ansätzen:

$$(89)\qquad dF = \sum_{j=1}^{m} \frac{\partial F}{\partial x_j}\, dx_j + \frac{\partial F}{\partial t}\, dt_E +$$

$$+ \frac{1}{2}\left\{ \sum_{j-1}^{m}\sum_{i-1}^{m} \frac{\partial^2 F}{\partial x_j \partial x_i}\, dx_j dx_i + \sum_{j-1}^{m} \frac{\partial^2 F}{\partial x_j \partial t}\, dx_j dt_E + \frac{\partial^2 F}{\partial t^2}\, dt_E^2 \right\}$$

$$\underset{\overline{\overline{(80),(84)}}}{} \sum_{j=1}^{m} \frac{\partial F}{\partial x_j}\, \delta x_j + \sum_{j=1}^{m} \frac{\partial F}{\partial x_j}\, \dot{x}_j\, dt_E + \frac{1}{2}\sum_{j=1}^{m} \frac{\partial F}{\partial x_j}\, \ddot{x}_j\, dt_E^2 + \frac{\partial F}{\partial t}\, dt_E +$$

$$+ \frac{1}{2}\left\{ \sum_{j=1}^{m}\sum_{i=1}^{m} \frac{\partial^2 F}{\partial x_j \partial x_i}\, \delta x_j \delta x_i + 2\sum_{j=1}^{m}\sum_{i=1}^{m} \frac{\partial^2 F}{\partial x_j \partial x_i}\, g_j \delta x_i\, dt_E + \right.$$

$$+ \sum_{j=1}^{m}\sum_{i=1}^{m} \frac{\partial^2 F}{\partial x_j \partial x_i}\, g_j g_i\, dt_E^2 +$$

$$\left. + \sum_{j=1}^{m} \frac{\partial^2 F}{\partial x_j \partial t}\, \delta x_j\, dt_E + \sum_{j=1}^{m} \frac{\partial^2 F}{\partial x_j \partial t}\, g_j\, dt_E^2 + \frac{\partial^2 F}{\partial t^2}\, dt_E^2 \right\}$$

$$\underset{\overline{\overline{\substack{(86),(88),\\(82),(83)}}}}{} \int_{t_A}^{t_E} (\lambda_u^F\, \delta u + \omega)\, dt +$$

$$+ \left\{ \sum_{j=1}^{m} \lambda_j^F g_j + \sum_{j=1}^{m}\sum_{i=1}^{m} \lambda_j^F \frac{\partial g_j}{\partial x_i}\, \delta x_i + \sum_{j=1}^{m} \lambda_j^F \frac{\partial g_j}{\partial u}\, \delta u + \right.$$

$$\left. + 2\sum_{j=1}^{m}\sum_{i=1}^{m} \frac{\partial^2 F}{\partial x_j \partial x_i}\, g_j \delta x_i + \frac{\partial F}{\partial t} + \sum_{j=1}^{m} \frac{\partial^2 F}{\partial x_j \partial t}\, \delta x_j \right\} dt_E +$$

$$+ \frac{1}{2}\left\{ \sum_{j=1}^{m}\sum_{i=1}^{m} \lambda_j^F \frac{\partial g_j}{\partial x_i}\, g_i + \sum_{j=1}^{m} \lambda_j^F \frac{\partial g_j}{\partial u}\, \dot{u} + \sum_{j=1}^{m} \lambda_j^F \frac{\partial g_j}{\partial t} + \right.$$

$$+ \sum_{j=1}^{m} \sum_{i=1}^{m} \frac{\partial^2 F}{\partial x_j \partial x_i} g_j g_i + \sum_{j=1}^{m} \frac{\partial^2 F}{\partial x_j \partial t} g_j + \frac{\partial^2 F}{\partial t^2} \Big\} \, dt_E^2 +$$

$$+ \frac{1}{2} \sum_{j=1}^{m} \sum_{i=1}^{m} \frac{\partial^2 F}{\partial x_j \partial x_i} \delta x_j \delta x_i$$

Es gilt nun wieder, um eine möglichst effektive Verformung einer Ausgangslösung $u^{(0)}(t)$ zu finden, dasjenige $\delta u(t)$ zu bestimmen, das eine möglichst große Veränderung von dF hervorruft. Allerdings steht nun hier für die Festlegung des günstigsten $\delta u(t)$ unter dem Integral nicht mehr nur die lineare Abhängigkeit:

$$\lambda_u^F \, \delta u$$

sondern der nach (87) neben δu und δu^2 auch die δx_i, $\delta x_i \delta x_j$ enthaltende Integrand:

$$\lambda_u^F \, \delta u + \omega_F$$

zur Diskussion. Mit dem F bei ω ist angedeutet, daß die λ_j in ω mit den Werten $\dfrac{\partial F}{\partial x_j} = \lambda_j(t_E)$ berechnet sind.

Das Auftreten von $\delta x_j(t)$ bedingt, daß bei der Ableitung $\dfrac{\partial}{\partial \, \delta y} = 0$ die Gleichungen (81), allerdings hier nur bis zur linearen Näherung:

$$(90) \qquad \delta \dot{x}_j = \sum_{i=1}^{m} \frac{\partial g_j}{\partial x_i} \delta x_i + \frac{\partial g_j}{\partial u} \delta u$$

(da ω_F bereits der quadratischen Näherung entspricht) als Nebenbedingung zu berücksichtigen sind. Andererseits ergibt das Auftreten von δu^2, daß man auch ohne Hinzusetzen einer Nebenbedingung, die die Gesamtveränderung der $\delta u(t)$ begrenzt, ein $\delta u(t)$ berechnen kann.

Im einzelnen findet man aus:

$$(91) \qquad \int_{t_A}^{t_E} (\lambda_u^F \, \delta u + \omega_F) \, dt = \int_{t_A}^{t_E} \hat{M}[\delta x_j(t), \, \delta u(t)] \, dt = \text{Extr. bezügl. } \delta u(t)$$

mit

$$\delta \dot{x}_j = h_j(\delta x_i, \ \delta u)$$

als notwendige Bedingungen:

$$\frac{\partial}{\partial \delta u}\left\{ \hat{M} - \sum_{j=1}^{m} \mu_j h_j \right\} = 0$$

mit

$$\dot{\mu}_i = \frac{\partial \hat{M}}{\partial \delta x_i} - \sum_{j=1}^{m} \frac{\partial h_j}{\partial \delta x_i} \mu_j$$

(vgl. die früheren Ausführungen zu den notwendigen Bedingungen für
die Pontryaginsche Aufgabenstellung mit $\lambda_0 = -1$ und (II.65), (II.64)).
Die μ_i sind neue Lagrangesche Multiplikatoren. D. h. $\delta u(t)$ wird statt
über ein gewöhnliches Extremwertproblem über ein Variationsproblem
mit Differentialgleichungen als Nebenbedingungen bestimmt.

Im einzelnen folgt aus (91):

$$(92) \qquad \lambda_u^F + \frac{1}{2} \sum_{i=1}^{m} \sum_{j=1}^{m} \lambda_j^F \frac{\partial^2 g_j}{\partial x_i \partial u} \delta x_i + \sum_{j=1}^{m} \lambda_j^F \frac{\partial^2 g_j}{\partial u^2} \delta u - \sum_{j=1}^{m} \mu_j \frac{\partial g_j}{\partial u} = 0$$

$$\dot{\mu}_i = \frac{\partial \omega_F}{\partial \delta x_i} - \sum_{j=1}^{m} \frac{\partial g_j}{\partial x_i} \mu_j$$

Damit haben wir:

$$(93) \qquad \delta u = - \frac{1}{\sum_{j=1}^{m} \lambda_j^F \dfrac{\partial^2 g_j}{\partial u^2}} \left\{ \lambda_u^F + \frac{1}{2} \sum_{i=1}^{m} \sum_{j=1}^{m} \lambda_j^F \frac{\partial^2 g_j}{\partial x_i \partial u} \delta x_i - \sum_{j=1}^{m} \mu_j \frac{\partial g_j}{\partial u} \right\}$$

Dies setzen wir ein in (90) und die zweite Zeile von (92) und erhalten so nach etwas Rechnung:

$$(94) \qquad \delta\dot{x}_j = \sum_{i=1}^m \left[\frac{\partial g_j}{\partial x_i} - \frac{\dfrac{\partial g_j}{\partial u}}{\displaystyle\sum_{k=1}^m \lambda_k^F \frac{\partial^2 g_k}{\partial u^2}} \sum_{k=1}^m \lambda_k^F \frac{\partial^2 g_k}{\partial x_i \partial u} \right] \delta x_i -$$

$$- \sum_{i=1}^m \frac{\dfrac{\partial g_j}{\partial u}}{\displaystyle\sum_{k=1}^m \lambda_k^F \frac{\partial^2 g_k}{\partial u^2}} \cdot \frac{\partial g_i}{\partial u} \, \mu_i - \frac{\dfrac{\partial g_j}{\partial u}}{\displaystyle\sum_{k=1}^m \lambda_k^F \frac{\partial^2 g_k}{\partial u^2}} \, \lambda_u^F$$

$$\dot{\mu}_j = \sum_{i=1}^m \left[\sum_{k=1}^m \lambda_k^F \frac{\partial^2 g_k}{\partial x_i \partial x_j} - \frac{1}{2} \frac{\displaystyle\sum_{k=1}^m \lambda_k^F \frac{\partial^2 g_k}{\partial x_j \partial u}}{\displaystyle\sum_{k=1}^m \lambda_k^F \frac{\partial^2 g_k}{\partial u^2}} \sum_{k=1}^m \lambda_k^F \frac{\partial^2 g_k}{\partial x_i \partial u} \right] \delta x_i$$

$$- \sum_{i=1}^m \left[\frac{\partial g_i}{\partial x_j} - \frac{\dfrac{\partial g_i}{\partial u}}{\displaystyle\sum_{k=1}^m \lambda_k^F \frac{\partial^2 g_k}{\partial u^2}} \sum_{k=1}^m \lambda_k^F \frac{\partial^2 g_k}{\partial x_j \partial u} \right] \mu_i +$$

$$+ \frac{\displaystyle\sum_{k=1}^m \lambda_k^F \frac{\partial^2 g_k}{\partial x_j \partial u}}{\displaystyle\sum_{k=1}^m \lambda_k^F \frac{\partial^2 g_j}{\partial u^2}} \, \lambda_u^F$$

Dies ist ein inhomogenes, lineares gekoppeltes Differentialgleichungssystem der Art:

$$\delta\dot{x}_j = \sum_{i=1}^m a_{ij} \, \delta x_i + \sum_{i=1}^m b_{ij} \, \mu_i + c_i$$

$$\dot{\mu}_j = \sum_{i=1}^m \hat{a}_{ij} \, \delta x_i + \sum_{i=1}^m \hat{b}_{ij} \, \mu_i + \hat{c}_i$$

das man - wie z. B. beim verallgemeinerten Newton-Raphsonschen Verfahren geschildert (vgl. II.3.3.) - lösen kann, indem man 2m linear
unabhängige Lösungen des homogenen Systems und eine beliebige Lösung
des inhomogenen Systems überlagert, wobei man gerade genug freie
Konstanten erhält, um 2m Randbedingungen zu erfüllen.

Setzt man voraus, daß die $x_j(t_A)$ gegeben sind, so sind m Randbedingungen $\delta x_m(t_A)$ vorgegeben. Für die restlichen m Randbedingungen ist
zu beachten, daß eine Reihe von Endbedingungen $Q_r[x_j(t_E), t_E] = 0$ zu
erfüllen sind, die auf m Bedingungen am Ende durch die Transversa-
litätsbedingungen ergänzt werden müssen.

Im einfachsten Fall:

$$P \equiv x_m(t_E)$$

mit

$$x_j(t_A) = A_j \; ; \; t_A, \; t_E \; ;$$

$$\dot{x}_{j*}(t_E) = E_j \qquad\qquad j* = 1, 2 \ldots m - 1$$

gegeben, würde man wie beim Gradientenverfahren 1. Ordnung zunächst
ein beliebiges $u^{(0)}(t)$ wählen und die Bewegungsgleichungen:

$$\dot{x}_j = g_j(t, \; x_i, \; u)$$

mit dem $u^{(0)}(t)$ von $x_j(t_A) = A_j$ aus bis $t = t_E$ integrieren. Sodann
würde man mit (88) für $F = P$ die Differentialgleichungen (85) rückwärts bis t_A berechnen, so daß man $\lambda_j^P(t)$ gefunden hat. Weiter gibt
man aus den Abweichungen der mit $u^{(0)}(t)$ berechneten $x_{j*}^{(0)}(t_E)$ von
den E_j gewünschte Veränderungen $\Delta x_{j*}^{(0)}(t_E)$ vor und löst das Differentialgleichungssystem (94) mit $\delta x_j(t_A) = 0$, $\delta x_{j*}(t_E) = \Delta x_{j*}^{(0)}(t_E)$
und dem Transversalitätsansatz: $\mu_m(t_E) = 0$ (vgl. Satz 5 der Tabelle
auf S. 62 mit $\delta x_m(t_E) = dP$ als zu optimierendem Wert). Mit den so gefundenen $\mu_j(t)$, $\delta x_j(t)$ findet man aus (93) $\delta u^{(0)}(t)$ und aus (89) ein
$dP = \delta x_m^{(0)}(t_E)$, das sich beim Übergang von $u^{(0)}(t)$ zu $u^{(1)}(t) =$
$u^{(0)}(t) + \delta u^{(0)}(t)$ ergeben soll. Bei der Berechnung von dP nach (89)

entfallen bei den getroffenen Voraussetzungen im übrigen die Glieder
mit dt_E, dt_E^2, da t_E fest sein sollte. Man beginnt nun die Prozedur
wieder von vorn, bis $\delta x_m(t_E)$ praktisch nicht mehr ins Gewicht
fällt. Die Rechnung mit $u^{(1)}(t)$ zeigt im übrigen durch das sich ergebende $\delta x_m(t_E)$ und die $\Delta x_{j*}(t_E)$ welche Fehler durch den Abbruch
nach den Gliedern zweiter Ordnung begangen worden sind.

Man sieht, daß neben der automatischen Festlegung von $\delta u(t)$ gegenüber dem Gradientenverfahren erster Ordnung auch noch insofern eine
Veränderung auftritt, als die $\Delta x_{j*}(t_E)$ nun nicht mehr über eigene
Einflußfunktionen $\lambda_u^Q r(t)$ sondern über die Endwerte des Differentialgleichungssystems (94) berücksichtigt werden.

2.2. Verfahren teilweiser Entwicklung bis zur 2. Ordnung

2.2.1. Grundformeln der Teilentwicklung. Es ist formelmäßig nicht unbedingt sympathisch, ein sekundäres Optimierungsproblem mit Differentialgleichungen als Nebenbedingungen zu lösen, wie es in (91) beim
Gradientenverfahren zweiter Ordnung auftritt, obwohl das zugehörige
Differentialgleichungssystem (94) linear ist und man so auch die Einflußfunktionen bezüglich der für die x_j gestellten Endbedingungen
umgeht. Andererseits ist die automatische Festlegung von $\delta u(t)$ ohne
willkürliche Wahl einer Gesamtveränderung Δs^2 programmtechnisch an-
genehm. Man kann nun das sekundäre Optimierungsproblem vermeiden,
ohne auf die automatische Festlegung von $\delta u(t)$ zu verzichten, indem
man nur eine teilweise Entwicklung bis zu Gliedern zweiter Ordnung
vornimmt.

Man erkennt nämlich aus (81), (86) und (91), daß ein Variationsproblem statt eines Extremalproblemes für die Bestimmung des günstigsten
$\delta u(t)$ durch die Glieder zweiter Ordnung bezüglich der x_j in (81) entsteht. Beschränkt man sich in (81) auf eine Entwicklung bis zur zweiten Ordnung in der Steuerfunktion $u(t)$ und geht für die Lagekoordinaten nur bis zur ersten Ordnung, so wird (81):

$$(95) \qquad \delta\dot{x}_j = \sum_{i=1}^{m} \frac{\partial g_j}{\partial x_i} \, \delta x_i + \frac{\partial g_j}{\partial u} \, \delta u + \frac{1}{2} \frac{\partial^2 g_j}{\partial u^2} \, \delta u^2$$

und damit (86):

$$\lambda_j(t_E) \, \delta x_j(t_E) = \int_{t_A}^{t_E} \left(\lambda_u \, \delta u + \frac{1}{2} \sum_{i=1}^{m} \lambda_i \frac{\partial^2 g_i}{\partial u^2} \, \delta u^2 \right) dt$$

D. h. in dem entscheidenden Integral für die Bestimmung des optimalen $\delta u(t)$ in dF entfallen die die Komplikationen hervorrufenden $\delta x_j(t)$. Es bleibt aber die quadratische Abhängigkeit von δu^2 ohne daß eine Zusatzbedingung für die Gesamtvariation von $u(t)$ wie (67) vorgegeben werden muß.

Dementsprechend kehren wir zu der Entwicklung bis zu Gliedern erster Ordnung wie beim einfachen Gradientenverfahren (25) zurück und nehmen nun nur statt der Gleichung (26) für die Bestimmung der δx_j die Gleichung (95).

Damit wird:

$$(96) \qquad dF = \int_{t_A}^{t_E} \left(\lambda_u^F \, \delta u + \frac{1}{2} \sum_{j=1}^{m} \lambda_j^F \frac{\partial^2 g_j}{\partial u^2} \, \delta u^2 \right) dt + \dot{F} \Big|_{t_E} dt_E$$

$$(\delta x_j(t_A) = 0)$$

Für das einfachste Problem einer Extremierung von $P[x_j(t_E)]$ bei gegebenen t_E und freien Endwerten $x_j(t_E)$ findet man aus:

$$\frac{\partial \, dP}{\partial \, \delta u} = 0$$

für die günstigste Veränderung $\delta u(t)$:

$$\lambda_u^P + \sum_{j=1}^{m} \lambda_j^P \frac{\partial^2 g_j}{\partial u^2} \, \delta u = 0$$

bzw.

$$\delta u(t) = - \frac{1}{\displaystyle\sum_{j=1}^{m} \lambda_j^P(t)\, \frac{\partial^2 g_j}{\partial u^2}(t)}\; \lambda_u^P(t)$$

Vergleichen wir dies mit der aus (69) ff für dasselbe Problem beim Gradientenverfahren erster Ordnung folgende $\delta u(t)$:

$$\delta u(t) = \frac{1}{\dfrac{J^{PP}}{\Delta s}\, \widetilde{W}(t)}\; \lambda_u^P(t)$$

so haben wir, ohne den Formelapparat zu vergrößern, unmittelbar eine Skalierung der Einflußfunktion $\lambda_u^P(t)$ erhalten, die i. a. bessere Ergebnisse als die Wahl einer Gesamtvariation Δs^2 und einer Gewichtsfunktion $\widetilde{W}(t)$ ergeben sollte, da sie direkt aus der Problemstellung hergeleitet ist und nicht auf eine erst irgendwie zu begründende Weise festgelegt zu werden braucht. Gegenüber dem infolge Fehlens von Kriterien für $\widetilde{W}(t)$ zumeist üblichem Ansatz $\widetilde{W}(t) = 1$ zeigt sie unmittelbar den Vorteil der sachgerechten Zeitabhängigkeit.

2.2.2. <u>Lösung der allgemeinen Aufgabenstellung gemäß der Teilentwicklung.</u> Wir wollen jetzt diese teilweise Entwicklung bis zur zweiten Ordnung auf die in 1.3.5. beim Gradientenverfahren erster Ordnung betrachtete allgemeine Aufgabenstellung anwenden, wobei wir uns jedoch auf nur eine Steuerfunktion beschränken und von festen Anfangsbedingungen ausgehen, also $\delta x_j(t_A)$ gleich Null setzen.

Dann gilt nach (63) und (96):

$$dP = \int_{t_A}^{t_E} \left(\lambda_u^P\, \delta u + \frac{1}{2} \sum_{j=1}^{m} \lambda_j^P\, \frac{\partial^2 g_j}{\partial u^2}\, \delta u^2 \right) dt + \dot{P}\Big|_{t_E}\, dt_E$$

$$dQ_r = \int_{t_A}^{t_E} \left(\lambda_u^{Q_r}\, \delta u + \frac{1}{2} \sum_{j=1}^{m} \lambda_j^{Q_r}\, \frac{\partial^2 g_j}{\partial u^2}\, \delta u^2 \right) dt + \dot{Q}_r\Big|_{t_E}\, dt_E$$

$$0 = dR = \int_{t_A}^{t_E} \left(\lambda_u^R\, \delta u + \frac{1}{2} \sum_{j=1}^{m} \lambda_j^R\, \frac{\partial^2 g_j}{\partial u^2}\, \delta u^2 \right) dt + \dot{R}\Big|_{t_E}\, dt_E$$

Wir berechnen wieder dt_E aus der letzten Gleichung und setzen das Ergebnis in die anderen Gleichungen ein. Dies gibt:

$$dP = \int_{t_A}^{t_E} \left\{ \sum_{j=1}^{m} \left(\lambda_j^P - \frac{\dot{P}}{\dot{R}} \bigg|_{t_E} \lambda_j^R \right) \frac{\partial g_j}{\partial u} \delta u + \right.$$

$$\left. + \frac{1}{2} \sum_{j=1}^{m} \left(\lambda_j^P - \frac{\dot{P}}{\dot{R}} \bigg|_{t_E} \lambda_j^R \right) \frac{\partial^2 g_j}{\partial u^2} \delta u^2 \right\} dt$$

$$dQ_r = \int_{t_A}^{t_E} \left\{ \sum_{j=1}^{m} \left(\lambda_j^{Q_r} - \frac{\dot{Q}_r}{\dot{R}} \bigg|_{t_E} \lambda_j^R \right) \frac{\partial g_j}{\partial u} \delta u + \right.$$

$$\left. + \frac{1}{2} \sum_{j=1}^{m} \left(\lambda_j^{Q_r} - \frac{\dot{Q}_r}{\dot{R}} \bigg|_{t_E} \lambda_j^R \right) \frac{\partial^2 g_j}{\partial u^2} \delta u^2 \right\} dt$$

oder, mit den Definitionen (32), (64):

$$dP = \int_{t_A}^{t_E} \left(\lambda_u^{PR} \delta u + \frac{1}{2} \sum_{j=1}^{m} \lambda_j^{PR} \frac{\partial^2 g_j}{\partial u^2} \delta u^2 \right) dt$$

$$dQ_r = \int_{t_A}^{t_E} \left(\lambda_u^{Q_r R} \delta u + \frac{1}{2} \sum_{j=1}^{m} \lambda_j^{Q_r R} \frac{\partial^2 g_j}{\partial u^2} \delta u^2 \right) dt$$

Zur Bestimmung des günstigsten $\delta u(t)$ betrachten wir wie stets die Extremalbedingung:

$$(97) \quad \frac{\partial \left\{ dP + \sum_{r=1}^{\rho} \tilde{\nu}_r \left[\Delta Q_r - \int_{t_A}^{t_E} \left(\lambda_u^{Q_r R} \delta u + \frac{1}{2} \sum_{j=1}^{m} \lambda_j^{Q_r R} \frac{\partial^2 g_j}{\partial u^2} \delta u^2 \right) dt \right] \right\}}{\partial\, \delta u} = 0$$

wobei die ΔQ_r die gewünschten Veränderungen in den Q_r bei maximaler Veränderung von P sind und nun eine Gesamtveränderung der $\delta u(t)$

nicht definiert und als zusätzliche Nebenbedingung - wie in (67)-ein-
geführt zu werden braucht, da δu in (97) quadratisch auftritt.

Allerdings ergibt sich so folgendes:

Aus (97) folgt als hinreichende Bedingung:

$$\lambda_u^{PR} + \sum_{j=1}^{m} \lambda_j^{PR} \frac{\partial^2 g_j}{\partial u^2} \delta u - \sum_{r=1}^{\rho} \tilde{\nu}_r \left(\lambda_u^{Q_r R} - \sum_{j=1}^{m} \lambda_j^{Q_r R} \frac{\partial^2 g_j}{\partial u^2} \delta u \right) = 0$$

also:

$$(98) \qquad \delta u(t) = - \frac{\lambda_u^{PR} - \sum_{r=1}^{\rho} \tilde{\nu}_r \lambda_u^{Q_r R}}{\sum_{j=1}^{m} \frac{\partial^2 g_j}{\partial u^2} \left(\lambda_j^{PR} - \sum_{r=1}^{\rho} \tilde{\nu}_r \lambda_j^{Q_r R} \right)}$$

und es ergibt sich zur Berechnung der $\tilde{\nu}_r$ durch Einsetzen von $\delta u(t)$
in die Nebenbedingungen:

$$\Delta Q_r - \int_{t_A}^{t_E} \left(\lambda_u^{Q_r R} \delta u + \sum_{j=1}^{m} \lambda_j^{Q_r R} \frac{\partial^2 g_j}{\partial u^2} \delta u^2 \right) dt = 0$$

ein System von Gleichungen, das nur durch systematisches Probieren
zu lösen zu sein scheint und damit für die numerische Berechnung
Schwierigkeiten bringt.

Jedoch bringt diese Sackgasse insofern eine wertvolle Aussage, als
ein Vergleich von (69) mit (98) eine Näherung für die bisher willkürlich zu schätzende Gewichtsfunktion $\tilde{W}(t)$ nahelegt.

Bedenkt man nämlich, daß die Sätze der Lagrangeschen Multiplikatoren $\tilde{\nu}_r$ für die Berücksichtigung der Nebenbedingungen bei der Iteration sich auch jeweils nur schrittweise verändern, so kann man die
$\tilde{\nu}_r$ als eine Folge $\tilde{\nu}_r^{(0)}$, $\tilde{\nu}_r^{(1)}$ ... auffassen, bei der sich i. a. die
einzelnen Glieder der Folge nur wenig unterscheiden. Dann ist aber
für (98) eine vernünftige Näherung:

$$(99) \qquad \delta u(t) = - \frac{\lambda_u^{PR} - \sum\limits_{r=1}^{\rho} \widetilde{\nu}_r^{(q)} \lambda_u^{Q_r R}}{\sum\limits_{j=1}^{m} \frac{\partial^2 g_j}{\partial u^2}\left(\lambda_j^{PR} - \sum\limits_{r=1}^{\rho} \widetilde{\nu}_r^{(q-1)} \lambda_u^{Q_r R}\right)}$$

Daraus folgt, da in (69) $\widetilde{\mu}$ eine Konstante ist, daß eine vernünftige
Näherung für $\widetilde{W}(t)$ lautet:

$$(100) \qquad \widetilde{W}(t) = \sum\limits_{j=1}^{m} \frac{\partial^2 g_j}{\partial u^2}\left(\lambda_j^{PR} - \sum\limits_{r=1}^{\rho} \widetilde{\nu}_r^{(q-1)} \lambda_u^{Q_r R}\right)$$

Wir sind also beim Vorliegen von Endbedingungen für dio $x_j(t)$ aus
rechnungstechnischen Gründen bei der teilweisen Entwicklung bis zu
Gliedern zweiter Ordnung wieder auf das gewöhnliche Gradientenverfahren zurückverwiesen worden. Jedoch haben wir dafür eine Abschätzung für eine Gewichtsfunktion der Veränderungen $\delta u(t)$ gefunden. Das
sich so ergebende $\delta u(t)$ ist dem sich bei der teilweisen Entwicklung
bis zu Gliedern zweiter Ordnung folgenden $\delta u(t)$ nahezu proportional.
Wählt man Δs in (69) so, daß (71) gerade $2\widetilde{\mu} = 1$ liefert, wird es ihm
sogar nahezu gleich. Man darf somit eine sich bei der Annäherung an
das Optimum ständig verbessernde Konvergenz erwarten.

2.2.3. Das einfache Extr.-H-Verfahren. Wir wollen nun die Formeln
des Gradientenverfahrens für einen kurzen Zeitraum verlassen, um
das Problem der schrittweisen Veränderung einer willkürlich vorgegebenen Lösung des Mayerschen Problems einmal direkt vom Pontryaginschen Maximumprinzip bzw. den entsprechenden Verallgemeinerungen
der Variationsrechnung her zu betrachten.

Wir gehen zunächst unmittelbar auf die Aufgabenstellung zurück, wie
sie in III.1.3.1. angegeben ist, allerdings wieder unter Beschränkung auf eine Steuerfunktion. Dann sind nach (II.93) und (II.94) -
wenn wir beachten, daß wir hier $\rho + 1$ Endbedingungen zu erfüllen haben - notwendige Bedingungen:

$$(101) \quad \dot{\lambda}_j = - \sum_{i=1}^{m} \frac{\partial g_j}{\partial x_i} \lambda_i$$

$$(102) \quad 0 = \sum_{i=1}^{m} \frac{\partial g_i}{\partial u} \lambda_i$$

$$(103) \quad \sum_{j=1}^{m} \lambda_j g_j \bigg|_{t_E} = - \lambda_0 \frac{\partial P}{\partial t} \bigg|_{t_E} + \sum_{r=1}^{\rho} \nu_r \frac{\partial Q_r}{\partial t} \bigg|_{t_E} + \nu_{r+1} \frac{\partial R}{\partial t} \bigg|_{t_E}$$

$$(104) \quad \lambda_j \bigg|_{t_E} = \lambda_0 \frac{\partial P}{\partial x_j} - \sum_{r=1}^{\rho} \nu_r \frac{\partial Q_r}{\partial x_j} \bigg|_{t_E} - \nu_{r+1} \frac{\partial R}{\partial x_j} \bigg|_{t_E}$$

Wir setzen für die frei zu wählende Konstante $\lambda_0 = -1$, bilden aus (104):

$$\sum_{j=1}^{m} \lambda_j \dot{x}_j \bigg|_{t_E} = - \sum_{j=1}^{m} \frac{\partial P}{\partial x_j} \dot{x}_j \bigg|_{t_E} - \sum_{j=1}^{m} \sum_{r=1}^{\rho} \nu_r \frac{\partial Q_r}{\partial x_j} \dot{x}_j \bigg|_{t_E} - \sum_{j=1}^{m} \nu_{r+1} \frac{\partial R}{\partial x_j} \dot{x}_j \bigg|_{t_E}$$

und durch Subtraktion von (103):

$$(105) \quad 0 = \frac{dP}{dt} + \sum_{r=1}^{\rho} \nu_r \frac{dQ_r}{dt} + \nu_{r+1} \frac{dR}{dt}$$

Nun muß $\dot{R} = \frac{dR}{dt} \neq 0$ sein, da sonst $R = 0$ als Stopbedingung nicht zu gebrauchen ist, und wir können deshalb ν_{r+1} aus (105) berechnen:

$$\nu_{r+1} = - \frac{\dot{P}}{\dot{R}} \bigg|_{t_E} - \sum_{r=1}^{\rho} \nu_r \frac{\dot{Q}_r}{\dot{R}} \bigg|_{t_E}$$

Setzen wir dies in (104) ein, so folgt statt (103), (104) als Gleichungssystem ohne ν_{r+1}:

$$(106) \quad \lambda_j \bigg|_{t_E} = \left(\frac{\partial P}{\partial x_j} \bigg|_{t_E} - \frac{\dot{P}}{\dot{R}} \bigg|_{t_E} \frac{\partial R}{\partial x_j} \bigg|_{t_E} \right) + \sum_{r=1}^{\rho} \nu_r \left(\frac{\partial Q_r}{\partial x_j} \bigg|_{t_E} - \frac{\dot{Q}_r}{\dot{R}} \bigg|_{t_E} \frac{\partial R}{\partial x_j} \bigg|_{t_E} \right)$$

Schreiben wir jetzt:

$$(107) \quad \lambda_j(t) = \lambda_j^{PR}(t) + \sum_{r=1}^{\rho} \nu_r \lambda_j^{Q_r R}(t)$$

und beachten die Linearität der Definitionsgleichung (101) von $\lambda_j(t)$, so können wir entweder $\lambda_j(t)$ direkt mit den Endwerten (106) aus (101) durch Rückwärtsintegration gewinnen, oder aber zunächst $\lambda_j^{PR}(t)$ und $\lambda_j^{Q_r R}(t)$ durch Rückwärtsintegration aus (101) mit den Anfangswerten:

$$(108) \quad \lambda_j^{PR}(t_E) = \frac{\partial P}{\partial x_j}\bigg|_{t_E} - \frac{\dot{P}}{\dot{R}}\bigg|_{t_E} \frac{\partial R}{\partial x_j}\bigg|_{t_E}$$

$$\lambda_j^{Q_r R}(t_E) = \frac{\partial Q_r}{\partial x_j}\bigg|_{t_E} - \frac{\dot{Q}_r}{\dot{R}}\bigg|_{t_E} \frac{\partial R}{\partial x_j}\bigg|_{t_E}$$

womit $\lambda_j(t)$ durch Überlagerung aus (107) folgt.

Für die Bedingungsgleichung (102) können wir mit der Bezeichnungsweise des Pontryaginschen Maximumprinzips:

$$H^* = \sum_{j=1}^{m} \lambda_j g_j$$

mit der Aufspaltung (107) schreiben:

$$(109) \quad H_u^* = \frac{\partial H^*}{\partial u} = \sum_{j=1}^{m} \frac{\partial g_j}{\partial u} \left(\lambda_j^{PR} + \sum_{r=1}^{\rho} \nu_r \lambda_j^{Q_r R} \right) = 0$$

Wir haben zwei Arten von Unbekannten in dem Gleichungssystem: Die Steuerfunktion $u(t)$ und die konstanten Lagrangeschen Multiplikatoren ν_r.

Schätzen wir etwa ein $u^{(0)}(t)$ und einen Satz $\nu_r^{(0)}$, so können wir durch Rückwärtsintegration der adjungierten Gleichungen mit den aus der Vorwärtsintegration berechneten Werten (108), alle Randbedingungen und Gleichungen erfüllen bis auf die Optimalitätsbedingung

$H_u^* = 0$ und die Endbedingungen $Q_r[x_j(t_E),\ t_E]$, die i. a. nicht befriedigt werden. Das Extr.-H-Verfahren besteht nun darin, die Abweichungen von diesen Forderungen unmittelbar für eine iterative
Verbesserung der Ausgangswerte $u^{(0)}(t)$ und $v_r^{(0)}$ zu benutzen.

Gehen wir davon aus, daß wir zunächst das Problem $H_u^* \to 0$ zu bringen,
betrachten, so müssen wir fragen, wie sich H_u^* durch eine Veränderung
der Näherungen $u^{(q)}$, $v_r^{(q)}$ verändert. In erster Näherung gilt:

$$\delta H_u^* = H_u^*\left(u^{(q)} + \delta u,\ v_r^{(q)} + d v_r\right) - H_u^*\left(u^{(q)},\ v_r^{(q)}\right) = H_{uu}^*\Big|_{u^{(q)},\ v_r^{(q)}} \delta u +$$

$$+ \sum_{j=1}^{m} \frac{\partial g_j}{\partial u}\Big|_{u^{(q)},\ v_r^{(q)}} \sum_{r=1}^{\rho} \lambda_j^{Q_r R}\Big|_{u^{(q)},\ v_r^{(q)}} d v_r$$

wie man aus (109) unmittelbar berechnet. Benutzen wir wieder die in
(32) gegebene Definition der Einflußfunktion und nehmen die Charak-
terisierung des Näherungsschrittes unmittelbar am Multiplikanten
von δu, $d v_r$ vor, so gilt:

$$\delta H_u^* = H_{uu}^{*(q)} \delta u + \sum_{r=1}^{\rho} \lambda_u^{Q_r R(q)} d v_r$$

oder, nach δu aufgelöst ((q) weglassen):

$$(110) \qquad \delta u = \frac{\delta H_u^*}{H_{uu}^*} - \sum_{r=1}^{\rho} \frac{\lambda_u^{Q_r R}}{H_{uu}^*} d v_r$$

Die einfachste Festlegung von δH_u^* ist gerade so, daß die mit $u^{(q)}(t)$,
$v_r^{(q)}$ berechnete Abweichung von $H_u^* = 0$ abgebaut wird. Man versucht
also die Extremierung von H^* direkt zu erzwingen, wodurch auch der
Name des Verfahrens Extr.-H-Verfahren begründet wird. Man setzt also:

$$(111) \qquad \delta H_u^* = - H_u^* \Big|_{u(q),\, \nu_r(q)}$$

Dann wird mit (109) aus (110):

$$(112) \qquad \delta u = - \frac{1}{H_{uu}^*} \cdot \left\{ \lambda_u^{PR} + \sum_{r=1}^{\rho} \nu_r^{(q)} \lambda_u^{Q_r R} \right\} - \frac{1}{H_{uu}^*} \sum_{r=1}^{\rho} \lambda_u^{Q_r R} \, d\nu_r$$

Beachtet man noch, daß $\nu_r^{(q+1)}$ aus:

$$\nu_r^{(q+1)} = \nu_r^{(q)} + d\nu_r$$

zu bilden ist, so hat man:

$$(113) \qquad \delta u = - \frac{1}{H_{uu}^*} \cdot \left\{ \lambda_u^{PR} + \sum_{r=1}^{\rho} \nu_r^{(q+1)} \lambda_u^{Q_r R} \right\}$$

$$= - \frac{\lambda_u^{PR} + \sum_{r=1}^{\rho} \nu_r^{(q+1)} \lambda_u^{Q_r R}}{\sum_{j=1}^{m} \frac{\partial^2 g_j}{\partial u^2} \left[\lambda_j^{PR} + \sum_{r=1}^{\rho} \nu_r^{(q)} \lambda_j^{Q_r R} \right]}$$

Dies entspricht aber gerade der Formel (98), wenn man das zunächst willkürliche Vorzeichen der ν_r, $\tilde{\nu}_r$ beachtet.

$$\nu_r = - \tilde{\nu}_r$$

Die $d\nu_r$ sollten aus den Abweichungen von den Endbedingungen $Q_r[x_j(t_E),\, t_E] = 0$ berechnet werden. Dazu können wir auf die Schlüsselgleichung des Gradientenverfahrens (31) zurückgreifen, da diese für die Veränderung einer Funktion der Endwerte bei Vorliegen von Bewegungsgleichungen mit Steuerfunktionen hergeleitet wurde. Wegen der Übereinstimmung von (108) mit (40) usw. läßt sich darüberhinaus unmittelbar die zweite Gleichung aus (65) heranziehen, so daß wir unter Beachtung von $\delta x_j(t_A) = 0$ und dem Vorliegen nur einer Steuerfunktion schreiben können:

$$(114) \qquad dQ_r = \int_{t_A}^{t_E} \lambda_u^{Q_r R} \, \delta u \, dt$$

Setzen wir die Größe der Veränderungen der $Q_r\big|_{t_E}$ mit ΔQ_r fest - z. B. entsprechend den Abweichungen von $Q_r\big|_{t_E} = 0$ - und (112) in (114) ein, so erhalten wir:

$$(115) \qquad \Delta Q_r = - \int_{t_A}^{t_E} \frac{\lambda_u^{Q_r R} \, \lambda_u^{PR}}{H_{uu}^*} \, dt - \sum_{s=1}^{\rho} \nu_s^{(q+1)} \int_{t_A}^{t_E} \frac{\lambda_u^{Q_r R} \, \lambda_u^{Q_s R}}{H_{uu}^*} \, dt$$

$$= J_*^{PQ_r} - \sum_{s=1}^{\rho} \nu_s^{(q+1)} \, J_*^{Q_r Q_s}$$

wenn wir entsprechend (70)

$$J_*^{FG} = \int_{t_A}^{t_E} \frac{\lambda_u^{FR} \, \lambda_u^{GR}}{H_{uu}^*(t)} \, dt$$

definieren und der $*$ die spezifische Wahl von

$$\widetilde{W}(t) = H_{uu}^*(t)$$

anzeigt. Die Auflösung von (115) nach $\nu_s^{(q+1)}$ gibt die $\nu_s^{(q+1)}$ oder die $d\nu_s = \nu_s^{(q+1)} - \nu_s^{(q)}$ als Funktion der vorzugebenden ΔQ_r. (115) entspricht (72) mit $2\widetilde{\mu} = 1$ unter Beachtung des Vorzeichenunterschiedes zwischen den $\widetilde{\nu}_r$ und den ν_r.

Das Extr.-H-Verfahren ist also bei dem Ansatz (111) für δH_u^* dem gemäß einer Entwicklung bis zu den Gliedern zweiter Ordnung bezüglich der Steuerfunktion verbesserten gewöhnlichen Gradientenverfahren äquivalent. Es verspricht dementsprechend auch die dadurch zu erwartenden Konvergenzverbesserungen gegenüber dem gewöhnlichen Verfahren. Allerdings muß sich H_{uu}^* bilden lassen.

2.2.4. Verallgemeinerungen des einfachen Extr.-H-Verfahrens. Der Ansatz (111) ist nun weder der einzige vernünftige Ansatz noch immer praktikabel. Wir hatten gesehen, daß er $2\tilde{\mu} = 1$ beim gewöhnlichen Gradientenverfahren mit $\tilde{W}(t) = H_{uu}^{*}$ entspricht. Die Größe von $2\tilde{\mu}$ ist aber nach (71) durch Δs^2 bestimmt, was wiederum nach (67) dazu diente, die die Gesamtveränderung von $\delta u(t)$ so klein zu halten, daß die Linearisierungsbedingungen des Gradientenverfahrens nicht verletzt werden. Da in (109) hier ebenfalls eine Linearisierung vorgenommen wurde, kann man nicht unbedingt erwarten, daß der Ansatz (111) nicht diese Annahme verletzt, zumal $u^{(0)}(t)$, $v_r^{(0)}$ willkürlich vorgegeben wurden.

Man wird deshalb statt (111) besser den Ansatz:

$$(116) \qquad \delta H_u^{*}(t) = - H_u^{*}(t) \cdot \mu^{*}$$

machen, wobei:

$$(117) \qquad 0 < \mu^{*} \leq 1$$

gilt und der jeweils günstigste Wert von μ^{*} z. B. durch einige Versuchsschritte berechnet werden kann.

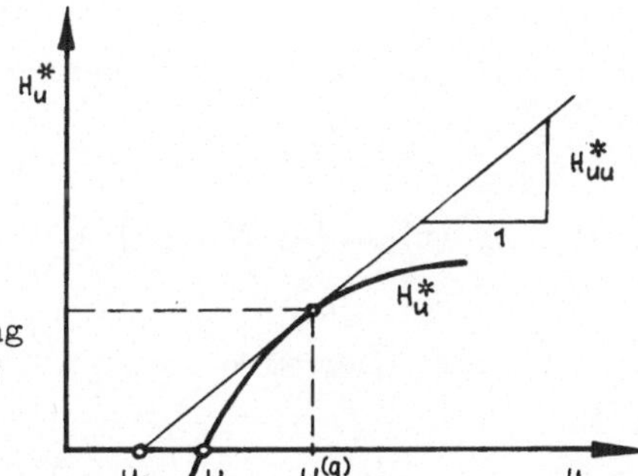

Abb. III.15 Ansatz zur Verbesserung
des Extr.-H-Verfahrens (nach [38])

Ein etwas anderer Ansatz ist von R. G. G o t t l i e b in [38] vorgeschlagen worden. Vernachlässigt man in (110) den zweiten Summanden - d. h. macht man die Annahme, daß keine Bedingungen für das Flugbahnende vorgegeben sind außer der Stopbedingung - so bedeutet der Ansatz (110) doch gerade, daß man - siehe Abb.III.15 - in $u^{(q)}$ der Tangentenrichtung an H_u^{*} folgt bis zum Schnitt mit der Abszisse, da dann gilt:

$$(118) \qquad H_u^* \Big|_u(q) = H_{uu}^* \Big|_u(q) \left[u^{(q)} - u_s \right]$$

und:

$$u^{(q+1)} = u^{(q)} + \delta u \stackrel{(110)}{=} u^{(q)} + \frac{\delta H_u^*}{H_{uu}^*} \stackrel{(111)}{=} u^{(q)} - \frac{H_u^*}{H_{uu}^*}$$

$$\stackrel{(118)}{=} u^{(q)} - \left[u^{(q)} - u_s \right] = u_s$$

Statt der Tangente kann man aber auch der Sehne folgen. Dies gibt:

$$\delta u = - (u^{(q)} - u_0)$$

und damit gemäß:

$$\delta u = \frac{\delta H_u^*}{H_{uu}^*}$$

aus (110)

$$\delta H_u^* = - \left(u^{(q)} - u_0 \right) \cdot H_{uu}^*$$

Beachtet man noch, daß man auch hier nicht unbedingt mit einem Schritt die gewünschte Veränderung erzwingen kann, so lautet der (116) ersetzende Ansatz für

$$(119) \qquad \delta H_u^*(t) = - \left(u^{(q)} - u_0 \right) \cdot H_{uu}^* \cdot \mu^*$$

wobei u_0 berechnet wird aus:

$$H_u \left(x_j^{(q)}, \lambda_j^{(q)}, \nu_r^{(q)}, u \right) = 0$$

und μ^* wieder gemäß (117) beschränkt ist.

Mit (119) folgt nun für das allgemeine δu gemäß (110):

$$(120) \qquad \delta u = - \left(u^{(q)} - u_0 \right) \mu^* - \sum_{\rho=1}^{r} \frac{\lambda_u^{Q_r R}}{H_{uu}^*} \, d\nu_r$$

und $d\nu_r$ ist zu berechnen aus (114) mit (120) als δu und den vorgegebenen ΔQ_r als dQ_r, was auf die Ausflösung von:

$$\Delta Q_r = -\mu^* \cdot \int_{t_A}^{t_E} \lambda_u^{Q_r R}\left(u^{(q)} - u_0\right) dt - \sum_{s=1}^{\rho} d\nu_s \cdot \int_{t_A}^{t_E} \frac{\lambda_u^{Q_r R}\,\lambda_u^{Q_s R}}{H_{uu}^*}\, dt$$

nach $d\nu_s$ führt. μ^* ist wieder durch Versuchsrechnungen so festzulegen, daß die Linearisierungsannahmen nicht verletzt werden, also
die vorausgesetzten Veränderungen δH_u^* und ΔQ_r bei der Vorwärtsrech-
nung der Bewegungsgleichungen mit $u^{(q+1)}$ auch ungefähr erzielt werden.

Das Extr. H Vorfahren ist, nachdem sich gewisse Hinweise auf diesen
Weg bereits bei K e l l e y [16] und B r y s o n , D e n h a m ,
C a r r o l l , M i k a m i [29] finden, zuerst von S t a n c i l
[64] und G o t t l i e b [38] aufgegriffen worden. In Deutschland
wurden entsprechende Arbeiten von E. D. D i c k m a n n s durchgeführt. Die
von G o t t l i e b geprägte Bezeichnung Min-H-Verfahren ist un-
glücklich, weil die Pontryaginsche Aufgabenstellung von einer Maxi-
mierung der Hamiltonschen Funktion ausgeht. D i c k m a n n s hat deshalb in [35] die Bezeichnung Extr-H-Verfahren vorgeschlagen, die hier
übernommen wurde.

2.3. Zusammenhänge zwischen der numerischen Lösung der Bedingungs-
gleichungen und dem Gradientenverfahren

2.3.1. Systematische Querverbindungen. Man kann beim Optimierungs-
prozeß grundsätzlich 3 verschiedene Arten von Bedingungen unterscheiden:

I. die regierenden Differentialgleichungen

$$\dot{x}_j = g_j(x_i,\, u_l)$$

$$\dot{\lambda}_j = -\lambda_0 \frac{\partial L}{\partial x_j} - \sum_{i=1}^{m} \frac{\partial g_i}{\partial x_j}\, \lambda_i$$

II. die Maximumbedingung für die Hamiltonsche Funktion $H^{(-)}$ bzw.
bei Punkten im Innern die entsprechende abgeleitete Beziehung

$$0 = \lambda_0 \frac{\partial L}{\partial u_l} + \sum_{i=1}^{m} \frac{\partial g_i}{\partial u_l}\, \lambda_i$$

III. die Randbedingungen, von denen immer m bei t_A und m bei t_E
entweder nur für die x_j oder für eine Funktion von den
$x_j,\ \lambda_j$ auftreten.

Die im Kapitel II.3 behandelten numerischen Verfahren zur Lösung der
Bedingungsgleichungen liefen auf eine iterative Erfüllung der Bedingungen I. bzw. III. hinaus, wobei jeweils eine Reihenentwicklung
vorgenommen und hinter den ersten Ableitungen abgebrochen wurde. Die
restlichen Bedingungen II., III. bzw. I., II. wurden voll erfüllt.

Beachten wir, daß beim einfachen Extr.-H-Verfahren die Gleichungen I.
zumindest formal erfüllt werden, während die Iterationsvorschrift
aus einer Reihenentwicklung von II. in der beim Mayerschen Problem
gültigen Form $\left(\frac{\partial L}{\partial u_l} = 0,\ \text{vgl. S. 60}\right)$ und Abbruch nach dem ersten Glied
der Entwicklung hervorgeht, so erkennen wir, daß das Extr.-H-Verfah-
ren die iterative Erfüllung der Randwerte und das verallgemeinerte
Newtonsche Verfahren gerade dahingehend ergänzt, daß nun die Maximumbedingung iterativ erfüllt wird, nur daß hier nicht beide restlichen Bedingungen I., III. voll befriedigt werden, sondern III.
auch nur schrittweise.

Das Extr.-H-Verfahren läßt sich somit als logische Ergänzung der in
II.3. beschriebenen Verfahren ansehen und schließt damit in gewisser
Form die für Optimierungsaufgaben mit Differentialgleichungen als

Nebenbedingungen denkbaren Klassen numerischer Lösungsverfahren ab,
sofern von gewöhnlichen Differentialgleichungen ausgegangen wird.

Das einfache Gradientenverfahren iteriert ebenfalls $\lambda_u = \sum\limits_{j=1}^{m} \lambda_j \frac{\partial g_j}{\partial u} = 0$,

da $u^{(p)} \approx u^{(p+1)} = u^{(p)} + \lambda_u \cdot \Delta s$ - die Konvergenzbedingung - nur für
$\lambda_u \to 0$ für große p erfüllt ist, nur daß nicht unmittelbar von der
Maximumbedingung sondern von einer Reihenentwicklung des zu optimierenden Wertes und der Bewegungsgleichungen ausgegangen wird, was
aber bei genügend weitgehender Entwicklung zu derselben Iterationsvorschrift führt, wie wir gesehen hatten.

Prinzipiell andere Möglichkeiten bietet nur ein prinzipiell anderer
Zugang zum Optimierungsproblem, wie er durch die gemäß dem Carathé-
odoryschen Zugang zur Variationsrechnung gleichwertige Benutzung
einer partiellen Differentialgleichung gegeben ist. Dies wird im folgenden Kapitel besprochen.

2.3.2. Vergleich der Güte der verschiedenen beschriebenen Verfahren.
Ein sorgfältiger Vergleich verschiedener numerischer Verfahren muß
sich auf einen Konvergenzvergleich und einen Zeitaufwandsvergleich
für die Erreichung der Optimallösung von gleich guten Eingangsschätzun-
gen aus erstrecken, und zwar bei gleich sorgfältiger Programmierung
für eine Reihe so verschiedenartiger Probleme, daß tatsächlich eine
umfassende Aussage entsteht. Solche Unterlagen sind nicht vorhanden. Abgesehen von der Schwierigkeit, die Güte der Schätzung von
Anfagswerten $\lambda_j(t_A)$ mit der Güte der Schätzung einer Steuerfunktion
$u^{(0)}(t)$ zu vergleichen, fehlt es überhaupt an von einer Hand vorgenommenen Untersuchungen des gleichen Problems mit verschiedenen
Methoden. Es sind mir nur zwei Arbeiten in dieser Richtung bekannt
geworden, die sich zudem noch auf das gleiche Beispiel erstrecken,
einen Erde-Mars-Flug, bei dem die Schubrichtung der Rakete zu opti-
mieren war. Dies sind die Arbeiten [54] von H. G. M o y e r und
G. P i n k h a m und [66] von B. O. T a p l e y und J. M. L e -
w a l l e n. P i n k h a m und M o y e r vergleichen Rechnungen

mit dem Gradientenverfahren erster Ordnung, dem Gradientenverfahren zweiter Ordnung und dem verallgemeinerten Newton-Raphsonschen Verfahren bezüglich der Rechenzeit. Sie erhalten ein Verhältnis von 8 : 4 : 1 für die Berechnung der Gesamtlösung entsprechend ihren Genauigkeitsanforderungen.

T a p l e y und L e w a l l e n vergleichen für die Iteration der Randwerte bei erfüllten Differentialgleichungen, für die Iteration der Differentialgleichungen und das Gradientenverfahren erster Ordnung Einfachheit der Formulierung, Speicherbedarf im Digitalrechner, Konvergenzbereich und Rechenzeit. Ihre Ergebnisse lauten:

1. Vom Standpunkt der Einfachheit der Formulierung für den Digitalrechner ist die Iteration der Randwerte am günstigsten, gefolgt vom Gradientenverfahren erster Odrnung.

2. Vom Standpunkt des Speicherplatzbedarfs ist ebenfalls die Iteration der Randwerte am günstigsten. Das Gradientenverfahren schneidet wegen der Rückwärtsintegration relativ schlecht ab, wenn man nicht die rückwärts integrierten Differentialgleichungen vorwärts erneut mitintegrieren will, was wieder Rechenzeit kostet.

3. Der Konvergenzbereich ist für das Gradientenverfahren am günstigsten.

4. Vom Standpunkt der Rechenzeit aus sind das verallgemeinerte Newton-Raphsonsche Verfahren und die Iteration der Randwerte am günstigsten, wobei nur geringe Unterschiede zwischen beiden Verfahren auftreten.

Bei Benutzung dieser Hinweise für die Entscheidung für die eine oder andere Methode sollte beachtet werden, daß die Angaben aus einem Beispiel und für die in [66] angegebenen spezifischen Formulierungen der Methoden gemacht sind, wobei speziell auch die oben schon angeschnittene Vergleichbarkeit der Güte der Anfangsannahmen für die $\lambda_j(t_A)$ und $u^{(0)}(t)$ zu klären wäre.

Häufig ist eine gewisse Kombination der Methoden von Vorteil, wenn entsprechende allgemeine Rechenprogramme vorhanden sind. So kann man z. B. Ausgangsnäherungen für die Lagrangeschen Multiplikatoren $\nu_r^{(0)}$ bei der Extr-H-Methode oder für $u^{(0)}(t)$ bei der verallgemeinerten Newton-Raphsonschen Methode, bei der bei allgemeiner Wahl von $u^{(0)}(t)$ Konvergenzprobleme auftreten können, leicht mit dem Gradientenverfahren erster Ordnung gewinnen, wobei der Vorteil des Verlassens dieses Verfahrens in einer schnelleren und besseren Konvergenz gegen die Optimallösung liegt, also in der Ersparnis von Rechenzeit.

Ferner ist zu beachten, daß die Gradientenverfahren selbst bei einer evtl. langsameren Konvergenz gegenüber der Iteration der Randwerte und der Iteration der Differentialgleichungen den Vorteil haben, daß jeder Näherungsschritt eine zulässige Lösung der Differentialgleichungen, also eine mögliche suboptimale Trajektorie liefert. Aus dem Verlauf der Einflußfunktionen sollte man zudem mitunter eine bessere physikalische Einsicht in das Problem gewinnen können. Weiter sind dabei nur die Endbedingungen zu erfüllen, die explizit vorgeschrieben werden, während bei der iterativen Erfüllung der Bedingungsgleichungen durch die Transversalitätsbedingung die Endbedingungen immer auf m ergänzt werden. Das Gradientenverfahren und das Extr-H-Verfahren sind also besonders einfach bei freien Endbedingungen.

Zusammenfassend ist zu dem Problem der Auswahl der Methoden zu sagen, daß eine direkte Präferenz für eine der geschilderten Methoden aus dem vorliegenden Material nicht möglich ist. Sie ist auch bei mehr Material vermutlich nicht herzuleiten, da zuviel verschiedene Gesichtspunkte, die zum Teil aufgabenabhängig sind, bewertet werden müssen, wie man auch aus dem von uns öfters herangezogenen Beispiel der Schuboptimierung der Höhenrakete erkennt, bei dem die partielle Ableitung der empirischen Widerstandsfunktion das Hauptproblem darstellt. So ist für jedes Einzelbeispiel eine besondere Entscheidung durch Vergleich der Problemstellung mit den spezifischen Eigenschaften der hier geschilderten Methoden zu treffen.

3. Das Bellmansche Verfahren des „dynamischen Programmierens"

3.1. Das Bellmansche Verfahren für gewöhnliche Extremalaufgaben

3.1.1. Vorbemerkungen. Jede numerische Lösung eines Problems erlaubt zunächst nur die Betrachtung einer Funktion an endlich vielen Stellen. Die einfachste Methode zur Bestimmung des Optimums einer Funktion ist deshalb das Gitterverfahren, bei dem der physikalisch interessanteste Bereich der Funktion $f(y_j)$ in Schritten vorgegebenen Abstandes systematisch abgesucht wird (vgl. Abb. III.16, 17 für $f(y_1)$, $f(y_1, y_2)$).

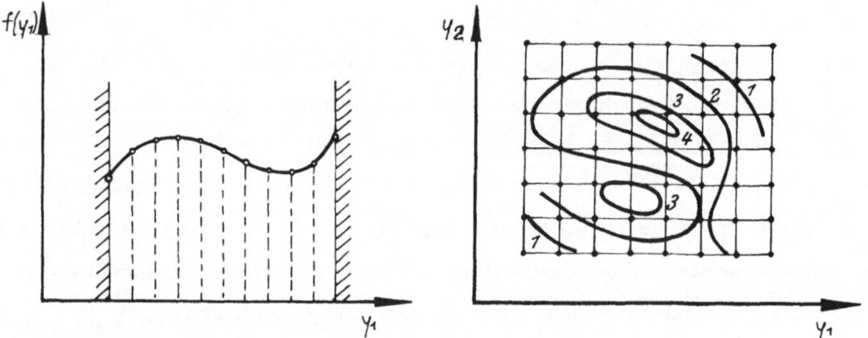

Abb. III.16 Gitterverfahren für eine Veränderliche

Abb. III.17 Gitterverfahren für zwei Veränderliche

In jedem der durch das Gitterwerk festgelegten Punkte wird $f(y_j)$ berechnet. Dann wird die Gesamtheit der Funktionswerte verglichen. Man erhält so gewiß den absoluten Extremwert im Bereich, wenn das Gitterwerk eng genug ist, daß es die wesentlichen Veränderungen der Funktion erfaßt; ein Gegenbeispiel zeigt die Abb. III. 18.

Der Suchaufwand läßt sich nur verringern, wenn man Näheres über die Funktion weiß.

Als Beispiel für die mögliche Verringerung des Suchaufwandes bei genauerer Kenntnis des Charakters der zu untersuchenden Funktion wollen wir kurz die Aufwandsverringerung bei der Extremwertbestimmung konkaver oder konvexer Funktionen einer Veränderlichen ($f''(y)$ stückweise stetig, monoton und ≥ 0 oder ≤ 0 im ganzen Intervall) aufgrund der Fibonaccischen Zahlen betrachten.

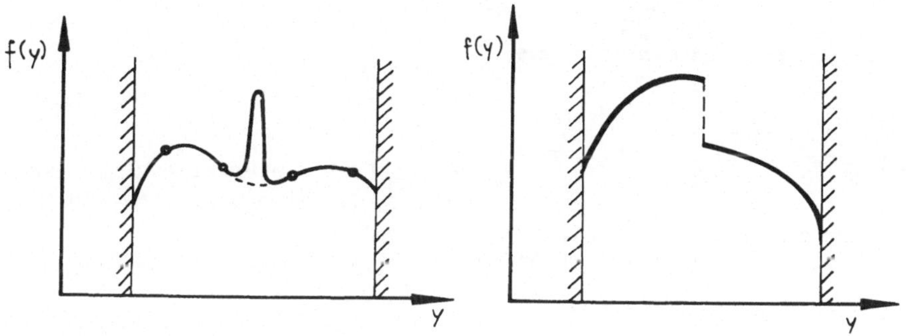

Abb. III.18 Fehlermöglichkeiten bei nicht eng genug angesetztem Gitter

Abb. III.19   Konvexe Funktion

Die Fibonaccischen Zahlen sind eine Zahlenreihe, die man aus der Rekursionsformel:

$$(121) \qquad F_n = F_{n-1} + F_{n-2} \qquad F_0 = F_1 = 1$$

gewinnt. Mit (121) kann man ein Intervall der Länge

$$F_{n-1} \leq L < F_n$$

wie folgt absuchen:

Man berechnet $f(y)$ in den beiden Punkten der Entfernung $L' = L \cdot \dfrac{F_{n-1}}{F_n}$ von den Endpunkten des Intervalls und vergleicht die Funktionswerte. Da eine konkave oder konvexe Funktion streng monoton auf beiden Seiten des Extremums verläuft, kann das Maximum nur in dem Teilintervall $L' = L \cdot \dfrac{F_{n-1}}{F_n}$ liegen, in dem der größere bzw. der kleinere Wert von $f(y)$ liegt. Dort geht man genauso vor, betrachtet also Teilpunkte, die $L' \cdot \dfrac{F_{n-2}}{F_{n-1}} = L \cdot \dfrac{F_{n-2}}{F_n}$ von den Endpunkten entfernt sind. In einem dieser Punkte ist aber $f(y)$ wegen (121) schon bekannt, so daß nur noch ein neuer Funktionswert zu berechnen ist.

Wegen $F_2 = 2$ hat man dann in n Schritten den Extremwert von $f(y)$ in einem Intervall < 1 eingeschlossen.

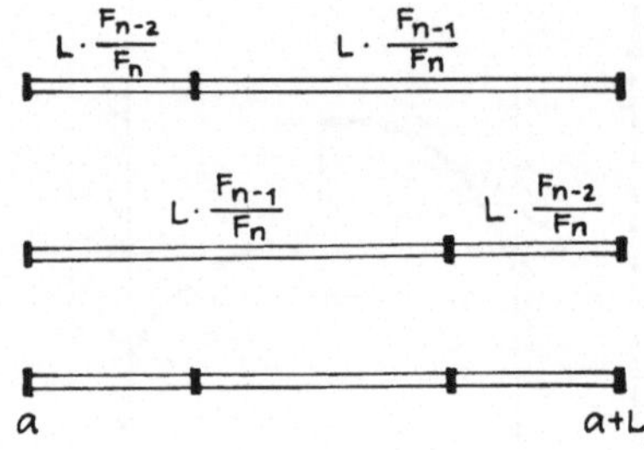

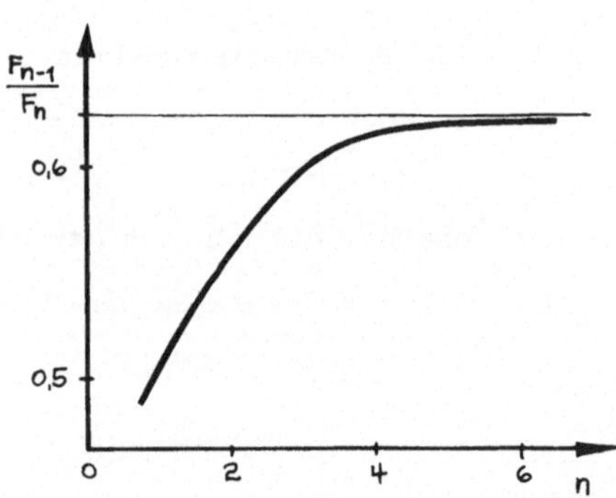

Abb. III.20 Intervallänge bei Verwendung der Fibonaccischen Zahlen

Abb. III.21 Asymptotischer Wert für das Verhältnis aufeinanderfolgender Fibonaccischer Zahlen

Da die Folge F_{n-1}/F_n rasch gegen 0,62 konvergiert, kann man praktisch die Punkte jeweils im Abstand 0,62 von den Endpunkten der Intervalle wählen, wobei man wegen des Fehlers bei den letzten vier Schritten etwas an Genauigkeit einbüßt. Nach n Schritten ist die Extremalstelle in ein Intervall eingeschlossen, das näherungsweise die Länge

$$1 = (0,62)^n \cdot L$$

hat. Es ist als sehr einfach, im Laufe der Rechnung eine beliebige Genauigkeit $1 = L \cdot 10^{-x}$ zu erreichen.

Als Schrittzahl für die Einschließung des Extremums in ein solches 1 folgt:

$$n_{\text{Fibonacci}} = -\frac{\log 10}{\log 0,62} \cdot x \approx 5x$$

Da man bei einem Gitterverfahren für $f(x)$ bei $l = L \cdot 10^{-x}$ gerade
$n\,l = L$ also 10^x Schritte für das ganze Absuchen und damit im Mittel:

$$n_{Gitter} \approx 5 \cdot 10^{x-1}$$

Schritte braucht, hat man z. B. für 10^3 Punkte eine Ersparnis von

$$\frac{\Delta n}{n_{Gitter}} = \frac{5 \cdot 10^2 - 15}{5 \cdot 10^2} = 97 \; \%$$

bei der Sucharbeit. Man sieht also, daß Kenntnisse über das Verhalten
der Funktion selbst große Vorteile bringen können.

3.1.2. Das Bellmansche Verfahren in seiner einfachsten Form. Wir
wollen uns nun dem Bellmanschen Verfahren zuwenden. Dies geht davon
aus, daß man es nicht nur mit einer einzelnen Extremwertsuche zu tun
hat, sondern daß man die zu untersuchende Extremwertaufgabe als Momentaufnahme einer Folge von Extremwertaufgaben betrachtet. Die Einbettung der Einzelaufgabe in eine Serie sich stetig ändernder Aufgaben hat vermutlich zusammen mit der Notwendigkeit, die Lösung durch
einen Digitalrechner zu bestimmen, zu der Bezeichnung "dynamic programming" für das Verfahren durch R. B e l l m a n geführt.

Wir hatten uns plausibel gemacht, daß bei einem numerischen Absuchverfahren für eine Funktion $f(y)$ nur dann Arbeit bei der Extremwertsuche gespart werden kann, wenn Näheres über $f(y)$ bekannt ist.
Andererseits muß das Bellmansche Verfahren Sucharbeit sparen, wenn
es gegenüber dem einfachen Gitterverfahren Vorteile bringen soll.
Verlangen wir dies für beliebige Funktionen, bleibt nur übrig, daß
die zu betrachtende Extremalaufgabe selbst einen höheren Schwierig-
keitsgrad haben muß als die Suche des Wertes y, der den Extremwert
von $f(y)$ liefert.

Die somit zu definierende Grundaufgabe für das Bellmansche Verfahren
lautet:

$$(122) \quad F_p(C) = \sum_{k=1}^{p} f_k(y_k) = f_1(y_1) + f_2(y_2) + \ldots f_p(y_p)$$

ist zu einem Extremum zu machen unter den Nebenbedingung:

$$(123) \quad C = \sum_{k=1}^{p} y_k = \text{const} \qquad y_k \geq 0$$

Um die Aufgabe in eine Folge einzubetten, aus der sie als Momentaufnahme gewählt werden kann, betrachten wir:

$$F_\pi(C) = \sum_{k=1}^{\pi} f_k(y_k)$$

ist zu einem Extremum - im folgenden einfacher: zu einem Minimum - zu machen mit:

$$C = \sum_{k=1}^{\pi} y_k \qquad\qquad y_k \geq 0 \qquad \pi = 1, 2 \ldots p, \ p{+}1 \ldots$$

wobei wir uns die $f_{p+1} \ldots$ irgendwie geeignet definiert vorstellen. Eine Präzisierung ist nicht notwendig, da sie praktisch nicht gebraucht werden.

Wir nehmen nun an, der gesuchte Minimalwert sei:

$$(124) \quad \widetilde{F}_\pi(C) = \operatorname*{Min}_{y_k} \{F_\pi(C)\}$$

Dann können wir eine Rekursionsformel zur schrittweisen Berechnung von $F_1(C)$, $F_2(C) \ldots$ aufbauen, indem wir beachten, daß in der Lösung:

$$(125) \quad \widetilde{F}_\pi(C) = \sum_{k=1}^{\pi} f_k(\widetilde{y}_k) = \sum_{k=1}^{\pi-1} f_k(\widetilde{y}_k) + f_\pi(\widetilde{y}_\pi) = \text{Min}$$

$$C = \sum_{k=1}^{\pi} \widetilde{y}_k = \sum_{k=1}^{\pi-1} \widetilde{y}_k + \widetilde{y}_\pi \qquad \widetilde{y}_k \geq 0$$

das Teilproblem:

$$(126) \quad F_{\pi-1}(C - y_\pi) = \sum_{k=1}^{\pi-1} f_k(y_k)$$

$$\text{mit} \quad C - y_\pi = \sum_{k=1}^{\pi-1} y_k \qquad\qquad y_k \geq 0$$

enthalten ist, und daß für dieses Teilproblem bereits die Teiloptimalität

$$(127) \quad F_{\pi-1}(C - y_\pi) = \widetilde{F}_{\pi-1}(C - y_\pi) = \text{Min.}$$

bei festem y_π gelten muß, da sonst (125) nicht optimal gelöst sein kann. Wäre (127) nämlich nicht erfüllt, so würde man statt des Wertes $F_{\pi-1}(C - y_\pi)$ in (125) den Optimalwert $\widetilde{F}_{\pi-1}(C - y_\pi)$ einsetzen und so ein $F_\pi(C)$ erhalten, das kleiner ist als das Minimum, was der Definition (124) widerspricht.

So kann man (126) ausnützen, wenn man (126) nicht nur für das an sich erst zu bestimmende optimale $\widetilde{y}_\pi$ berechnet, sondern für jedes beliebige y_π, indem man statt (125) schreibt:

$$(128) \quad \widetilde{F}_\pi(C) = \underset{y_\pi}{\text{Min}} \left\{ \widehat{F}_{\pi-1}(C - y_\pi) + f_\pi(y_\pi) \right\}$$

Das erste $\widetilde{F}$ für diese Rekursionsformel zur Berechnung von $\widetilde{F}_\pi$ aus $\widetilde{F}_{\pi-1}$ ist unmittelbar gegeben aus:

$$(129) \quad \widetilde{F}_1(\widetilde{y}_1) = f_1(y)$$

da für eine einzelne Funktion der Funktionssumme das Minimum der Funktionssumme gleich dem Funktionswert ist.

Die praktische Benutzung der Formel (128) geht nun so vor sich:

Wir teilen das Intervall $0 \ldots C$ in $(n+1)$ Punkte entsprechend der gewünschten Rechengenauigkeit:

$$0, \ h, \ 2h \ldots nh = C$$

und berechnen, da $\widetilde{F}_{\pi-1}(C - y_\pi)$ für $y_\pi = 0$, h, $2h \ldots nh$ alle Werte $\widetilde{F}_{\pi-1}(nh)$, $\widetilde{F}_{\pi-1}((n-1)h) \ldots \widetilde{F}_{\pi-1}(0)$ durch läuft, die Funktionen F_1, $\widetilde{F}_2 \ldots \widetilde{F}_p$ jeweils für alle Werte 0, h, $2h \ldots nh$.

Wir bestimmen also zuerst alle Werte $\widetilde{F}_1(0)$, $\widetilde{F}_1(h) \ldots$ wobei das optimale $\widetilde{y}_1$ gleich dem einzigen Wert 0, $h \ldots$ ist. Sodann berechnen wir $\widetilde{F}_2(c)$, indem wir für die zulässigen Intervalle 0, $(0, h)$, $(0 \ldots 2h)$, $\ldots$

das Minimum über $\{\widetilde{F}_1(c - y_2) + f_2(y_2)\}$ bezüglich y_2 bilden, wobei c jetzt das von 0 bis C laufende mögliche Intervallende darstellt. Das Minimum in jedem Intervall wird durch einfachen Vergleich der Funktionswerte gefunden und das zugehörige $\widetilde{y}_2 = y_{2\,\text{optim.}}$ immer davor mit vermerkt.

Wir erhalten so im Digitalrechner schrittweise eine Tabelle der Art:

$$(130) \qquad 0 \qquad \widetilde{F}_1(0) \cdots\cdots \quad \widetilde{y}_\pi\ \widetilde{F}_\pi(0) \cdots\cdots\cdots \quad \widetilde{y}_p\ \widetilde{F}_p(0)$$

$$\qquad\qquad h \qquad \widetilde{F}_1(h) \qquad\qquad \widetilde{y}_\pi\ \widetilde{F}_\pi(h) \cdots\cdots\cdots \quad \widetilde{y}_p\ \widetilde{F}_p(0)$$

$$\qquad\qquad 2h \qquad \widetilde{F}_1(2h) \qquad\qquad \widetilde{y}_\pi\ \widetilde{F}_\pi(2h) \cdots\cdots \quad \widetilde{y}_p\ \widetilde{F}_p(2h)$$

$$\qquad\qquad \vdots \qquad\qquad \vdots \qquad\qquad\qquad \vdots \qquad\qquad\qquad \vdots$$

$$\qquad\qquad nh \qquad \widetilde{F}_1(nh) \cdots\cdots \quad \widetilde{y}_\pi\ \widetilde{F}_\pi(nh) \cdots\cdots \quad \widetilde{y}_p\ \widetilde{F}_p(nh)$$

Aus (130) läßt sich dann die Optimalpolitik für $\widetilde{F}_p(C)$ entnehmen, indem man zunächst das zugehörige $\widetilde{y}_p = y_{p\,\text{optim.}}$ aus der Tabelle herausliest. $C - \widetilde{y}_p$ ist der verbleibende Bereich für $\widetilde{F}_{p-1}$. Bei $\widetilde{F}_{p-1}(C - \widetilde{y}_p)$ steht dann das zugehörige $\widetilde{y}_{p-1}$. Dies setzt man bis $\widetilde{F}_1$, $\widetilde{y}_1$ fort. $f_p(\widetilde{y}_p)$ braucht nicht neu berechnet zu werden, da es aus

$\widetilde{F}_p(C) - \widetilde{F}_{p-1}(C - \widetilde{y}_p)$ gemäß (128) direkt folgt. Dasselbe gilt entsprechend für $f_{p-1}(\widetilde{y}_{p-1})$ usw.

3.1.3. Lösung eines elementaren Beispiels.
Als elementares Beispiel betrachten wir die Aufgabe:

$$(131) \qquad F = y_1 + y_2^2 + y_3^3$$

ist zu einem Minimum zu machen unter der Nebenbedingung:

$$(132) \qquad 1,5 = y_1 + y_2 + y_3 \ ; \ y_1,\ y_2,\ y_3 \geq 0.$$

Aus der normalen Extremwertrechnung folgt:

$$\frac{\partial[F - \lambda(y_1 + y_2 + y_3 - 1,5)]}{\partial y_1} = 1 - \lambda = 0 \curvearrowright \lambda = 1$$

$$\frac{\partial[F - \lambda(y_1 + y_2 + y_3 - 1,5)]}{\partial y_2} = 2y_2 - \lambda = 0 \quad \curvearrowright \quad y_2 = 0,5$$

$$\frac{\partial[F - \lambda(y_1 + y_2 + y_3 - 1,5)]}{\partial y_3} = 3y_3^2 - \lambda = 0 \quad \curvearrowright \quad y_3 = 0,576$$

$$1,5 = y_1 + y_2 + y_3 \qquad\qquad\qquad \curvearrowright \quad y_1 = 0,424$$

$$\curvearrowright \quad \widetilde{F} = \text{Min } F = 0,424 + 0,25 + 0,192 = 0,866$$

D. h. es gibt einen lokalen Extremwert. Daß es sich dabei tatsächlich um ein Minimum handelt, erkennt man z. B., indem man andere y_1, y_2, y_3-Werte einsetzt, etwa:

$$(y_1; \ y_2; \ y_3) = (0,3; \ 0,5; \ 0,7)$$

$$F = 0,3 + 0,25 + 0,343 = 0,895$$

Für die Lösung der Aufgabe mit Hilfe des Bellmanschen Verfahrens war zunächst das Intervall in $n + 1$ Punkte gleichen Abstandes aufzuteilen. Wir wählen $n = 6$ und haben für y_1, y_2, y_3 die diskreten Werte:

$$0; \ 0,25; \ 0,50; \ 0,75; \ 1,00; \ 1,25; \ 1,50$$

zu betrachten. Aus (129) und (128) folgt unmittelbar:

$$\widetilde{F}_1(c) = y_1 \big|_c$$

$$\widetilde{F}_2(c) = \underset{y_2}{\text{Min}} \left[F_1(c - y_1) + y_2^2 \right]$$

$$\widetilde{F}_3(c) = \underset{y_3}{\text{Min}} \left[F_2(c - y_2) + y_3^3 \right]$$

Damit gilt:

$$(133) \quad \widetilde{F}_2(0) \quad = \text{Min} \left\{ \widetilde{F}_1(0) \quad + 0^2 \right\} = 0$$

$$\widetilde{F}_2(0,25) = \text{Min} \begin{cases} \widetilde{F}_1(0,25) + 0^2 \quad = 0,25 \\ \widetilde{F}_1(0) \quad + 0,25^2 = \underline{0,0625} \end{cases}$$

$$\widetilde{F}_2(0,5) \quad = \text{Min} \begin{cases} \widetilde{F}_1(0,5) \quad + 0^2 \quad = 0,5 \\ \widetilde{F}_1(0,25) + 0,25^2 = 0,3125 \\ \widetilde{F}_1(0) \quad + 0,5^2 \quad = \underline{0,25} \end{cases}$$

$$\widetilde{F}_2(0,75) = \text{Min} \begin{cases} \widetilde{F}_1(0,75) + 0^2 \quad = 0,75 \\ \widetilde{F}_1(0,50) + 0,25^2 = 0,5625 \\ \widetilde{F}_1(0,25) + 0,5^2 \quad = \underline{0,5} \\ \widetilde{F}_1(0) \quad + 0,75 \quad = 0,5625 \end{cases}$$

$$\widetilde{F}_2(1,00) = \text{Min} \begin{cases} \widetilde{F}_1(1,00) + 0^2 \quad = 1,0 \\ \widetilde{F}_1(0,75) + 0,25^2 = 0,8125 \\ \widetilde{F}_1(0,5) \quad + 0,5^2 \quad = \underline{0,75} \\ \widetilde{F}_1(0,25) + 0,75^2 = 0,8125 \\ \widetilde{F}_1(0) \quad + 1^2 \quad = 1,0 \end{cases}$$

$$\widetilde{F}_2(1,25) = \text{Min} \begin{cases} \widetilde{F}_1(1,25) + 0^2 \quad = 1,25 \\ \widetilde{F}_1(1,0) \quad + 0,25^2 = 1,0625 \\ \widetilde{F}_1(0,75) + 0,5^2 \quad = \underline{1,0} \\ \widetilde{F}_1(0,5) \quad + 0,75^2 = 1,0625 \\ \widetilde{F}_1(0,25) + 1,0^2 \quad = 1,25 \\ \widetilde{F}_1(0) \quad + 1,25^2 = 1,5625 \end{cases}$$

$$\widetilde{F}_2(1,5) = \text{Min} \begin{cases} \widetilde{F}_1(1,5) & + \ 0^2 & = 1,5 \\ \widetilde{F}_1(1,25) & + \ 0,25^2 & = 1,3125 \\ \widetilde{F}_1(1,0) & + \ 0,5^2 & = \underline{1,25} \\ \widetilde{F}_1(0,75) & + \ 0,75^2 & = 1,3125 \\ \widetilde{F}_1(0,5) & + \ 1,0^2 & = 1,5 \\ \widetilde{F}_1(0,25) & + \ 1,25^2 & = 1,8125 \\ \widetilde{F}_1(0) & + \ 1,5^2 & = 2,25 \end{cases}$$

Der Minimalwert ist jeweils durch Unterstreichen gekennzeichnet. Für $\widetilde{F}_3$ benötigen wir nur $F_3(1,5)$, das heißt den Optimalwert über das gesamte Intervall, da wir die Folge von Extremwertaufgaben entsprechend unserer Aufgabenstellung (131), (132) mit $\widetilde{F}_3$ abbrechen. Wir finden gemäß (133) und der Nebenbedingung (132):

$$\widetilde{F}_3(1,50) = \text{Min} \begin{cases} \widetilde{F}_2(1,5) & + \ 0^3 & = 1,25 & + \ 0 & = 1,25 \\ \widetilde{F}_2(1,25) & + \ 0,25^3 & = 1,0 & + \ 0,0156 & = 1,0156 \\ \widetilde{F}_2(1,0) & + \ 0,5^3 & = 0,75 & + \ 0,125 & = \underline{0,875} \\ \widetilde{F}_2(0,75) & + \ 0,75^3 & = 0,5 & + \ 0,4219 & = 0,9219 \\ \widetilde{F}_2(0,5) & + \ 1,0^3 & = 0,25 & + \ 1,0 & = 1,25 \\ \widetilde{F}_2(0,25) & + \ 1,25^3 & = 0,0625 & + \ 1,9521 & = 2,0146 \\ \widetilde{F}_2(0) & + \ 1,5^3 & = 0 & + \ 3,375 & = 3,375 \end{cases}$$

Dies ergibt insgesamt für die Tabelle (130) ohne die dort vorausgesetzte Vervollständigung der letzten Spalten:

$c = \widetilde{y}_1$	$\widetilde{F}_1(c)$	$\widetilde{y}_2$	$\widetilde{F}_2(c)$	$\widetilde{y}_3$	$\widetilde{F}_3(c)$
0	0	0	0	0	0
0,25	0,25	0,25	0,0625	–	–
0,50	0,50	0,50	0,25	–	–
0,75	0,75	0,50	0,50	–	–
1,00	1,00	0,50	0,75	–	–
1,25	1,25	0,50	1,00	–	–
1,50	1,50	0,50	1,25	0,50	0,875

0,875 ist das Optimum im Rahmen der Rechengenauigkeit und man liest für die zugehörigen Werte von y_1, y_2, y_3 ab:

$$\tilde{y}_3 = 0,5 \curvearrowright C - 0,5 = 1,0 \curvearrowright \tilde{F}_2(c) = \tilde{F}_2(1,0) \curvearrowright \tilde{y}_2 = 0,5 \curvearrowright \tilde{y}_1 = 0,5$$

also als optimales Wertetripel für $0 \leq y_1$, y_2, $y_3 \leq 1,5$
(0,5; 0,5; 0,5).

3.1.4. Allgemeine Vorteile des Bellmanschen Verfahrens und Vergleich mit dem systematischen Absuchen eines Punktegitters.

Bei dem Suchverfahren nach Bellman wird ebenso wie beim Absuchen einer Reihe von Gitterpunkten kein analytisches Hilfsmittel verwendet. Es ist also z. B. nicht notwendig, daß die $f_k(y_k)$ formelmäßig gegeben sind, sondern es genügt eine tabellarische Darstellung. Für halbempirische Funktionen, wie z. B. die Abhängigkeit des Widerstandes von der Machzahl beim Beispiel der Höhenrakete, ist es von Vorteil, daß keine Ableitungen der Funktion benötigt werden, da bei einer gewissen prozentualen Ungenauigkeit der Meßpunkte die zugehörigen Ableitungen teilweise nur mit einer viel höheren prozentualen Ungenauigkeit bestimmt werden können.

Zu der Tabelle (130) ist im übrigen noch zu bemerken, daß für einzelne Optimalwerte $\tilde{F}(r\,h)$ durchaus eine Mehrdeutigkeit vorliegen kann, die dann in die Tabelle entsprechend mit aufgenommen werden muß, woraus sich evtl. mehrere optimale Wege ergeben. Ebenso kann man von vornherein alle Werte als gleichwertig ansehen, wenn sie nur um einen gewissen Prozentsatz (z. B. 1 %) voneinander abweichen. Dann erhält man i. a. mehrere Wege, die annähernd denselben Optimalwert liefern und unter denen man sich den für die jeweiligen Zwecke passendsten aussuchen kann.

Endlich erhält man mit dem Optimalwert von F_p über C zugleich auch die Optimalwege für alle Teilprobleme und Teilbereiche, bzw. kann die Tabelle (130) leicht für einen erweiterten Bereich oder eine größere Zahl von Funktionen $f_k(y_k)$ ergänzt werden.

Das Bellmansche Verfahren kommt also den praktischen Bedürfnissen
stark entgegen und liefert sehr umfassende Informationen.

Da bei der schrittweisen Bildung von F_1, F_2 ... jeweils ein f_k hin-
zugenommen und von 0 ... C durchlaufen wird, werden beim Bellmanschen
Verfahren alle Werte

$$(134) \quad f_1(0) \qquad f_1(h) \dots\dots\dots f_1(n\,h)$$

$$f_2(0) \qquad f_2(h) \dots\dots\dots f_2(n\,h)$$
$$\vdots \qquad\qquad \vdots \qquad\qquad\qquad \vdots$$
$$f_p(0) \qquad f_p(h) \dots\dots\dots f_p(n\,h)$$

gebildet. Man wird sich deshalb fragen, welchen Vorteil das Bellmansche Verfahren gegenüber einem systematischen Absuchen der Werte
(134) – Gittervorfahren – hat.

Wir wollen dazu eine ganz rohe Abschätzung von Bellman erörtern:

Vernachlässigt man einmal, daß durch $\sum\limits_{k=1}^{p} y_k = C$ unter allen möglichen

Kombinationen eine große Anzahl von Kombinationen ausgeschlossen
wird, so erhält man für das systematische Absuchen von (134):

$$(n+1)^p$$

Funktionsvergleiche.

Beim Bellmanschen Verfahren werden p-mal 1, 2, 3, ... $(n+1)$ -Werte
einer Funktion miteinander verglichen, so daß man ca.

$$\frac{n}{2}(n+1) \cdot p \approx \frac{1}{2}(n+1)^2 \cdot p$$

Funktionsvergleiche erhält.

D. h. die Größenordnung der notwendigen Vergleichsarbeit ist von
einem exponentiellen Gesetz auf ein multiplikatives Gesetz herabgedrückt. Dieser grundsätzliche Unterschied ist zugleich die Er-
laubnis dafür, daß wir keine genaue Berechnung der Anzahl der

Funktionsvergleiche durchführen müssen, um die wesentliche Überlegen-
heit des Bellmanschen Verfahrens gegenüber dem allgemeinen Absuchverfahren zu zeigen. Man kann im Prinzip sagen, daß wir den Aufwand durch
die Einbettung der Aufgabe in eine Folge von Aufgaben zwar zunächst
erhöht haben, daß aber unsere Kenntnis über eine prinzipielle Eigenschaft der Folge - die stets bleibende Optimalitätsforderung - dann
den Gesamtaufwand entscheidend reduziert hat.

Diese Überlegung zeigt zugleich, daß die eigentliche Voraussetzung
für das Bellmansche Verfahren nicht direkt in der Aufgabenstellung
(122), (123) begründet ist, sondern daß jede Aufgabe, die sich durch
eine Rekursionsformel der Art (128) darstellen läßt, eine entsprechende Aufwandsreduktion erfährt, also statt mit einem systematischen
Suchverfahren leichter durch die Benutzung der Rekursionsformel -
der dynamischen Programmierung - gelöst wird.

Einschränkungen für die Variationsbereiche der y_k usw. lassen sich
genauso leicht berücksichtigen, wie beim allgemeinen Suchverfahren,
da sie auch beim Bellmanschen Verfahren nur zu einer Beschränkung der
zu durchlaufenden Werte und damit zu einer Arbeitsverringerung führen.

3.2. Das Bellmansche Verfahren für einfache Variationsprobleme

3.2.1. Das Bellmansche Vorgehen. Wir betrachten die Variationsauf-
gabe:

$$(135) \qquad J = \int_{0}^{t_E} L[t, y(t), y'(t)] \, dt$$

ist durch geeignete Wahl von $y'(t)$ zu einem Minimum zu machen mit:

$$(136) \qquad y(0) = 0 \; ; \; y(t_E) = C$$

wobei t_E; C gegeben sind.

Wir fragen uns nun gemäß der früheren Aussage, daß wir die Aufgaben
als Momentaufnahmen eines dynamischen Vorganges betrachten sollten,
wie wir diese Optimierungsaufgabe in eine Folge von Optimierungsaufgaben einbetten können.

Dazu betrachten wir statt (135), (136) folgende Aufgabe: Durch geeignete Wahl von $y'(t)$ ist:

$$J = \int_{O}^{t_E^*} L(t, y, y') \, dt$$

mit $y(O) = O$, $y(t_E^*) = C$

und $O \leq t_E^* < \infty$

zu einem Minimum zu machen.

Wir können wieder aus der Optimalität der Teilstücke einer Extremallösung eine Rekursionsformel herleiten. Wir schreiben nämlich:

$$(137) \quad \int_{O}^{t_E^*} L(t, y, y') \, dt = \int_{O}^{t_E^* - \Delta t} L(t, y, y') \, dt + \int_{t_E^* - \Delta t}^{t_E^*} L(t, y, y') \, dt$$

und bemerken, daß für den Minimalfall $J = S$ - vgl. auch I.2.1.1. -
der erste Summand für das Intervall $[O, \, t_E^* - \Delta t]$ mit den Randwerten
O, $y(t_E^* - \Delta t) = C - \Delta y$ ein Minimum sein muß. Sonst könnte man diesen
ersten Summanden durch ein Minimum ersetzen und erhielte so einen
Wert $J < S$, was ein Widerspruch zu der Voraussetzung ist, daß S der
Minimalwert sein sollte.

Dann können wir aber unter Beachtung der Tatsache, daß S für feste
Anfangswerte nur von den Endwerten t_E, $y(t_E)$ abhängt, die aus (137)
folgende Rekursionsformel schreiben:

$$(138) \quad S(t_E^*, C) = \min_{\substack{y' \text{ im} \\ \text{Intervall} \\ [t_E^* - \Delta t, \, t_E^*]}} \left\{ S(t_E^* - \Delta t, C - \Delta y) + \int_{t_E^* - \Delta t}^{t_E^*} L(t, y, y') \, dt \right\}$$

Die numerische Berechnung eines Integrals verlangt die Auflösung des
kontinuierlichen Integrationsprozesses in diskrete Schritte. Unter
den verschiedenen möglichen numerischen Verfahren wählen wir zunächst - jeder Ansatz führt auf ähnliche, im Grundsatz dem Folgenden
völlig entsprechende Formeln - als Integrationsannäherung:

$$(139) \qquad \int_{t_E^* - \Delta t}^{t_E^*} L(t, y, y') \, dt = L[t_E^*, y(t_E^*), y'(t_E^*)] \cdot \Delta t$$

nehmen also als Maß für das Integral das Produkt aus dem Intervall
Δt und dem rechten Randwert von L im Intervall. Entsprechend setzen
wir:

$$\Delta y = y'(t_E^*) \, \Delta t$$

Damit schreibt sich (138):

$$(140) \qquad S(t_E^*, C) = \operatorname*{Min}_{y'(t_E^*)} \left\{ S(t_E^* - \Delta t, C - y'(t_E^*)\Delta t) + L[t_E^*, y(t_E^*), y'(t_E^*)]\Delta t \right\}$$

Teilen wir nun das Intervall $0 \dots t_E$ in p Teile Δt - womit das bis-
lang beliebige Δt definiert wird - so können wir (140) schrittweise
lösen, indem wir von $t_E^* = \Delta t$ bis $p \cdot \Delta t = t_E$ fortschreiten.

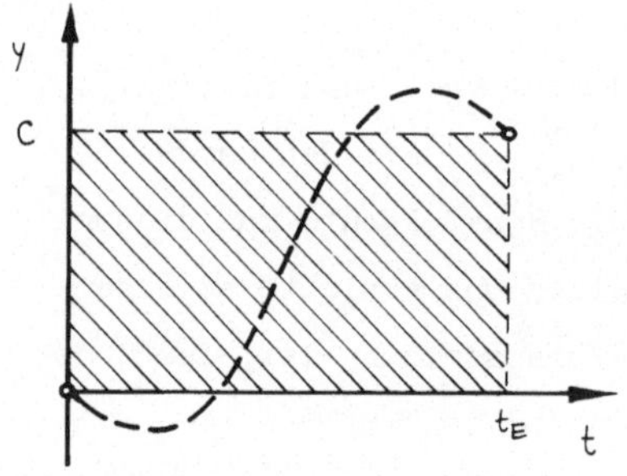
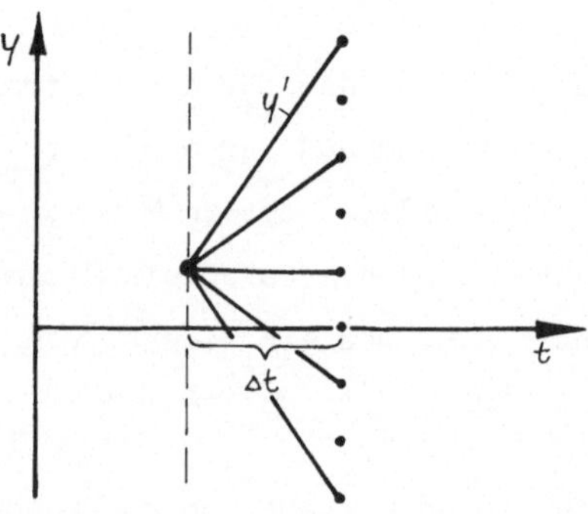

Abb. III.22 Ansatz zur Erläuterung der Einbettung bezüglich der
Randbedingung

Abb. III.23 Diskretisierung der
zulässigen Werte von y'

Allerdings können wir bei der jeweiligen Minimumsuche auch $y'(t_E^*)$
nicht kontinuierlich verändern, sondern müssen, da wir nicht verlangen können, daß die günstigste Verbindung von $[0,0; t_E, C]$ in dem
schraffierten Rechteck - s. Abb. III.22 - liegt, bei jedem Schritt

Δt für $y(\pi \cdot \Delta t)$ $(\pi = 0,1 \ldots p)$ den Bereich von $-\infty < y(\pi \Delta t) < +\infty$ absuchen durch geeignete Wahl von $y'(\pi \Delta t)$. Damit durchläuft $y'(\pi \Delta t)$ eine Reihe diskreter Werte von $-\infty$ bis $+\infty$ und damit auch

$$C - y'(t_E^* = \pi \Delta t) \cdot \Delta t \quad (s. \text{ Abb. III.23}).$$

Wir haben also, statt der Optimierungsaufgabe (135), (136) eine Reihe von Optimierungsaufgaben für die Intervalle Δt, $2\Delta t \ldots$ usw. zu lösen, indem wir in der Rekursionsformel (140) durch Einsetzen einer Zahl diskreter Werte $y'(t_E^*) = y_i'$ und Vergleich der Funktionswerte das optimale $y'(t_E^*)$ für den Randwert $y(t_E^*) = C$ bestimmen. Da bei dieser Absuche für $S(\pi \Delta t, C)$ aber $S[(\pi -1)\Delta t, C - y'(\pi \Delta t)\Delta t]$ auf der rechten Seite wegen der Variation von $y'(t_E^*)$ alle zulässigen diskreten Werte $c = C - y_i' \Delta t$ durchläuft, müssen wir bei jedem Schritt allgemein $S[\pi \Delta t, c]$ berechnen. Für den ersten Schritt ist der Integralwert J eindeutig bestimmt als $J = L[\Delta t, y_i' \Delta t, y_i'] \cdot \Delta t = S$ so daß eine Ausgangslösung für die Rekursionsformel (140) bekannt ist.

Wir erhalten die Gesamtlösung auch hier in Form einer Tabelle, bei der wir wieder das jeweilige optimale $\tilde{y}' = y'(t_E^*)$ vor den Optimalwert S schreiben können. Man hat also etwa bei Beachtung von $c = C - y_i' \Delta t$

$$(141) \quad \tilde{y}'(\Delta t) \quad S(\Delta t, c) \ldots \tilde{y}'(\pi \Delta t) S(\pi \Delta t, c) \ldots \tilde{y}'(p \Delta t) S(p \Delta t, c)$$

$$-\infty \quad L(\Delta t, +\infty, -\infty)\Delta t \ldots \tilde{y}'(\pi \Delta t) S(\pi \Delta t, +\infty) \ldots \tilde{y}'(t_E) \ S(t_E, +\infty)$$

$$\vdots \qquad \vdots \qquad\qquad \vdots \qquad\qquad \vdots$$

$$0 \quad L(\Delta t, C, 0)\Delta t \ldots \tilde{y}'(\pi \Delta t) S(\pi \Delta t, C) \ldots \tilde{y}'(t_E) \ S(t_E, C)$$

$$\vdots \qquad \vdots \qquad\qquad \vdots \qquad\qquad \vdots$$

$$+\infty \quad L(\Delta t, -\infty, +\infty)\Delta t \ldots \tilde{y}'(\pi \Delta t) S(\pi \Delta t, -\infty) \ldots \tilde{y}'(t_E) \ S(t_E, -\infty)$$

Aus (141) läßt sich dann die Optimalpolitik ablesen, indem man das $\tilde{y}'(t_E) = y'(t_E)$ bei $S(t_E, C)$ nimmt, $C - \tilde{y}'(t_E) \cdot \Delta t = C^*$ bildet, dann
$\underset{\text{optim}}{}$
$S(t_E - \Delta t, C^*)$ aufsucht, dafür das $\tilde{y}'(t_E - \Delta t)$ aus (141) abliest und so fort bis man an den Anfang der Tabelle kommt. Ist ein y'_{max} gegeben, erhält man statt (141) eine Teiltabelle. Dabei vermindert sich also die Sucharbeit, wie das jede Einschränkung bei dem hier besprochenen Verfahren tut. Endlich braucht man in der letzten Spalte

von (141) natürlich nur $S(t_E, C)$ zu berechnen und nicht alle $S(t_E, c)$.

Vergleichen wir die Aufgabenstellungen (122), (123) und (135), (136), so ist - bis auf das Fallenlassen von $y_k \geq 0$ - die Variationsaufgabe eine direkte Verallgemeinerung der Extremalaufgabe. Dies schlägt sich dann in den Rekursionsformeln nieder, indem in (140) beim Ansatz $t_E^* = \pi \, \Delta t$ der Index π aus (128) gerade zum Multiplikator bei Δt wird und an die Stelle von y_π $y'(\pi \, \Delta t)$ tritt $\left(C = \int_0^{t_E = p\,\Delta t} y' \, dt \right)$.

Unsere Diskretisierung in zwei Schritten mit dem daraus folgenden Durchlaufen von zwei Wertereihen Δt, $2\Delta t \ldots p \, \Delta t = t_E$ und $y_i' \in [-\infty, +\infty]$ kann auch unmittelbar als eine Einbettung der Aufgabe in zweifacher Hinsicht, in eine Folge von Optimierungsaufgaben und die Gesamtheit der denkbaren Randwerte je Aufgabe vorgenommen werden. Der Aufbau des Verfahrens in zwei Stufen, wie er hier vollzogen wurde, erleichtert aber evtl. das Verständnis für das Verfahren.

3.2.2. Die Hamilton-Jacobische partielle Differentialgleichung als Grenzwert des Bellmanschen Verfahrens.

Wir können (140) nicht nur als Berechnungsvorschrift für eine numerisch diskretisierte Berechnung der Extremalen auffassen, sondern auch als notwendige Bedingung für das Minimum, aus der wir durch $\Delta t \to 0$ eine analytische Beziehung erhalten.

Dazu schreiben wir, da $S(t_E^*, C)$ $y'(t_E^*)$ nicht enthält, statt (140):

$$0 = \operatorname*{Min}_{y'(t_E^*)} \left\{ S[t_E^* - \Delta t, \; C - y'(t_E^*) \, \Delta t] - S(t_E^*, C) + L[t_E^*, C, y'(t_E^*)] \Delta t \right\}$$

und entwickeln unter der Min-Forderung nach Δt, wobei wir Glieder mit Δt^2 und höheren Δt-Potenzen weglassen, was für die Bestimmung einer notwendigen Bedingung zulässig ist. Dies gibt $(C = y(t_E)$ beachtet):

$$(142) \quad 0 = \operatorname*{Min}_{y'(t_E^*)} \left\{ S(t_E^*, C) - \Delta t \, \frac{\partial S}{\partial t} \bigg|_{t_E^*} - y'(t_E^*) \Delta t \, \frac{\partial S}{\partial y} \bigg|_{t_E^*} - S(t_E^*, C) + \right.$$
$$\left. + L[t_E^*, C, y'(t_E^*)] \, \Delta t \right\}$$

Da sich die Summanden $\pm S(t_E^*, C)$ wegheben und Δt von der Min-Bedingung unabhängig ist ($\Delta t \neq 0$ per Definition), folgt:

$$(143) \qquad 0 = \operatorname*{Min}_{y'(t_E^*)} \left\{ L[t_E^*, C, y'(t_E^*)] - \frac{\partial S}{\partial t}\bigg|_{t_E^*, C} - \frac{\partial S}{\partial y}\bigg|_{t_E^*, C} y'(t_E^*) \right\}$$

Notwendige Bedingung für ein lokales Minimum einer Funktion $f(y)$ ist $\frac{\partial f}{\partial y} = 0$. Dies auf (143) angewendet liefert:

$$(144) \qquad \frac{\partial L}{\partial y'}\bigg|_{t_E^*, C} - \frac{\partial S}{\partial y}\bigg|_{t_E^*, C} = 0$$

Aus (144) kann man das $y'(t_E^*)$ berechnen, das die rechte Seite von (143) gerade zu einem Minimum macht, also (143) erfüllt. Kennzeichnen wir diesen Wert wie früher mit $p(t_E^*, C)$ so erhält man aus (144):

$$(145) \qquad p(t_E^*, C) = \Psi\left[t_E^*, C, \frac{\partial S}{\partial y}\bigg|_{t_E^*, C}\right]$$

und durch Einsetzen von (145) in (143):

$$0 = L[t_E^*, C, \Psi] - \frac{\partial S}{\partial t}\bigg|_{t_E^*} - \Psi\frac{\partial S}{\partial y}\bigg|_{t_E^*, C}$$

Nach (I.13) war als Hamiltonsche Funktion definiert:

$$H(t, y, S_y) = L(t, y, \Psi) - \Psi\frac{\partial L}{\partial y'}\bigg|_{t, y} \overset{(144)}{=} L(t, y, \Psi) - \Psi\frac{\partial S}{\partial y}\bigg|_{t, y}$$

so daß man aus der Grenzwertbildung in der Rekursionsformel zur Berechnung des Extremwertes S nach dem Bellmanschen Verfahren die Hamilton-Jacobische partielle Differentialgleichung

$$(146) \qquad S_t - H(t_E^*, C, S_y) = 0$$

zur Berechnung von S als notwendige Bedingung erhält. Beachten wir, daß t_E^* ein beliebiger Wert $0 \leq t_E^* < \infty$ war und daß $C = y(t_E)$ beliebig vorgeschrieben werden kann, so dürfen wir t_E^*, C auch ganz allgemein t, y schreiben und haben exakt die Formulierung (I.14) wiedergefunden.

Das Bellmansche Verfahren läßt sich also als numerisches Lösungsverfahren für die partielle Differentialgleichung (146) auffassen.

3.3. Das Bellmansche Verfahren für Optimierungsprobleme mit Differe-
ntialgleichungen als Nebenbedingungen

3.3.1. Behandlung der Pontryaginschen Aufgabenstellung. Wir wollen

das Bellmansche Verfahren für Optimierungsprobleme mit Differentialgleichungen als Nebenbedingungen am Beispiel der Pontryaginschen
Aufgabenstellung mit voll vorgeschriebenen Randwerten und vorgegebener Endzeit erörtern (vgl. Fall V in der Tabelle aus II.1.2.2.).
Andere Problemstellungen lassen sich ähnlich behandeln, wie wir auch
später bei der Erörterung des Höhenraketenaufstiegs als numerischem
Beispiel sehen werden.

Es soll also das Integral

$$(147) \qquad P = \int_{t_A}^{t_E} L[x_j(t),\ u_l(t)]\, dt \qquad\qquad \begin{aligned} j &= 1,2 \ldots m \\ l &= 1,2 \ldots k \end{aligned}$$

durch geeignete Wahl der $u_l(t)$ aus einem abgeschlossenen Bereich $\bar{B}$
zu einem Minimum gemacht werden, wobei die $x_j(t)$ den Differentialgleichungen:

$$(148) \qquad \dot{x}_j = g_j(x_i,\ u_l)$$

gehorchen und zu den gegebenen Zeitpunkten $t = t_A$ und $t = t_E$ die Randbedingungen

$$x_j(t_A) = A_j$$

$$x_j(t_E) = E_j$$

erfüllen müssen.

Für die Rekursionsformel (140) ändert sich zunächst nur, daß an die
Stelle von $y'(t)$ die $\dot{x}_j(t)$ treten und statt des Minimums über $y'(t_E)$
nunmehr das Minimum bezüglich der freien Funktionen $u_l(t_E^*)$ zu

suchen ist. Damit wird, wenn wieder das Absuchen des ganzen Bereichs
für die Endbedingungen durch Einsetzen kleiner Buchstaben angedeutet
wird, (140) zu:

$$(149) \quad S(t_E^*, e_j) = \underset{u_1(t_E^*)}{\text{Min}} \left\{ S(t_E^* - \Delta t, e_j - \dot{x}_j(t_E^*) \, \Delta t) + L[e_j, u_1(t_E^*)] \, \Delta t \right\}$$

In (149) sind nun die $\dot{x}_j(t_E^*)$ nach (148) zu bestimmen, so daß (149)
auch geschrieben werden kann:

$$(150) \quad S(t_E^*, e_j) = \underset{u_1(t_E^*)}{\text{Min}} \left\{ S(t_E^* - \Delta t, e_j - g_j(c_j, u_1(t_E^*)) \Delta t) \right.$$

$$\left. + L[c_j, u_1(t_E^*)] \, \Delta t \right\}$$

Dies ist zunächst formal die ganze Veränderung. Die Beschränkung
$u_1 \in \bar{B}$ ist dabei insofern von Vorteil, als nicht alle möglichen
$-\infty < u_1 < +\infty$ abgesucht werden müssen, sondern nur der in $\bar{B}$ einge-
schlossene Teil. Damit sind natürlich auch nicht alle c_j aus
$-\infty < e_j < +\infty$ erreichbar.

Freie Endwerte bzw. eine freie Endzeit äußern sich darin, daß in der
nun mehrdimensionalen Tabelle entsprechend (141) nicht mehr eindeutiger Startpunkt gegeben ist, an dem alle Endbedingungen erfüllt
sind und von dem aus man dann rückwärts die Optimalpolitik bestimmen muß, sondern daß die Gesamtheit der vorgeschriebenen Endwerte
darin mehrfach erfüllt ist und man durch Vergleich den günstigsten
Wert S aussuchen muß.

<u>3.3.2. Grundsätzliche Erörterung eines Beispiels.</u> Wir wollen die theo-
retischen Überlegungen und die relativ große Freiheit in der Aufgabenstellung mit dem Bellmanschen Verfahren durch ein einfaches Beispiel gemäß [4] verdeutlichen.

Wir betrachten den Aufstieg eines Turbojet-Flugzeuges in der Atmosphäre in sehr vereinfachter Form. Zunächst erhält man bei bahntan-
gentialem Schub und Vernachlässigung der Erdkrümmung als Bewegungsgleichungen:

$$\dot{h} = v \sin \vartheta$$

$$\dot{v} = \frac{\tilde{S}}{m} - \frac{W}{m} - \frac{G}{m} \sin \vartheta$$

$$\dot{\vartheta} = \frac{A}{vm} - \frac{G}{vm} \cos \vartheta$$

mit

h = Höhe

v = Geschwindigkeit

ϑ = Bahnwinkel

G = Gewicht $(G = m \cdot g)$

$\tilde{S}$ = Schub $(\tilde{S} \equiv \tilde{S}(v,h))$

W = Widerstand

A = Auftrieb

m = Masse $m \approx const$

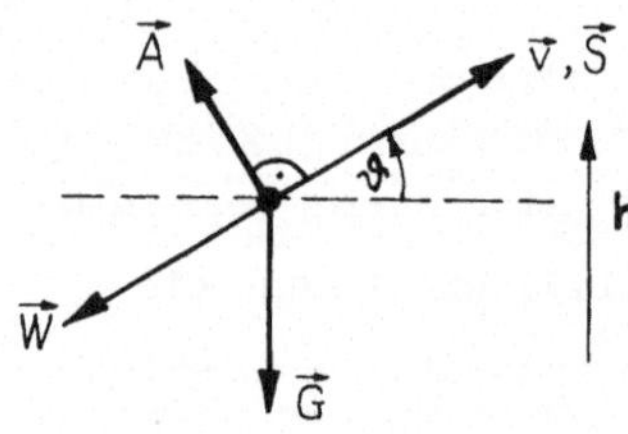

Abb. III.24   Ansatz zur Aufstellung
der Bewegungsgleichungen für den
Turbojet-Aufstieg

Die dritte Gleichung läßt sich durch geeignete Wahl des Anstellwinkels des Fluzeuges praktisch unabhängig von der Größe von ϑ erfüllen. Dann kann man aber ϑ als freie Steuergröße und die dritte Gleichung als Definitionsgleichung für den Anstellwinkel auffassen.

Dies ergibt folgende Optimierungsaufgabe:

Wie muß man $\vartheta(t)$ wählen, damit man unter Erfüllung der Differentialgleichungen:

$$(151) \qquad \dot{h} = v \sin \vartheta$$

$$\dot{v} = \frac{\tilde{S}}{m} - \frac{W}{m} - \frac{G}{m} \sin \vartheta$$

als Nebenbedingungen möglichst schnell von einem Flugzustand

$$v(t = 0) = V_A \quad ; \quad h(t = 0) = H_A$$

zu einem Flugstand

$$v = V_E \quad ; \quad h = H_E$$

gelangt. $(V_E > V_A \; ; \; H_E > H_A)$

Wir bemerken zuerst, daß die Flugzeit t nicht als unabhängige Variable gewählt werden kann, da der Minimalwert T der Flugzeit der zu minimierenden Größe S entspricht und nicht gleichzeitig die schrittweise zu durchlaufenden Werte 0, Δt, $2\Delta t \ldots t_E^*$, von denen S abhängt, darstellen kann. Wir benutzen deshalb (151) als Zusammenhang zwischen den Variablen t, v, h, um t als Funktion von v, h darzustellen, und h als unabhängige Variable.

Dabei wird zusätzlich h ständig wachsend vorausgesetzt, was nicht notwendig der Fall zu sein braucht. Exakter wäre es, z. B. die Energie als unabhängige Variable zu wählen.

Für ein wachsendes h ist ein positives ϑ erforderlich. Wir erhalten also bei unserm Ansatz automatisch eine untere Grenze ϑ_I für ϑ: $\vartheta_I = 0$. Eine obere Grenze für ϑ läßt sich implizit angeben, wenn wir uns den gesuchten Aufstieg in der h, v-Ebene (s. Abb. III.25) dargestellt denken. $\vartheta_I = 0$ gleich $\Delta h = 0$ steht dort $\Delta v = 0$ gegenüber, der reine Steigflug. Dies gibt mit:

$$\dot{v} = 0 = \frac{\widetilde{S} - W}{m} - \frac{G}{m} \sin \vartheta$$

für jedes Wertepaar h, v ein wohldefiniertes $\vartheta_{II} = \vartheta_{max}$

Wir haben also für unsere Steuerfunktion Grenzen

$$0 < \vartheta \leq \vartheta_{max}$$

zu beachten.

Für die Umrechnung von t auf h als unabhängige Variable gilt:

Nach der ersten Gleichung von (151) ist:

$$(152) \qquad h = \frac{dh}{dt} = v \sin \vartheta$$

$$dt = \frac{dh}{v \sin \vartheta}$$

Für die zweite Gleichung von (151) gilt:

$$(153) \qquad dv = \left(\frac{\tilde{S}}{m} - \frac{W}{m} - g \sin \vartheta \right) \frac{dh}{v \sin \vartheta}$$

$$\frac{dv}{dh} = \frac{\tilde{S} - W}{mv \sin \vartheta} - \frac{g}{v}$$

D. h. wir erhalten als Optimalaufgabe: Das Integral:

$$t = \int_{H_A}^{H_E} \frac{dh}{v \sin \vartheta}$$

ist durch geeignete Wahl von $\vartheta(t)$ zu einem Minimum zu machen unter der Nebenbedingung:

$$(154) \qquad \frac{dv}{dh} = \frac{\tilde{S} - W}{mv \sin \vartheta} - \frac{g}{v}$$

und unter Beachtung der Randbedingungen:

$$v(H_A) = V_A \quad ; \quad v(H_E) = V_E$$

Dies ist gerade eine Aufgabe der zuvor erörterten Art, und wir können mit der Bezeichnung T für den Minimalwert von t nach (140) schreiben:

$$(155) \qquad T(H_E^*, v_E) = \min_{\vartheta(H_E^*)} \left\{ T\left[H_E^* - \Delta h, \; v_E - \left(\frac{S - W}{vm \sin \vartheta} - \frac{g}{v} \right)\Big|_{H_E^*, v_E} \Delta h \right] + \right.$$

$$\left. + \frac{\Delta h}{v_E \sin \vartheta(H_E^*)} \right\}$$

und dann einen Rechenprozeß gemäß (141) zur Lösung dieser Rekursionsformel durchführen.

Wir wollen nun noch einige Punkte des Rechenprozesses selbst erörtern.

Das Min bedeutet, daß wenn man sich die Schritte Δh und die Stücke-

$\vartheta(H_E^*)$

lung Δv aufzeichnet, in jedem Punkt ϑ so bestimmt werden muß, daß alle um Δh weiterliegenden Punkte erreicht werden (vgl. den $\square$ -Punkt und seine Verbindung mit den o-Punkten in der Abb. III.25). Dies bedeutet die Lösung der transzendenten Gleichung (154) mit vorgegebenem Δv, Δh bezüglich ϑ. Da bei einem rein numerischen Vorgehen aber nicht die Art der Annäherung der Trajektorie sondern nur die sichere Konvergenz gegen die Trajektorie bei kleiner werdenden Schrittweiten von Bedeutung ist, gehen B e l l m a n und D r e y f u s in [4] bei der numerischen Lösung des Beispiels anders vor. Sie wählen nämlich einfach die Gitterrichtungen als Fortschreitungsrichtungen und nähern so die Optimaltrajektorie nicht durch eine Folge von Tangenten sondern durch eine Folge von Schritten in den Gitterrichtungen gemäß Abb. III.26 an, d. h. entweder Beschleunigen in konstanter Höhe oder Steigen bei konstanter Geschwindigkeit. Dabei wird h monoton wachsend dahingehend modifiziert, daß statt $\Delta h > 0$, $\Delta h \geq 0$ $(0 \leq \vartheta \leq \vartheta_{max})$ zugelassen wird.

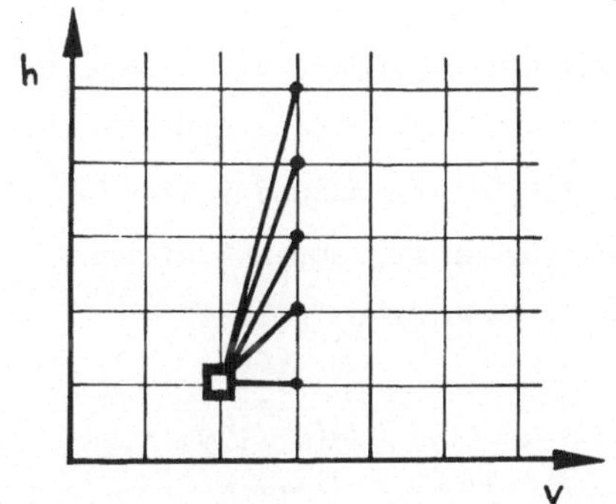

Abb. III.25   Diskretisierung von $\dfrac{dv}{dh}$

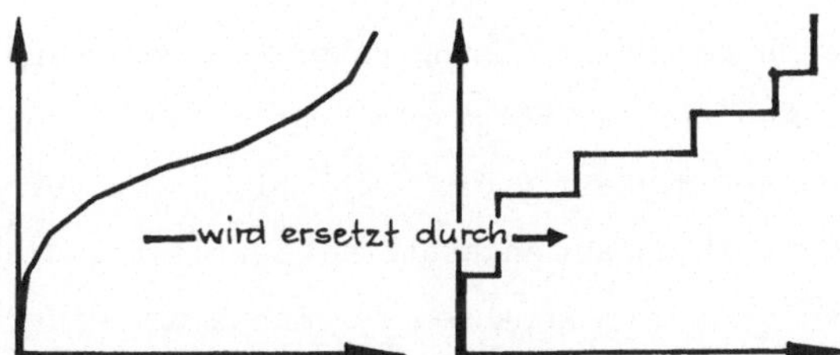

Abb. III.26   Ersatz der Annäherung der Bahnkurve durch Tangentenrichtungen durch eine Treppenkurve.

Man kann dies so verstehen, daß statt n Werten ϑ_1, ϑ_2 ... nur zwei Werte ϑ_I, ϑ_{II} zur Konkurrenz herangezogen und größere Ungenauigkeiten durch eine feinere Gitterteilung aufgefangen werden.

Damit kann man in dem ganzen betrachteten Bereich ohne Lösung einer transzendenten Gleichung sofort die Zunahme Δt von t für einen Schritt $(\Delta h, 0)$ bzw. $(0, \Delta v)$ angeben:

Man hat gemäß der ersten Gleichung von (153) und (152):

$$\Delta v = \left(\frac{\widetilde{S}}{m} - \frac{W}{m} \right) \Delta t - \frac{g}{v} \Delta h$$

und damit:

$$\Delta t = \frac{\Delta v}{\dfrac{\widetilde{S}}{m} - \dfrac{W}{m}} \qquad \text{für } (0, \Delta v)$$

$$\Delta t = \frac{\dfrac{g}{v} \Delta h}{\dfrac{\widetilde{S}}{m} - \dfrac{W}{m}} \qquad \text{für } (\Delta h, 0)$$

Dies erlaubt, in einem Gitter in der v, h-Ebene für jeden expliziten Ansatz $\widetilde{S} \equiv \widetilde{S}(v, h)$; $W \equiv W(v, h)$; $g = g(h)$ unmittelbar die Zeitveränderung zwischen Gitterpunkten anzuschreiben (s. Abb. III.27) und man erhält jetzt den günstigsten Weg durch Addieren der entsprechenden Zahlen, wobei die Rekursionsformel gilt:

$$S(x, y) = \text{Min} \left\{ \begin{array}{l} S(x - 1, y) + d(x - 1, y;\ x, y) \\ S(x, y - 1) + d(x, y - 1;\ x, y) \end{array} \right\}$$

in der $d(\xi, \eta;\ x, y)$ gerade die Zahl auf dem Stück $\xi \eta \rightarrow x, y$ darstellt.

In [4] ist eine so gewonnene Lösung unter bestimmten Annahmen für W, $\widetilde{S}$ angegeben. Abb. III.28 zeigt die Ergebnisse, wobei als Abszisse statt der Geschwindigkeit v die Machzahl M, das Verhältnis der Geschwindigkeit zur (konstant angesetzten) Schallgeschwindigkeit, benutz wurde. Unter den gemachten Annahmen für Schub und Widerstand, den aus Abb. III.28 abzulesenden Randbedingungen, sowie der Voraussetzung $\Delta h \geq 0$ ist demnach die optimale Politik, zunächst nur Geschwin-

digkeit aufzunehmen, um bei $M = 0,9$ auf ca. 6 km Höhe zu klettern und
dort die Schallmauer zu durchstoßen. Ab $M = 1,2$ folgt dann ein allgemeiner Übergangsflug bis ca. 11 km Höhe, worauf wiederum nur die
Geschwindigkeit bis zum gewünschten Endbetrag erhöht wird. In einem
reinen Steigflug wird sodann endlich auch die gewünschte Endhöhe
erreicht. Dies entspricht dem uns früher begegneten Verhalten, daß
bei Beschränkungen für die Steuerfunktion Bögen mit den Grenzwerten
für die Steuerfunktion und Bögen mit variablen Werten der Steuerfunktion auftreten.

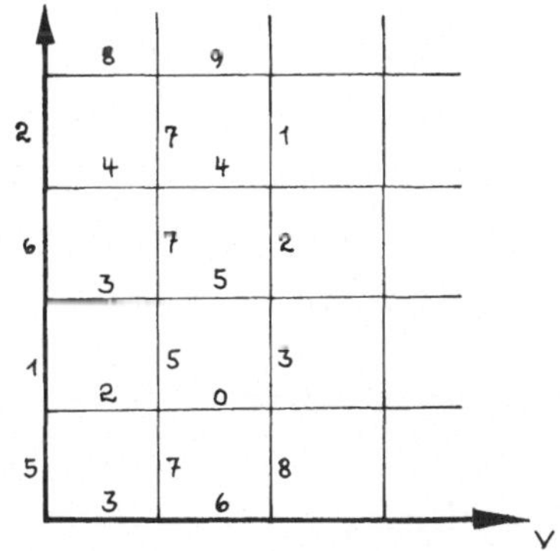

Abb. III.27   Ansatz für die Bestimmung der optimalen Treppenkurve

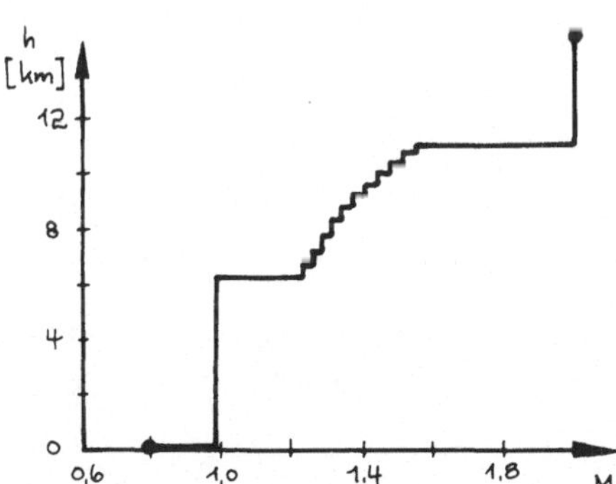

Abb. III.28   Ergebnis einer durchgeführten Beispielrechnung nach [4]

3.3.3. Analytische Betrachtung des Beispiels entsprechend einem Grenzübergang beim Bellmanschen Verfahren und nach dem Pontryaginschen Maximumprinzip.

Wir wollen nun zur Ergänzung des eigent-
lichen numerischen Vorgehens nach Bellman noch einen Vergleich
zwischen den analytischen Bedingungen ziehen, wie sie aus dem Bellmanschen Ansatz und dem Pontryaginschen Maximumprinzip folgen.

Beim Bellmanschen Verfahren entwickeln wir in (155) $T[H_E^* - \Delta h, v_E - \Delta v]$
in eine Reihe und erhalten, wenn wir nur Glieder erster Ordnung berücksichtigen und das von der Min-Bildung bezüglich ϑ unabhängige
$T[H_E^*, v_E]$ links und rechts gegeneinander wegheben (vgl. auch (142)):

$$0 = \min_{\vartheta(H_E^*)} \left\{ - \Delta h \cdot \frac{\partial T}{\partial h} - \left(\frac{\widetilde{S} - W}{m\, v \sin \vartheta} - \frac{g}{v} \right) \Bigg|_{v_E, H_E^*} \Delta h \, \frac{\partial T}{\partial v} + \frac{\Delta h}{v_E \sin \vartheta(H_E^*)} \right\}$$

Bei einfachem Umordnen kann man sofort einige Aussagen ohne weitere Rechnung machen:

Aus:

$$(156) \qquad 0 = \min_{\vartheta(H_E^*)} \left\{ \frac{1 - \dfrac{\widetilde{S} - W}{m}\dfrac{\partial T}{\partial v}}{v \sin \vartheta(H_E^*)} \Bigg|_{v_E,\ H_E^*} - \frac{\partial T}{\partial h} + \frac{g}{v} \Bigg|_{v_E, H_E^*} \frac{\partial T}{\partial v} \right\}$$

kann man nämlich 3 Vorschriften für die Wahl von $\vartheta(H_E^*)$ ablesen:

1. $\left(1 - \dfrac{\widetilde{S} - W}{m} \cdot \dfrac{\partial T}{\partial v} \right)_{v_E, H_E^*} > 0$ $\vartheta(H_E^*)$ sollte so groß wie möglich gewählt werden: $\vartheta(H_E^*) = \vartheta_{max}(H_E^*)$

2. $\left(1 - \dfrac{\widetilde{S} - W}{m} \cdot \dfrac{\partial T}{\partial v} \right)_{v_E, H_E^*} < 0$ $\vartheta = 0$ gibt den kleinstmöglichen Wert

3. $\left(1 - \dfrac{\widetilde{S} - W}{m} \cdot \dfrac{\partial T}{\partial v} \right)_{v_E, H_E^*} = 0$ ϑ ist nicht durch den Nenner des ersten Summanden festgelegt, sondern aus $\left(1 - \dfrac{\widetilde{S} - W}{m} \cdot \dfrac{\partial T}{\partial v} \right) = 0$ zu bestimmen.

Während im ersten und zweiten Fall alle notwendigen Aussagen gemacht sind, müssen wir den 3. Fall noch weiter betrachten. Aus $\left(1 - \dfrac{\widetilde{S} - W}{m} \dfrac{\partial T}{\partial v} \right) = 0$ erhalten wir:

$$(157) \qquad \frac{\partial T}{\partial v} = \frac{m}{\widetilde{S} - W}$$

Aus (156) folgt für das optimale $\vartheta(H_E^*)$ mit $\left(1 - \dfrac{\widetilde{S} - W}{m} \dfrac{\partial T}{\partial v} \right) = 0$

$$(158) \qquad \frac{\partial T}{\partial h} = \frac{g}{v} \frac{\partial T}{\partial v}$$

bzw. mit (157) in (158) eingesetzt:

$$(159) \qquad \frac{\partial T}{\partial h} = \frac{m}{\widetilde{S} - W} \cdot \frac{g}{v}$$

Beachtet man nun $m \approx const$ und die allgemein für eine reguläre Funktion gültige Beziehung:

$$\frac{\partial^2 T}{\partial h \, \partial v} = \frac{\partial^2 T}{\partial v \, \partial h}$$

so erhält man aus einer Differentiation von (157) nach h und (159) nach v durch Gleichsetzen:

$$(160) \qquad \frac{\partial}{\partial h} \left(\frac{1}{\widetilde{S} - W} \right) = \frac{\partial}{\partial v} \left(\frac{\frac{g}{v}}{\widetilde{S} - W} \right)$$

für die Werte H_E^*, v_E. Da diese aber alle zulässigen Werte h, v durchlaufen, stellt (160) in der h-Ebene eine Kurve dar. Sofern keine Verzweigungen auftreten, ist der Verlauf dieser Kurve bei unserem Beispiel nach dem aufgezeichneten numerischen Ergebnis qualitativ wie in der Abb. III.29 zu erwarten.

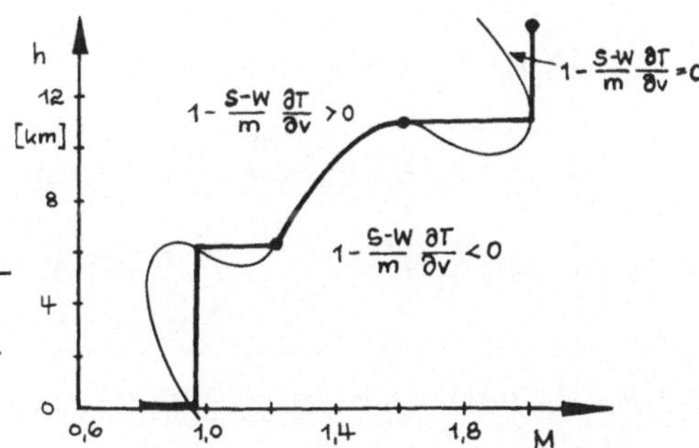

Abb. III.29 Geschätzter Verlauf der Grenzkurve zwischen Flug mit maximalem und minimalem Bahnwinkel

Die Aussage des Bellmanschen Verfahrens beim Grenzübergang ist also ein Kriterium

$$1 - \frac{\widetilde{S} - W}{m} \cdot \frac{\partial T}{\partial v} \gtrless 0$$

in der h, v-Ebene, demgemäß man die Optimaltrajektorie aus passenden Teilstücken mit den Grenzwerten von ϑ und variablem ϑ zusammensetzen

muß, wobei an den Nahtstellen allerdings Zusatzüberlegungen erforderlich sind, die beim rein numerischen Vorgehen entfallen.

Beim Pontryaginschen Maximumprinzip ist eine Veränderung der unabhängigen Veränderlichen von t in h wie beim Bellmanschen Verfahren
nicht notwendig. Wir können direkt den Formelsatz der Tabelle aus
II.1.2.2. für die Aufgabe II anwenden und erhalten:

$$(161) \quad p = t_E$$

$$\dot{h} = v \sin \vartheta$$

$$\dot{v} = \frac{\tilde{S} - W}{m} - \frac{G}{m} \sin \vartheta$$

$$\dot{\lambda}_h = - \frac{\lambda_v}{m} \cdot \left\{ \frac{\partial}{\partial h} (\tilde{S} - W) - \frac{\partial G}{\partial h} \sin \vartheta \right\}$$

$$\dot{\lambda}_v = \lambda_h \sin \vartheta - \frac{\lambda_v}{m} \frac{\partial}{\partial v} (\tilde{S} - W)$$

$$H = - \sin \vartheta \{ \lambda_v g - \lambda_h v \} + \frac{\lambda_v}{m} (\tilde{S} - W) = \text{Max bez. } \vartheta \geq 0$$

Wir erhalten auch hier eine Aufspaltung in 3 Bögen:

$$\{ \lambda_v g - \lambda_h v \} < 0 \quad \curvearrowright \quad \vartheta = \vartheta_{max}$$

$$\{ \lambda_v g - \lambda_h v \} > 0 \quad \curvearrowright \quad \vartheta = 0$$

$$\{ \lambda_v g - \lambda_h v \} = 0 \qquad \vartheta \text{ folgt aus } \{ \; \} = 0 \text{ und nicht aus dem}$$
$$\text{Faktor bei } \{ \; \}$$

aber wir bekommen nun keine Aufteilung der v, h-Ebene, sondern müssen die Differentialgleichungen in (161) lösen und erhalten dann eine
Steuerfunktion $\vartheta \equiv \vartheta(t)$ die das optimale Steuergesetz darstellt und
damit die Optimaltrajektorie gibt.

3.3.4. Schlußfolgerungen. Wir können an Hand der Grundüberlegungen
zum Bellmanschen Verfahren und dem eben behandelten Beispiel folgen-

de Charakterisierungen und vergleichende Abgrenzungen für das Bellmansche Verfahren formulieren:

1. Das numerische Bellmansche Verfahren führt - zumindest in einer
   einfachen Anwendungsform - darauf, daß man den betrachteten Bereich mit einem Gitternetz überzieht und die zu wählenden Steuerfunktionen dadurch bestimmt, daß man jeweils in den möglichen
   Gitterrichtungen fortschreitet. Die Optimaltrajektorie wird dann
   unter den so möglichen Trajektorien durch Vergleich der sich ergebenden Zuwachsbeträge zu dem zu extremierenden Wert ausgesucht,
   wobei der Aufwand von einer mit der Gitterpunktzahl exponentiell
   wachsenden Zahl auf eine multiplikativ wachsende Zahl durch An -
   wendung einer auf das Prinzip der Teiloptimalität gestützten Rekursionsformel herabgedrückt wird.

2. Das Bellmansche Verfahren berechnet unmittelbar den Optimalwert
   O, so daß man, wenn man ein analytisches Verfahren durch einen
   Grenzprozeß daraus herleitet, auf die Hamilton-Jacobische parti-
   elle Differentialgleichung und nicht auf die Eulerschen gewöhn-
   lichen Differentialgleichungen, wie bei den anderen besprochenen
   Verfahren, geführt wird.

3. Das Bellmansche Verfahren erfordert eine Formulierung, die eine
   Lösung im Phasenraum der x_j ergibt, so daß bei Kenntnis der Lagekoordinaten im Prinzip auch die optimale Politik gegeben ist, wie
   das für einen Steuerprozeß gefordert werden muß, während beim
   Pontryaginschen Maximumprinzip zunächst eine rein zeitabhängige
   Optimalpolitik ermittelt wird, aus der die ortsabhängige Politik
   nur durch einen Syntheseprozeß (Elimination der adjungierten Variablen) gewonnen werden kann. (Die $\lambda_j(t_A)$ sind durch die x_{jE} bestimmt, so daß das optimale u_1 nicht durch die Ortsangabe allein
   bestimmt ist, sondern den Integrationsprozeß von $t_A \ldots t_E$ erfordert).

Das Bellmansche Verfahren bildet also, wie schon früher angedeutet,
eine echte Alternative zu den anderen Verfahren und hat - soweit
nicht rechentechnische Schwierigkeiten auftreten - insbesondere bei
Regelprozessen wesentliche Vorteile gegenüber dem Zugang über die

gewöhnlichen Differentialgleichungen. Allerdings ist die Ausgangs-
formulierung nicht ganz so schematisch einfach wie im anderen Fall
und der Rechenaufwand übersteigt, wie wir noch besprechen werden,
in vielen Fällen das tragbare Maß.

3.3.5. Variationsmöglichkeiten beim Bellmanschen Verfahren.

Wir ha-
ben schon bei der Behandlung des Flugzeugaufstiegs mit der Beschrän-
kung des Winkels ϑ auf die beiden Werte $\vartheta_I = 0^O$ und $\vartheta_{II} = \vartheta_{max}$ darauf
hingewiesen, daß beim Bellmanschen Verfahren als einem numerischen
Zweckmäßigkeitsansatz keine eindeutige Vorschrift für das Vorgehen
vorliegt, sondern alles erlaubt ist, was im Grenzfall die gewünschte
Optimaltrajektorie liefert. Wir wollen hierzu noch zwei Beispiele
anführen:

Bei der Integration ist der Ansatz (139) nicht zwingend. Wir können
auch etwa die Simpsonsche Regel:

$$\int_{t_E^* - \Delta t}^{t_E^*} L\,dt = \frac{\Delta t}{G} \cdot \left\{ L \Big|_{t_E^* - \Delta t} + 4L \Big|_{t_E^* - \frac{\Delta t}{2}} + L \Big|_{t_E^*} \right\}$$

verwenden. Zwar wird so zunächst der Einzelschritt etwas aufwendiger,
es lassen sich aber dafür größere Schrittweiten benutzen.

Ebenso ist auch (138) nicht eindeutig, da wir willkürlich das Vorgehen von $y(t_A = 0) \rightarrow y(t_E)$ gewählt haben. Wir können genauso gut von
$y(t_E) \rightarrow y(t_A = 0)$ fortschreiten. Dann ergibt sich statt (138):

$$S(t_A^*, 0) = \mathop{\text{Min}}_{\substack{y' \text{ im Intervall} \\ [t_A^*, \, t_A^* + \Delta t]}} \left\{ S(t_A^* + \Delta t, \Delta y) + \int_{t_A^*}^{t_A^* + \Delta t} L(t, y, y')\,dt \right\}$$

Dies ist im übrigen auch die Formel, von der B e l l m a n und
D r e y f u s in [4] ausgehen.

3.4. Numerische Aspekte des Bellmanschen Verfahrens

3.4.1. Abschätzung des Rechenaufwandes.   Wir wollen nun den Rechen-
aufwand für das Bellmansche Verfahren bei mehrdimensionalen Problemen umreißen und Möglichkeiten zu seiner Einschränkung erörtern.

Obwohl nämlich durch die Benutzung des Teiloptimalitätsprinzips und
der damit hergeleiteten Rekursionsformel der Suchaufwand gegenüber
einem allgemein systematischen Absuchverfahren entscheidend ver-
ringert ist (vgl. 3.1.4.), bleibt die Größe des Suchaufwandes ein
erhebliches Hindernis für die Anwendung des Bellmanschen Verfahrens
bei allen Problemen mit mehreren Variablen x_j. Das Gitterschema
führt nämlich bei

$$10^2 = 100 \text{ Punkten für } [x_{j_A} \, , \, x_{j_E}]$$

mit

$$j = 3 \quad \text{auf} \quad 10^6 \text{ Gitterpunkte}$$
$$j = 6 \quad \text{auf} \quad 10^{12} \text{ Gitterpunkte usw.}$$

Hat man eine Rechengeschwindigkeit von $z\,\mu\,\sec - z \cdot 10^{-6}$ sec für
einen Rechenschritt, so bedeuten 10^{12} Rechenschritte bereits eine
Zeit von $z \cdot 10^6$ sec oder $z \cdot 300$ Stunden, d. h. über $z \cdot 10$ Tage un-
unterbrochenen Rechnens des Digitalrechners. Zwar kann man z. B.
eine solche Aufgabe aufspalten, indem man erst einaml mit 10 Punkten für jedes Intervall $[x_{j_A} \, , \, x_{j_E}]$ eine Rohlösung bestimmt und dann
ein feineres Raster um diese Rohlösung legt. Aber man verliert so
das systematische Absuchen des ganzen Bereiches mit dem Feinraster
und kann durchaus ein lokales Optimum übergehen (vgl. 3.1.1.), so
daß man wie bei den früher erläuterten Verfahren evtl. nur ein
relatives Optimum erhält. D. h. grundsätzlich wird die Anwendbarkeit des Bellmanschen Verfahrens mit wachsender Zahl der Lagekoordinaten (Dimensionen) des Problems eingeschränkt. Beachtet man,
daß ein räumliches Problem auf 3 Newtonsche Bewegungsgleichungen
führt, die, da sie Differentialgleichungen zweiter Ordnung darstellen, in unserer Schreibweise 6 Lagekoordinaten ergeben, so
sieht man, daß diese Schwierigkeiten bei vielen Probelmen auftreten werden.

3.4.2. Polynom-Approximation zur Abschwächung des Dimensionsproblems.

Das Problem der wachsenden Zahl von Gitterpunkten - kurz Dimensions-
problem genannt - hat zwei Aspekte:

1. wächst die Anzahl der auftretenden Rechenschritte mit der Anzahl
   der Gitterpunkte,

2. wächst die Anzahl der zu speichernden Funktionswerte mit der Anzahl der Gitterpunkte.

Dabei kann durchaus die wachsende Zahl der zu speichernden Funktionswerte die größere Schwierigkeit darstellen, da die Größe der von
der Maschine unmittelbar erreichbaren Speicher, insbesondere die
Größe der Kernspeicher mit schneller Zugriffszeit, in eindeutiger
quantitativer Form beschränkt ist, während die Rechenzeiten nur durch
praktische Überlegungen des zweckmäßigen Aufwandes begrenzt werden.

Wir wollen uns deshalb überlegen, was der unbedingt notwendige Aufwand für die interne Speicherung ist und wie sich dieser Ausfwand
evtl. reduzieren läßt.

Dazu betrachten wir nochmals die Matrix (141). Wir bemerken, daß wir
die Optimaltrajektorie rückwärts von dem zu $S(t_E, C)$ gehörigen $\tilde{y}' =$
y'_{optm} in (141) schrittweise konstruieren können, ohne die $S(\pi \Delta t, c)$
mit zu benutzen. Wir können also die $S(\pi \Delta t, c)$ in der Matrix weglassen. Ferner ist diese Bestimmung der Optimaltrajektorie erst nach
Abschluß der Aufstellung der gesamten Matrix möglich. Damit kann
aber eine externe Speicherung der y'_{optm} auf Lochkarten oder Magnet-
band erfolgen. Dabei ist die Frage der zu speichernden Daten nicht
so wesentlich, da wieder keine exakte quantitative Beschränkung besteht.

Der Aufwand der internen Speicherung wird also nicht durch die Ge-
samtmatrix bestimmt, sondern durch den Aufwand für einen einzelnen
Zeitwert der Matrix. Nach der Rekursionsformel (140) benötigen wir
nämlich zur Berechnung von $S(\pi \Delta t, c)$ die gesamten Werte $S[(\pi-1)\Delta t, c]$
die demnach direkt zugriffsfähig gespeichert sein müssen. Wir brau-
chen also von (140) gerade den $\dfrac{1}{2(n+1)}$ Teil direkt im Digitalrechner,

wenn $(n+1)$ die Anzahl der Zeitschritte ist, in die das Zeitintervall $0 \ldots t_E$ aufgespalten ist.

Bei Problemen mit Nebenbedingungen reicht aber dieser Anteil aus,
Schwierigkeiten zu machen. Ist m die Zahl der Lagekoordinaten, also:

$$\vec{x} = \{x_1, \ x_2 \ldots x_m\}$$

und N die Zahl der diskreten Punkte für jedes x_j, so benötigt man
eine Zahl von

(162) $M = N^m$ also z. B.

$$\approx 10^6 \text{ Speicherplätzen für } N = 10, \ m = 6$$

um $S[(\pi\text{-}1)\Delta t, \ \vec{c}]$ an allen Gitterpunkten zu speichern.

Dies ist - obwohl kein Übermaß an Nebenbedingungen und nur eine
mäßige Genauigkeit vorausgesetzt wurden - für einen heutigen Kernspeicher bereits ein zu großer Wert. Man sieht auch durch Vergleich mit den Überlegungen zur Rechenzeit in 3.4.1., daß das Spei-
cherproblem kritischer ist als das Rechenzeitproblem.

Man hat deshalb vorgeschlagen, nicht direkt die Funktionswerte an
allen Gitterpunkten zu speichern, sondern die jeweils zum neuen Rechenschritt benötigte Funktion des vorausgegangenen Rechenschrittes
durch eine Reihe vorgegebener Funktionen zu approximieren und nur
die Funktionsapproximation zu speichern.

Die Approximation einer Funktion durch vorgegebene Funktionen ist
an sich eine Aufgabe der numerischen Mathematik, die hier als Hilfsmittel als bekannt vorausgesetzt werden könnte. Wir wollen aber doch
zur Klarstellung die Approximation mit Tschebischeffschen Polynomen
als Beispiel kurz erörtern.

Die Tschebischeffschen Polynome sind definiert durch

(163) $p_n(x) = \cos(n \ arc \ cos \ x)$

mit $n = 0,1 \ldots$ und zwar über dem Normintervall $[-1, \ +1]$.

Die zunächst als unangenehm empfundene Eigenschaft, daß man zur Berechnung von Werten von $p_n(x)$ trigonometrische Funktionen berechnen
muß, ist nur scheinbar, da eine einfache Rekursionsformel existiert:

$$(164) \quad p_{n+1}(x) = 2x\,p_n(x) - p_{n-1}(x)$$

mit $n > 1$. Für $n = 0,1$ folgt unmittelbar aus (163):

$$p_0(x) = 1$$
$$p_1(x) = x$$

Man kann also jeden Wert $p_n(x^*)$ wie es für einen Digitalrechner
wünschenswert ist, allein mit Hilfe von Additionen, Subtraktionen
und Multiplikationen bestimmen.

Betrachtet man die Nullstellen x_i der Polynome:

$$n \arccos x_i = (2i + 1) \cdot \frac{\pi}{2} \qquad i = 0,1 \ldots$$

und berechnet an den Nullstellen $\hat{x}_i$ des 2R. ten Polynoms:

$$(165) \quad \hat{x}_i = \cos \frac{(2i+1)\,\pi}{4\,R}$$

die Produktsummen $\sum\limits_{i=0}^{2R-1} p_n(x)\,p_m(x)$ so erhält man eine Orthogonalitätsbeziehung:

$$(166) \quad \sum_{i=0}^{2R-1} p_n(\hat{x}_i)\,p_m(\hat{x}_i) = 0 \qquad n \neq m$$

$$\sum_{i=0}^{2R-1} p_n^2(\hat{x}_i) = R \qquad n > 0$$

$$\sum_{i=0}^{2R-1} p_0^2(\hat{x}_i) = 2R$$

Diese Orthogonalitätsbeziehung nutzt man zur Approximation einer beliebigen Funktion $f(x)$ durch die Tschebischeffschen Polynome $p_0(x)$,
$p_1(x) \ldots p_{2R-1}(x)$. Man setzt nämlich an:

$$(167) \quad f(x) = a_0\, p_0(x) + a_1\, p_1(x) \ldots a_{2R-1}\, p_{2R-1}(x)$$

$$= \sum_{j=0}^{2R-1} a_n\, p_n(x)$$

Dieser Ansatz gilt natürlich auch für die Nullstellen $\hat{x}_i$ des 2R.ten Polynoms, so daß man durch Multiplikation von (167) mit $p_m(\hat{x}_i)$ und Aufsummation gemäß (167) findet:

$$(168) \quad a_0 = \frac{1}{2R} \sum_{i=0}^{2R-1} f(\hat{x}_i)$$

$$a_n = \frac{1}{R} \cdot \sum_{i=0}^{2R-1} f(\hat{x}_i) \cdot p_n(\hat{x}_i) \qquad n = 1, 2 \ldots 2R-1$$

D. h. zur Festlegung und Speicherung von $f(x)$ genügt es, $f(x)$ an den 2R Stellen $\hat{x}_i$ zu bestimmen, daraus die a_j nach (168) zu berechnen und diese a_j zu speichern.

$f(x)$ an einer beliebigen Stelle folgt dann aus (167), wobei die $p_j(x)$ leicht über (164) berechnet werden können.

Für mehrdimensionale Funktionen tritt an die Stelle von (167) der Ansatz:

$$f(x_1, x_2 \ldots x_r) = \sum_{n_1=0}^{2R-1} \sum_{n_2=0}^{2R-1} \ldots \sum_{n_r=0}^{2R-1} a_{n_1 n_2 \ldots n_r}\, p_{n_1}(x)\, p_{n_2}(x) \ldots p_{n_r}(x)$$

und an die Stelle von (168) eine Mehrfachsumme, wobei jedoch immer die gleichen Nullstellen $\hat{x}_i$ des 2R.ten Polynoms und demnach nur in verschiedenster Multiplikation immer dieselben Werte $p_n(\hat{x}_i)$ auftreten.

Wir wollen nun auf unser Beispiel (162) für den Speicheraufwand zurückkommen. Speichert man in der Maschine die $\hat{x}_i$ und zur Vereinfachung auch die $p_n(\hat{x}_i)$ statt sie jedesmal über die Rekursionsformel zu berechnen, so ergeben sich bei der Darstellung von $f(x_1, x_2 \ldots x_r)$ durch die 2R Polynome $p_0(x)$, $p_1(x) \ldots p_{2R-1}(x)$ Speichernotwendigkeiten für die 2R-Stellen $\hat{x}_i$, für die p_n an den 2R-Stellen $\hat{x}_i$

und für die $a_{n_1 n_2 \ldots n_r}$ d. h.

$$M = 2R + (2R)^2 + (2R)^r$$

benötigte Speicherplätze.

Benutzt man statt der 10 Gitterpunkte 4 Polynome, so würden so:

$$M = 4 + 14^2 + 4^6 = 4116$$

Speicherplätze besetzt, was durchaus im Rahmen der üblichen Kern-
speicherkapazitäten liegt.

Natürlich muß man sich bei der Anwendung des Verfahrens überlegen,
wie man evtl. eine Abschätzung für die durch die Approximation induzier-
ten Fehler gewinnen kann. Hier sei nur darauf hingewiesen, daß man
bei Polynomapproximationen nicht ohne weiteres annehmen kann, daß die
Approximationsfehler mit wachsender Zahl 2R der verwendeten Polynome
abnehmen.

Die Verwendung Tschebischeffscher Polynome beim Bellmanschen Verfahren wurde von A o k i in [28] betrachtet. B e l l m a n und
D r e y f u s schlagen in [4] vor, Legendresche Polynome zu benutzen. Für Legendresche Polynome gilt die Orthogonalitätsbeziehung:

$$\int_{-1}^{+1} p^{(m)}(x)\, p^{(n)}(x)\, dx = \begin{cases} 0 & n \neq m \\ \dfrac{2}{2n+1} & n = m \end{cases}$$

wobei die Legendreschen Polynome in [-1, +1] definiert sind durch:

$$p^{(n)}(x) = \frac{1}{2^n n!}\, \frac{d^n (x^2 - 1)^n}{dx^n}$$

Man kann aber auch, wie R e g e n b e r g in dem in 3.4.3. zu be-
sprechenden Beispiel für Interpolationszwecke von einfachen Potenz-
polynomen x^m ausgehen, da für diese im Intervall [-1, +1] gilt:

$$\int_{-1}^{+1} x^n x^m\, dx = \begin{cases} \dfrac{2}{n+m+1} & \text{für } n+m \text{ ungerade} \\ 0 & \text{für } n+m \text{ gerade} \end{cases}$$

(vgl. auch [27]).

Die Benutzung der Tschebischeffschen Polynome hat den Vorteil, daß
man bei der Produktbildung, die zur Berechnung der a_j notwendig ist,
keine Integration durchzuführen braucht. Nachteilig ist jedoch, daß
die $\hat{x}_i$ nicht äquidistant sind, man also die übliche Aufteilung des
des Bereiches in ein mehrdimensionales Gitter gleicher Abstände
nicht benutzen kann.

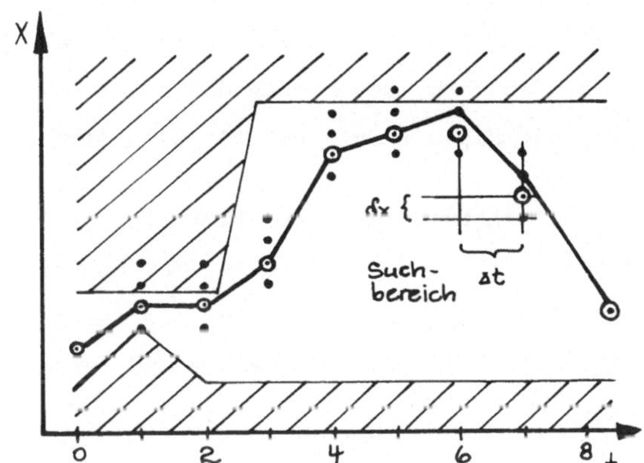

Abb. III.30 Adaptiver
Suchschlauch (vgl. auch
[61])

Eine weitere interessante Methode, den Speicheraufwand zu verringern,
ist der von K. H. S c h u l z e in [61] behandelte adaptive Suchschlauch. Man geht von einer Rohlösung aus, die man mit großer Gitter-
weite erhält, legt dann einen Schlauch frei gewählter Breite um diese Lösung, gibt darin ein feineres Raster vor und sucht nun die Lösung nur im Bereich des Suchschlauches (Abb. III.30). Für Strecken,
bei denen die Verbesserung der Groblösung auf den Schlauchrand zu
liegen kommt, verschiebt man den Schlauch solange, wie es innerhalb
der physikalischen Grenzen des Problems möglich ist. Man spart durch
die Einschränkung des Suchbereiches viel Speicherplatz und Sucharbeit, läuft aber theoretisch Gefahr, ein lokales Optimum zu erhalten,
was jedoch praktisch kaum der Fall sein dürfte.

3.4.3. Behandlung der maximalen Steighöhe einer Höhenrakete mit dem
Bellmanschen Verfahren. Wir wollen nun auch noch unser Standardbei-
spiel, die maximale Steighöhe einer Höhenrakete, nach dem Bellmanschen Verfahren lösen (s. wieder S. R e g e n b e r g in [58])

und dabei insbesondere die praktische Anwendung des Verfahrens näher betrachten.

Wir hatten bereits früher die Aufstiegsbahn der Rakete in eine Schubphase bis zum Ausbrennen der Rakete und eine rein ballistische Phase,
die sich notwendig daran anschließt, da bei Brennschluß des Trieb-
werks eine endliche Geschwindigkeit v vorliegt und für die Gipfelhöhe $v = 0$ gilt, geteilt. Als Schubphase wollen wir hier den Zeitbereich von $m(t_A) = m_0$ bis zum Verbrauch des gesamten Treibstoffs
$(m = m_1)$ ansehen, unabhängig davon, ob evtl. in diesem Zeitbereich
auch eine Phase ohne Schub $(\tilde{S} = 0)$ auftritt.

Für die ballistische Phase läßt sich wegen $\dot{m} = \mu = 0$ das Gleichungssystem (I.47) für den Aufstieg der Höhenrakete für alle interessierenden Werte von v, h lösen, so daß man die zugehörige Steighöhe
H als Funktion der Anfangswerte und der Raketenleermasse berechnen
kann:

$$H \equiv H(m_1; \; h, \; v)$$

Da die Zeitdauer der Schubphase erst aus dem optimalen Durchsatzverlauf folgt, während Anfangs- und Endmasse bekannt sind, liegt es
nahe, als unabhänige Variable für den Bellmanschen Ansatz die Masse
zu wählen.

Wir definieren nun:

$$S(m; \; v, \; h) = \text{optimale Steigöhe einer Rakete mit den Anfangs-}$$
$$\text{werten } m, v, h \text{ und der Endmasse } m_1 \text{ und einem}$$
$$\text{beliebigen Durchsatzverlauf } \mu \text{ bei } \mu_{min} \leq \mu \leq \mu_{max}$$
$$\text{für alle } m \in [m_0, \; m_1]$$

$S(m_0; \; 0, \; 0)$ ist offenbar die gesuchte optimale Steighöhe vom Boden
mit einer Rakete der Anfangsmasse m_0.

Für $m = m_1$ steht kein Treibstoff zur Verfügung. Man hat also einen
rein ballistischen Flug, so daß:

$$S(m_1; \; h, \; v) = H(m_1; \; h, \; v)$$

gilt. Wir versuchen, uns nun schrittweise von dieser bekannten Ausgangsfunktion bis zu $m = m_0$ zurückzutasten; wir gehen also immer von einem m zum nächstgrößeren $m + \Delta m$.

Dafür ergibt das Prinzip der Teiloptimalität offenbar [s. auch (138)]:

$$(169) \quad S(m + \Delta m; \ h, \ v) = \underset{\substack{\mu \\ \text{in } [m + \Delta m, \ m]}}{\text{Max}} \{S(m; \ h + \Delta h, \ v + \Delta v)\}$$

Die Veränderungen in den abhängigen Variablen Δh, Δv sind als Funktionen der zu optimierenden Größe μ darzustellen. Dazu benutzen wir die Bewegungsgleichungen (Nebenbedingungen)(I.41), (I.53):

$$\dot{h} = v$$

$$\dot{v} = \frac{\tilde{S} - W}{m} - g$$

$$\dot{m} = - \mu$$

Wir erhalten aus der letzten Gleichung

$$dt = - \frac{dm}{\mu}$$

und damit aus den beiden ersten Gleichungen:

$$dh = - \frac{v}{\mu} \ dm$$

$$dv = - \left(\frac{\tilde{S} - W}{m} - g \right) \frac{1}{\mu} \ dm$$

Für das Intervall $[m + \Delta m, \ m]$ gilt also:

$$\Delta h = - \int\limits_{m + \Delta m}^{m} \frac{v}{\mu} \ dm$$

$$\Delta v = - \int\limits_{m + \Delta m}^{m} \left(\frac{\tilde{S} - W}{m} - g \right) \frac{1}{\mu} \ dm$$

Wir teilen nun das Intervall $[m_0, \ m_1]$ in n_m gleiche Teile, so daß gilt:

$$\Delta m = \frac{m_0 - m_1}{n_m}$$

und setzen μ innerhalb eines derartigen Massenintervalls konstant
an.

Damit ergibt sich für die Rekursionsformel (169) genauer:

$$S(m_1 + \pi\, \Delta m;\ h,\ v) = \underset{\mu_{m_1 + \pi \Delta m}}{\text{Max}} \left\{ S\left[m_1 + (\pi - 1)\, \Delta m; \right. \right.$$

$$\left. \left. h - \int\limits_{m_1 + \pi\, \Delta m}^{m_1 + (\pi - 1)\, \Delta m} \frac{v}{\mu}\, dm,\ \ v - \int\limits_{m_1 + \pi\, \Delta m}^{m_1 + (\pi - 1)\, \Delta m} \left(\frac{\widetilde{S} - W}{m} - g \right) \frac{1}{\mu}\, dm \right]_{m_1 + \pi \Delta m} \right\}$$

wobei $\widetilde{S}$ auch $\mu_{m_1 + \pi\, \Delta m}$ enthält und die Bezeichnung für μ durch den
linken Rand des Intervalls gegeben wird, in dem μ konstant ist. Den
von h, v abhängigen Optimalwert von $\mu_{m_1 + \pi\, \Delta m}$ wollen wir mit $\widetilde{\mu}$ bezeichnen, so daß gilt:

$$\mu_{m_1 + \pi\, \Delta m}^{\text{optimal}} \equiv \widetilde{\mu}_{m_1 + \pi\, \Delta m}(h,\ v)$$

Um die Ausgangsfunktion $S(m_1;\ h,\ v) \equiv H(m_1;\ h,\ v)$ berechnen zu
können, ist zunächst einmal in der v, h-Ebene ein interessierender
Bereich abzugrenzen.

Negative Werte von v, h am Ende der Schubphase sind bestimmt, nicht
sinnvoll. Wir können also als zwei Bereichsränder die Achsen $h = 0$,
$v = 0$ verwenden. Weiter folgt aus einer Integration von (I.46), daß
ohne Einwirken der Gravitation und ohne die Widerstandsverluste eine
Geschwindigkeitsveränderung:

$$(170) \qquad \Delta v^* = w_A \cdot \ln \frac{m_0}{m_1}$$

erzielt würde. Da Gravitation und Widerstand das erreichbare Δv verringern, kann als weitere Grenze $v = \Delta v^*$ benutzt werden.

Eine ähnliche Abschätzung für Δh liefert nach R e g e n b e r g
für Verhältnisse von m_0 zu m_1, die nicht nahe bei 1 liegen, wesentlich zu große Werte für die Höhenveränderung. Da man einen möglichst
kleinen Bereich der v, h-Ebene abgrenzen will, verwendet man deshalb als vierten Rand am günstigsten eine Gerade $h = h^{max}$, die man
z. B. durch eine Testrechnung mit $\mu = \mu_{max}$ und einem Zuschlag für den
geschätzten Optimierungsgewinn ermittelt.

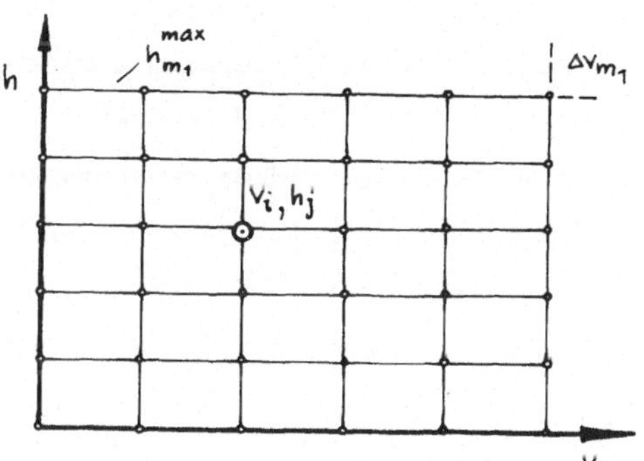

Abb. III.31 Gitteraufteilung
der h, v-Ebene für die Höhenraketenoptimierung (nach [58])

In diesen Bereich wird nun eine Gitter gelegt, das aus $n_v + 1$ Linien
v = const und $n_h + 1$ Linien h = const besteht (Abb.III.31). An den einzelnen Schnittpunkten v_j, h_i der Gitterlinien wird die Steighöhe
$H(m_1; h_i, v_j)$ berechnet. Dies geschieht durch numerische Integration
der Differentialgleichungen der ballistischen Phase mit den Anfangswerten v_i, h_j $(i = 0,1 \ldots n_v; \; j = 0,1 \ldots n_h)$

Damit ist die Funktion $S(m_1; h, v)$ an den Gitterstellen bestimmt.
Werte an anderen als den Gitterstellen werden durch zweidimensiona-
le Inter- bzw. evtl. auch Extrapolation aus den Werten an den Gitterstellen berechnet, indem der unbekannte Funktionsverlauf durch
einfache Polynome approximiert wird, wobei aber nicht alle Gitterpunkte herangezogen zu werden brauchen. Es handelt sich also hier
um eine Mischform von Gitterpunktspeicherungen und Polynomapproxi-
mation.

Nun kann mit der Bestimmung von $S(m_1 + \Delta v; h, v)$ begonnen werden.
Zunächst wird wieder ein Rechteckbereich abgegrenzt, in dem alle
möglichen sinnvollen v, h-Werte liegen. v = 0, h = 0 bleiben unver-

ändert, aber für $\Delta v^{*}_{m_1 + \Delta m}$ ergibt sich nach (170) mit $m_1 + \Delta m$ im Nenner ein kleinerer Wert und entsprechend kann auch $h^{max}_{m_1 + \Delta m} < h^{max}_{m_1}$
gewählt werden. In diesen Bereich wird wieder ein Gitter, zweckmäßigerweise dasselbe wie im vorigen Schritt, gelegt, und in jedem
Gitterpunkt der Satz der Bewegungsgleichungen mit $n_\mu + 1$ verschieden
möglichen Werten $\mu_{min} \leq \mu \leq \mu_{max}$ durchintegriert.

Als Ergebnis dieser Integrationen folgen $n_\mu + 1$ Wertepaare $(h^{(k)}, v^{(k)})$,
die keine direkten Gitterpunkte unseres Netzes bilden. An diesen
Punkten $(h^{(k)}, v^{(k)})$ werden die $n_\mu + 1$ Funktionswerte $S(m_1; h^{(k)}, v^{(k)})$
gebildet, wozu die früher erwähnte Interpolation zwischen den im
vorangegangenen Schritt berechneten $S(m_1; h_i, v_j)$ durchgeführt wird.
Durch Vergleich der $n_\mu + 1$ Werte wird jeweils das $\widetilde{\mu}_k$ bestimmt, das
für den Gitterpunkt (h_i, v_j) der Forderung:

$$S(m_1 + \Delta m; h_i, v_j) = \underset{\substack{\mu_k \\ k=0,1\ldots n_\mu}}{\text{Max}} \left\{ S(m_1; h^{(k)}, v^{(k)}) \right\}$$

genügt. Dies $\widetilde{\mu}_k$ wird dann bei $S(m_1 + \Delta m; h_i, v_j)$ gespeichert.

Wie sich zeigt, ist allerdings für kleine Zahlen k (≤ 10) die einfache Verwendung des größten dieser Werte nur eine recht grobe Näherung, sofern kein Randmaximum vorliegt.

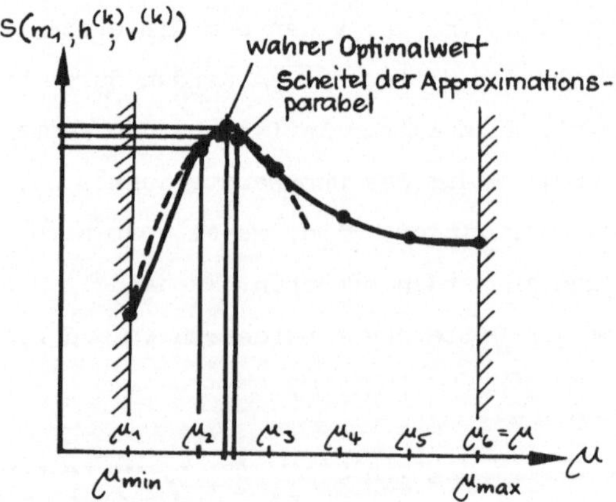

Abb. III.32 Verbesserung der Bestimmung des optimalen Durchsatzes
und des maximalen S gegenüber der reinen Gitterteilung (nach [58])

Für die Bestimmung eines besseren Wertes von $\tilde{\mu}$ läßt sich benutzen, daß $S(m_1, h^{(k)}, v^{(k)})$ die funktionale Abhängigkeit der Steighöhe S von dem kontinuierlichen Parameter μ an den diskreten Stellen μ_k darstellt. Wird diese funktionale Abhängigkeit in der Umgebung des Scheitelpunktes durch eine Parabel approximiert, so bilden der Scheitelpunkt dieser Parabeln eine genauere Näherung für den Maximalwert $S(m_1 + \Delta_m; h_i, v_j)$ und das zugehörige $\tilde{\mu}$ einen genaueren Wert für den optimalen konstanten Druchsatz im Intervall $[m_1 + \Delta m, m_1]$ (s. Abb. III.32).

Damit ergeben sich in den Gitterpunkten die Funktionen $S(m_1 + \Delta m; h_i, v_j)$ und $\tilde{\mu}_{m_1+\Delta m}(h_i, v_j)$. Nun wird analog die Berechnung von $S(m_1 + 2\Delta m; h_i, v_j)$ und $\tilde{\mu}_{m_1+2\Delta m}(h_i, v_j)$ durchgeführt, usw.

Ist die Anfangsmasse m_0 erreicht, so ist der Suchbereich in v-Richtung von selbst auf die Länge 0 zusammengeschrumpft. Für h_{max} wird auch 0 gesetzt und so in einem Schritt die gesuchte Steighöhe $S(m_0; 0, 0)$ und der optimale Durchsatz $\tilde{\mu}_{m_0}(0, 0)$ im Intervall $[m_0, m_0 - \Delta m]$ ermittelt.

Der gesamte optimale Durchsatzverlauf folgt, indem von m_0 bis $m_0 - \Delta m$ mit $\tilde{\mu}_{m_0}(0, 0)$ integriert wird. Dies ergibt die Werte $\hat{v}, \hat{h}$.
Dann ist von $m_0 - \Delta m$ bis $m_0 - 2\Delta m$ mit $\tilde{\mu}_{m_1+(n_m-1)\Delta m}$ zu integrieren usf.
Wird mit den so bei m_1 ermittelten Werten $(\hat{v}, \hat{h})$ die ballistische Phase integriert, so folgt eine Steighöhe, die theoretisch genau gleich $S(m_0; 0, 0)$ sein muß. Aufgrund der vielen Interpolationen, welche bei der Berechnung von $S(m_0; 0, 0)$ durchgeführt wurden, wird sich normalerweise eine Abweichung δ ergeben.

Diese Abweichung liefert einen Anhalt, ob die durchgeführten Diskretisierungen zu groß waren. Eine bessere Übereinstimmung kann i. a. dadurch erzielt werden, daß die Zahlen n_v, n_k, n_m und n_μ vergrößert werden.

Zweckmäßig geht man von $n_m = 1$, d. h. einem konstanten Durchsatz im

ganzen Intervall, aus und steigert die Zahl der Abschnitte Δm mit
konstantem Durchsatz dann schrittweise, da man so direkt den Optimierungsgewinn bei variablem Schub erkennt und aus der Bahn mit
Schub in der v, h-Ebene einen Anhalt gewinnt, um die interessierenden h, v-Bereiche für die Δm-Intervalle enger abzuschätzen, als dies
durch $h = 0$, $v = 0$; $h = h^{max}$, $v = \Delta v^*$ gelingt (s. Abb. III.33). Man kann
die Verfeinerung der Einteilung von $[m_0, m_1]$ abbrechen, wenn sich
die Steighöhe nicht mehr wesentlich verändert.

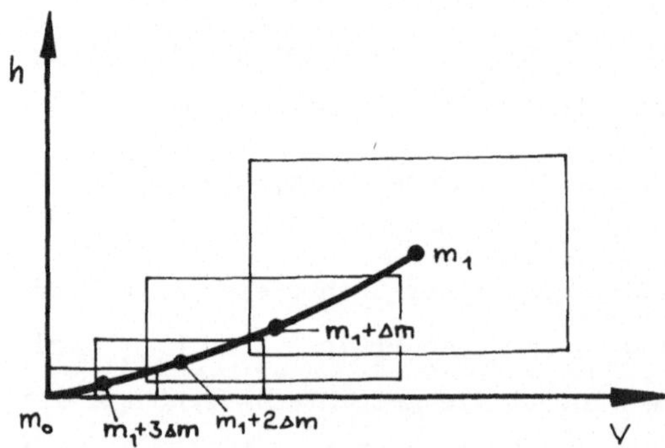

Abb. III.33 Bereichsabgren-
zung mit Überlappung der jeweiligen Suchbereiche nach
[58]

Dies entspricht dem adaptiven Schuchschlauch von H.K.S c h u l z e ,
wurde aber von S.R e g e n b e r g in [58] unabhängig von dieser Arbeit für das hier betrachtete Beispiel entwickelt.

Wir wollen nun noch einige numerische Ergebniss betrachten, die so
von S. R e g e n b e r g gewonnen wurden, und sie mit den Ergebnissen aus III.1.3.4. vergleichen, die nach dem Gradientenverfahren ermittelt waren.

Als Parameterwerte sind die Angaben in (62) zugrunde gelegt. $\tilde{S}$, W
g sind durch die Formeln (II.25) bis (II.27) gegeben. Die Höhenabhängigkeit des Schubes wurde wieder vernachlässigt.

Die Abb. III.34 zeigt zunächst die Abhängigkeit der Steighöhe vom
Durchsatz, wenn man über die gesamte Brennzeit $[m_0, m_1]$ einen konstanten Durchsatz verwendet. Man erhält ein relativ ausgeprägtes
Optimum im Innern des zulässigen Durchsatzbereiches. In der Abb.III.35
sind die optimalen Durchsatzprogramme für eine Einteilung von

$[m_0,\ m_1]$ in $n_m + 1 = 1,2,4,6$ und 8 Teile angegeben, wobei in jedem Abschnitt Δm der Durchsatz in $\mu_{min} \leq \mu \leq \mu_{max}$ $n_\mu + 1 = 8$ verschiedene Werte annehmen konnte. Die Bereiche in der h, v-Ebene sind jeweils angepaßt und es wurden $5 \times 5 = 25$ Gitterpunkte verwendet.

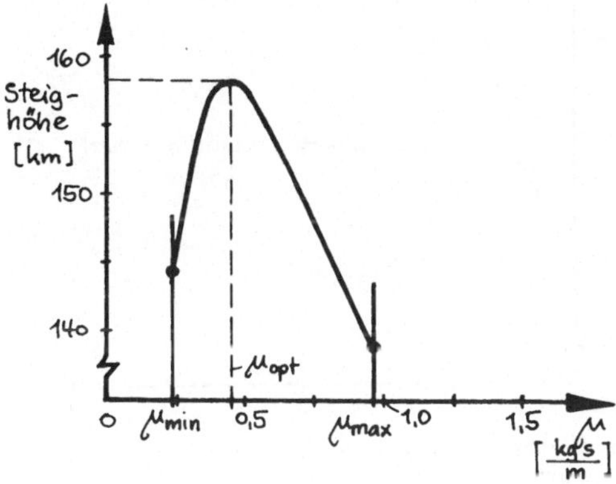

Abb. III.34   Steighöhe bei konstantem Durchsatz (nach [58])

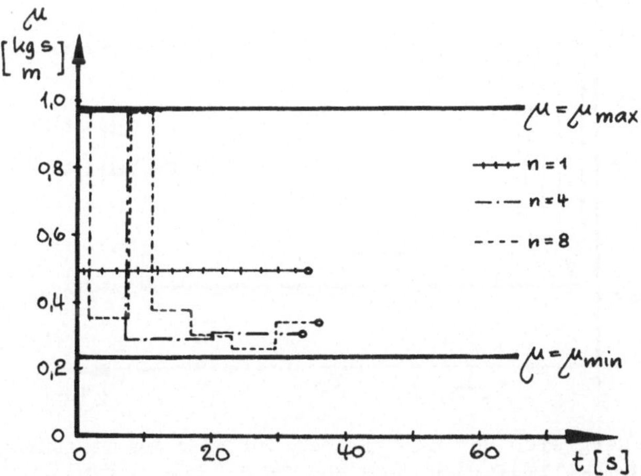

Abb. III.35   Optimierter Durchsatzverlauf nach dem Bellmanschen Verfahren für verschiedene Zahlen von Massenintervallen(nach [58])

Man erkennt, daß sich im Prinzip genau der gleiche optimale Durchsatzverlauf wie beim Gradientenverfahren - vgl. Abb. III.10 - ergibt; die Unterschiede, die sich aus der verschiedenartigen Annäherung von $\mu(t)$ durch eine kontinuierliche und eine Treppenfunktion und der Abhängigkeit beim Gradientenverfahren von der Ausgangsnäherung er-

geben, sind, wie die Abb. III.36 zeigt, auf die optimale Steighöhe
ohne Einfluß, da sich wie beim Gradientenverfahren eine optimale
Steighöhe von 165,5 km ergibt.

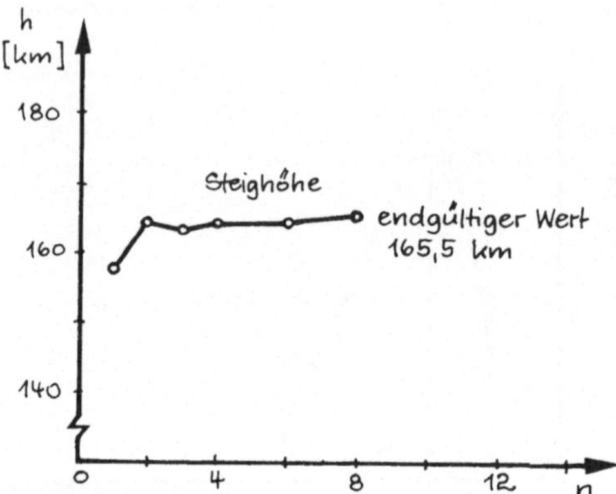

Abb. III.36 Anstieg der Steighöhe mit Vermehrung der Anzahl der
Massenintervalle ([58])

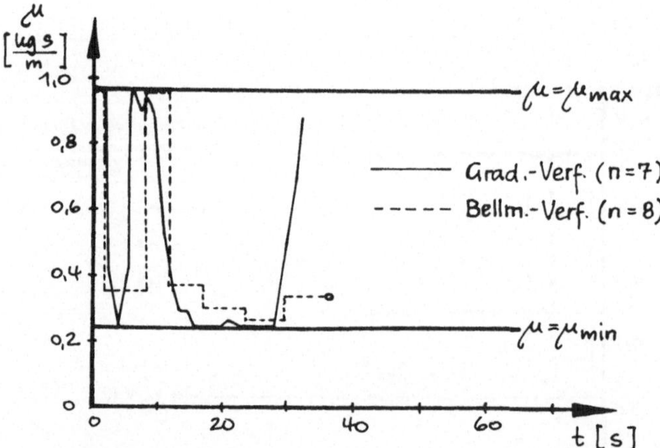

Abb. III.37 Vergleich der numerischen Optimierung des Durchsatzver-
laufs nach dem Bellmanschen- und dem Gradientenverfahren

Damit ist einmal gezeigt, daß bei beiden Verfahren eine ausreichende Genauigkeit erzielt worden ist. Ferner wird unsere Behauptung
vom Gradientenverfahren unterstrichen, daß nur bestimmt Teile der
Trajektorie einen wesentlichen Einfluß auf die Steighöhe haben, da
die in der Abb. III.37 verglichenen Lösungen nach dem Gradienten-
und dem Bellmanschen Verfahren praktisch dieselbe Steighöhe ergeben und doch noch relativ weit voneinander abweichen. Dies ist für

die Technik insofern von Vorteil, als gewisse Freiheiten, z. B. hier
bei der Gestaltung der Durchsatzfunktion, verbleiben, ohne daß die
Gipfelhöhe beeinträchtigt wird.

Der Optimierungsgewinn durch variables μ beträgt in unserm Falle
etwa 7,5 km, das sind rund 5 %, wie man durch Vergleich der Gipfel-
höhen bei $\mu = const$ und $\mu = variabel$ feststellt. Es ist fraglich,
ob dies praktisch lohnen würde.

Es wäre noch darauf hinzuweisen, daß wir beim Bellmanschen Verfahren
nur direkt mit W, $\tilde{S}$ gearbeitet haben und nirgends eine partielle
Ableitung aufgetreten ist. Für die halbempirische Funktion $W(h, v)$
ist dies natürlich besonders vorteilhaft.

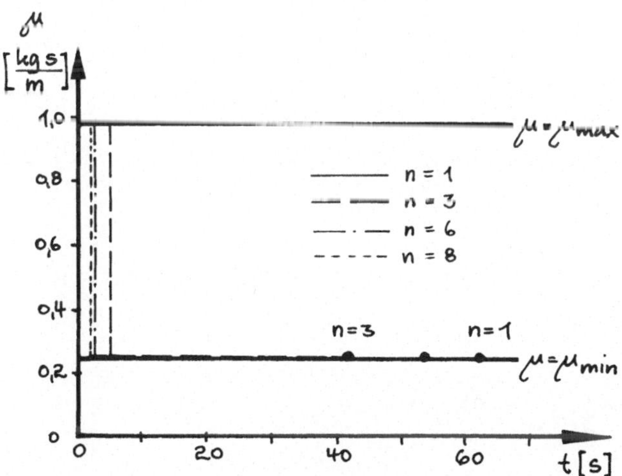

Abb. III.38 Optimaler Durchsatzverlauf bei Berücksichtigung der
vollen Schubformel.

Vergleicht man im übrigen das Durchsatzprofil, das hier berechnet
wurde, mit unseren Angaben beim Mieleschen Problem zum optimalen
Durchsatzprofil (vgl. I.2.2.4.), so fällt auf, daß dort nur von
einem Abschnitt mit maximalem Durchsatz gesprochen wurde, also das
erste Zurückgehen auf $\mu = \mu_{min}$ bei unserem hier ermittelten Profil
dort nicht auftritt. Dies steht im Widerspruch zu unserer an jener
Stelle gemachten Bemerkung, daß die Mielesche Theorie eine recht
gute Annäherung an die Ergebnisse mit exakten Annahmen liefert. Das

Zwischenminimum bei $\mu(t)$ verschwindet, wie die Abb. III.38 zeigt, wenn
man die volle Schubformel (II.25) ansetzt und das Druckglied darin
nicht mehr vernachlässigt, so daß das Zwischenminimum nur in dieser
Vernachlässigung begründet ist.

3.5. Lineare Prozesse mit quadratischen Leistungskriterien

3.5.1. Grundlagen.

Nachdem wir uns bisher im wesentlichen mit allgemeinen Aspekten des Bellmanschen Verfahrens beschäftigt haben,
wollen wir zum Abschluß noch eine spezielle Aufgabenstellung erörtern, die mitunter auftritt oder als Näherung benutzt werden kann
und die die Herleitung einer Rekursionsformel für die Folge der Op-
timalfunktionen erlaubt, so daß in diesem Fall der Bellmansche Dis-
kretisierungsprozeß nicht nur eine numerische Lösung sondern eine
ganz allgemeine analytische Lösung erlaubt.

Wir betrachten einen quadratisch von den Steuerfunktionen abhängigen Integralwert:

$$(171) \qquad p = \alpha \cdot \int_0^{t_E} \sum_{l=1}^{k} u_l^2 \, dt$$

den wir durch geeignete Wahl der $u_l(t)$ zu einem Minimum machen wollen unter den Nebenbedingungen:

$$(172) \qquad \dot{x}_j = \sum_{j=1}^{m} a_{ij} x_i + \sum_{l=1}^{k} b_{lj} u_l$$

und mit den Endbedingungen:

$$(173) \qquad x_j(t_E) = c_j$$

Ähnlich dem Ansatz (73) im Gradientenverfahren gehen wir von (163),
(172), (173) zu einem Ersatzproblem über. Wir verlangen nämlich,
daß:

$$P^* = K \cdot \sum_{j=1}^{m} (x_j\big|_{t_E} - c_j)^2 + \alpha \cdot \int_0^{t_E} \sum_{l=1}^{k} u_l^2(t)\, dt$$

durch geeignete Wahl der $u_l(t)$ unter Beachtung von (175) zu einem Minimum gemacht werden soll.

Für $K \neq \left\{ \begin{smallmatrix} 0 \\ \infty \end{smallmatrix} \right.$ können wir statt P^* auch P^*/K zu einem Minimum zu machen suchen, womit die Aufgabe lautet:

Gesucht ist das Minimum von

$$(174) \qquad \hat{P}^* = \sum_{j=1}^{m} (x_j\big|_{t_E} - c_j)^2 + K^* \cdot \int_0^{t_E} \sum_{l=1}^{k} u_l^2(t)\, dt$$

unter der Nebenbedingung (172), wobei $K^* = \dfrac{\alpha}{K}$ gesetzt ist.

Je nachdem, ob man $K^* \to \infty$ oder $K^* \to 0$ gehen läßt, wird der Erreichung des Minimalwertes des Leistungsindexes (171) oder der exakten Erreichung der Endbedingungen mehr Gewicht beigemessen. Durch Rechnung mit verschiedenen K^*-Werten kann man sogar ein Bild von der Abhängigkeit der Größe des Leistungsindexes von der Größe des Endbereiches erhalten.

3.5.2. Ein praktisches Beispiel.

Bevor wir die Lösung der Aufgabbenstellung (172), (174) betrachten, wollen wir zeigen, daß die Annahme eines quadratischen Leistungsindexes (174) auch tatsächlich in praktischen Aufgabenstellungen vorkommt.

Wir betrachten dazu einen Raumflugkörper mit elektrischen Triebwerken und einer nuklearen Energieversorgung.

Dann ist die thermische Leistung des Raktors R_L mit der Ausströmgeschwindigkeit w_A der Triebwerkgase wie folgt verknüpft:

$$(175) \qquad R_L = -\frac{1}{2\eta}\, w_A^2 \cdot \frac{dm}{dt}$$

wobei η der Gesamtwirkungsgrad ist.

Weiter gilt für die Größe der Beschleunigung bekanntlich:

$$(176) \qquad u_b = - \frac{w_A \cdot \dfrac{dm}{dt}}{m(t)}$$

Nun kann man w_A in (175) durch (176) ersetzen und erhält:

$$- 2\eta R_L = \frac{u_b^2 m^2}{\dfrac{dm}{dt}}$$

oder geeignet aufgelöst:

$$- \frac{dm}{m^2} = \frac{1}{2\eta R_L} \cdot u_b^2 \, dt$$

was integriert ergibt:

$$\frac{1}{m(t_E)} = \frac{1}{m(0)} + \frac{1}{2\eta R_L} \cdot \int_0^{t_E} u_b^2 \, dt$$

so daß man, um $m(t_E)$ bei gegebener Reaktorleistung zu einem Maximum zu machen, $1/m(t_E)$ und damit

$$P = \int_0^{t_E} u_b^2 \, dt$$

zu einem Minimum machen muß.

Dies ist aber gerade ein quadratischer Leistungsindex für die Steuergröße, wie in (171) vorausgesetzt. In welchen Fällen bei diesem Aufgabenkreis eine Linearisierung der an sich nicht linearen Bewegungsgleichungen zur Erfüllung der Bedingung (172) möglich ist, muß allerdings in jedem Einzelfall geprüft werden.

3.5.3. Analytische Lösung mit dem Bellmanschen Verfahren. Wir wollen nun zeigen, daß (172), (174) nicht allgemein numerisch behandelt werden muß, sondern auf diskrete Rekursionsformeln führt. Wir werden dabei allerdings nur die vereinfachte Aufgabenstellung

$$(177) \quad \hat{P}^* = x^2(t_E) + K^* \int_0^{t_E} u^2 \, dt$$

$$\text{mit} \quad \dot{x} = \alpha x + u$$
$$x(0) = z$$

ist durch geeignete Wahl von $u(t)$ zu einem Minimum zu machen, betrachten; für den allgemeinen Fall wird auf die Ausführungen von F. T. S m i t h in [62] verwiesen. Dabei muß jedoch angemerkt werden, daß die in der zitierten Vorlesung von F. T. S m i t h gemachte Angabe, daß der allgemeine Orbit-Transfer für Raumflugkörper auf ein quadratisches Leistungskriterium führt, nicht zutrifft, da die dazu aufgestellte Behauptung, daß $\int_0^{t_E} |\vec{u}| \, dt = \text{Min}$ durch $\int_0^{t_E} \vec{u}^2 \, dt = \text{Min}$ ersetzt werden kann, nicht richtig ist.

Wir behandeln (177), indem wir $0 \ldots t_E$ in N Intervalle der Größe Δt einteilen und zunächst eine Rekursionsformel gemäß dem Bellmanschen Verfahren aufstellen. Um Schreibarbeit zu sparen, setzen wir dabei:

$$\hat{u} = u \cdot \Delta t$$

$$\hat{K} = \frac{K^*}{\Delta t}$$

$$\hat{\alpha} = \alpha \Delta t + 1$$

Wir haben dann statt (177):

$$(178) \quad \hat{P}_N^* = x_N^2 + \hat{K} \cdot \sum_{i=0}^{N-1} \hat{u}_i^2$$

$$\text{mit} \quad x_{k+1} = \hat{\alpha} x_k + \hat{u}_k$$
$$x_0 = z$$

wenn wir jeweils den Wert am linken Intervallende als konstanten Wert im Intervall ansetzen.

Die erste Zeile von (178) können wir auch schreiben, wenn wir die Schritte von x_N nach x_0 betrachten:

$$\overset{\wedge*}{P}_N(x_0) = x_N^2 + \hat{K} \sum_{i=1}^{N-1} \hat{u}_i^2 + \hat{K}\,\hat{u}_0^2$$

$$= \overset{\wedge*}{P}_{N-1}(x_1) + \hat{K}\,\hat{u}_0^2$$

Bezeichnen wir mit S den Minimalwert, so wird daraus nach dem Prinzip der Teiloptimalität:

$$(179) \qquad S(N\,\Delta t,\, z) = \underset{\hat{u}_0}{\text{Min}} \left\{ S[(N-1)\,\Delta t,\; \hat{\alpha} z + \hat{u}_0] + \hat{K}\,\hat{u}_0^2 \right\}$$

wobei für x_0 der Anfangswert z und für x_1 der sich nach der Rekursionsformel ergebende Wert $x_{k+1} = \hat{\alpha} x_k + \hat{u}_0$ eingesetzt ist.

Um (179) zu lösen, beachten wir, daß (179) für das erste Zeitintervall lauten würde:

$$S(\Delta t,\, z) = \underset{\hat{u}_0}{\text{Min}} \left\{ x_1^2 + \hat{K}\,\hat{u}_0^2 \right\}$$

$$= \underset{\hat{u}_0}{\text{Min}} \left\{ (\hat{\alpha} z + \hat{u}_0)^2 + \hat{K}\,\hat{u}_0^2 \right\}$$

wie man aus (178) sieht. Die rechte Seite gibt aber bezüglich $\hat{u}_0$ ausdifferenziert:

$$0 = 2\,\hat{\alpha} z + 2\,\hat{u}_0(1 + \hat{K})$$

$$\hat{u}_0 = -\frac{\hat{\alpha} z}{1 + \hat{K}}$$

d. h. $\hat{u}_0$ ist dem Anfangswert z proportional und damit $S(\Delta t,\, z) \sim z^2$:

$$(180) \qquad S(\Delta t,\, z) = \left(\frac{\hat{\alpha} z(1 + \hat{K})}{1 + \hat{K}} - \frac{\hat{\alpha} z}{1 + \hat{K}} \right)^2 + \hat{K}\,\frac{\hat{\alpha}^2 z^2}{(1 + \hat{K})^2}$$

$$= \frac{\hat{\alpha}^2 \hat{K}}{1 + \hat{K}}\; z^2$$

Da bei Bildung von $S(2\,\Delta t,\, z)$ nach (179) rechts $S(\Delta t,\, \hat{\alpha} z + \hat{u}_0)$ auftritt, also in (180) z durch $(\hat{\alpha}\, z + \hat{u}_0)$ ersetzt werden muß, wobei $\hat{u}_0 \sim z$ ist, kann bei fortschreitender Berechnung von $S(k\,\Delta t,\,z)$, $S(k\,\Delta t,\,z)$ nur immer wieder proportional z^2 sein.

Wir zeigen dies explizit durch den Ansatz:

$$(181) \quad S(k\,\Delta t,\,z) = \lambda_k\, z^2$$

und haben dann:

$$S(k\,\Delta t,\,\hat{\alpha}\,z + \hat{u}_0) = \lambda_k \cdot (\hat{\alpha}\,z^2 + 2\,\hat{\alpha}\,z\,\hat{u}_0 + \hat{u}_0^2)$$

und damit für den Minimalwert der rechten Seite von (179) für $S[(k+1)\,\Delta t,\,z]$ aus:

$$\frac{d}{d\,\hat{u}_0}\left\{ S(k\,\Delta t,\,\dot{\alpha}\,z + \hat{u}_0) + \hat{K}\,\hat{u}_0^2 \right\} = 0$$

den Wert:

$$2\,\hat{\alpha}\,\lambda_k\, z + 2\,\hat{u}_0(\lambda_k + \hat{K}) = 0$$

$$\hookrightarrow \hat{u}_0 = -\frac{\hat{\alpha}\,z\,\lambda_k}{\lambda_k + \hat{K}}$$

was eingesetzt ergibt:

$$S[(k+1)\,\Delta t,\,z] = \lambda_k \cdot \left[\hat{\alpha}^2\, z^2 - \frac{2\,\hat{\alpha}^2\, z^2\,\lambda_k}{\lambda_k + \hat{K}} + \frac{\hat{\alpha}^2\, z^2\,\lambda_k^2}{(\lambda_k + \hat{K})^2} \right] +$$

$$+ \hat{K}\,\frac{\hat{\alpha}^2\, z^2\,\lambda_k^2}{(\lambda_k + \hat{K})^2}$$

$$= \frac{\alpha^2\,\hat{K}}{\lambda_k + \hat{K}}\,\lambda_k\, z^2$$

$$= \lambda_{k+1}\, z^2$$

D. h. mit $S(k\,\Delta t, z) \sim z^2$ ist auch $S[(k+1)\,\Delta t, z] \sim z^2$ und, da $S(\Delta t, z)$ $\sim z^2$ war, ist der Ansatz (181) gerechtfertigt.

Man hat also in diesem Spezialfall, wie behauptet, eine allgemeine Rekursionslösung für die Optimalwerte S, die durch

$$S(k\,\Delta t, z) = \lambda_k\, z^2$$

$$\lambda_{k+1} = \frac{\hat{\alpha}^2\,\hat{K}}{\lambda_k + \hat{K}}\,\lambda_k$$

$$\lambda_0 = 1$$

gegeben ist.

Literaturverzeichnis

1. Bücher

1 Balakrishnan, A.V., Neustadt, W.L.: Computing
   Methods in Optimization Problems, New York/London: Academic
   Press 1964.

2 Barrère, M., Jaumotte, A., Fraijs de Veubeke, B.,
   Vandenkerckhove, J.: Raketenantriebe, Amsterdam/London/
   New York/Princeton: Elsevier Publishing Company 1961.

3 Bellman, R.: Dynamic Programming, New York: Princeton University Press 1957.

4 Bellman, R., Dreyfus, S.E.: Applied Dynamic Programming,
   New Jersey: Princeton Press 1962.

5 Bliss, G.A.: Lectures on the Calculus of Variations, Chicago:
   Chicago Press 1946.

6 Carathéodory, C.: Variationsrechnung und partielle Differentialgleichungen erster Ordnung, Leipzig: Teubner 1935.

7 Collatz, L., Wetterling, W.: Optimierungsaufgaben, Berlin/
   Heidelberg/New York: Springer 1966.

8 Courant, R., Hilbert, D.: Methoden der Mathematischen Physik, Bd. I, Berlin: Springer 1924.

9 Courant, R., Hilbert, D.: Methoden der Mathematischen Physik, Bd. II, Berlin: Springer 1953.

10 Fox, L. (ed.): Numerical Solution of Ordinary and Partial Differential Equations, New York/Oxford/London/Paris: Pergamon Press
   1962.

11 Funk, P.: Variationsrechnung und ihre Anwendung in Physik und
   Technik, Berlin/Göttingen/Heidelberg: Springer 1962.

12 Gumowski, I., Mira, C.: Optimization in Control Theory and
   Practice, London: Cambridge at the University Press 1968.

13 Jensen, J., Townsend, G., Kork, J., Kraft, D.: Design
    Guide to Orbital Flight, New York/ Toronto/London: McGraw-
    Hill 1962.

14 Kantorovich, L. V., Krylow, V. I.: Approximate Methods
    of Higher Analysis, New York: Interscience Publishers Inc. 1958.

14a Keller, H. B.: Numerical Methods for Two-Point Boundary-Value
    Problems, Waltham, MA/Toronto/London: Blaisdell 1968.

15 Lawden, D. F.: Optimal Trajectories for Space Navigation,
    London: Butterworths 1963.

16 Leitmann, G. (ed.): Optimization Techniques with Application
    to Aerospace Systems, New York/London: Academic Press 1962.

17 Leitmann, G. (ed.): Topics in Optimization, New York/London:
    Academic Press 1976:

18 Leondes, C. T. (ed.): Advances in Control Systems, Theory and
    Applications, Vol. 1, New York/London: Academic Press 1964.

19 Leondes, C. T. (ed.): Advances in Control Systems, Theory and
    Applications, Vol. 2, New York/London: Academic Press 1965.

20 Leondes, C. T. (ed.): Advances in Control Systems, Theory and
    Applications, Vol. 3, New York/London: Academic Press 1966.

21 Leondes, C. T. (ed.): Advances in Control Systems, Theory and
    Applications, Vol. 4, New York/London: Academic Press 1966.

22 Leondes, C. T. (ed.): Advances in Control Systems, Theory and
    Applications, Vol. 5, New York/London: Academic Press 1966.

23 Nelson, W. C., Loft, E. E.: Space Mechanics, Englewood Cliffs,
    NJ: Prentice Hall 1962.

24 Petrov, I. P.: Variational Methods in Optimum Control Theory,
    New York/London: Academic Press 1968.

25 Petrowski, I. G.: Vorlesungen über die Theorie der gewöhnlichen
    Differentialgleichungen, Leipzig: Teubner 1954.

26 Pontryagin, L. S., Boltryanskii, V. G., Gamkrelidze,
    R. V., Mishchenko, E. F.: Mathematische Theorie optimaler
    Prozesse, München/Wien: R. Oldenbourg 1964. (russisch: Moskau,
    1961); (englisch: New York, 1962).

27 Zurmühl, R.: Praktische Mathematik für Ingenieure und Phy-
    siker, Berlin/Göttingen/Heidelberg: Springer 1953.

2. Aufsätze:

28   A o k i, M.: Dynamic Programming and Numerical Experimentation
     as Applied to Adaptive Control. Doctoral Dissertation, Univer-
     sity of California, Los Angeles 1959.

29   B r y s o n, A. E., D e n h a m, W. F., C a r r o l l, E. J., M i k a m i, K.:
     Determination of the Lift or Drag Program, that Minimizes Re-
     Entry Heating with Acceleration or Range Contraints Using a
     Steepest Descent Computation Procedure. IAS-Paper No. 61-6, Pre-
     sented at the 29th Annual Meeting, New York, 23.-25. 1. 1961.

30   B r y s o n, A. E., D e n h a m, W. F., D r e y f u s, S. E.: Optimal Pro-
     gramming Problems with Inequality Constraints, I: Necessary
     Conditions for Extremal Solutions. AIAA-Journal, November 1963.

31   C a v o t i, C. R.: The Calculus of Variations Approach to Systems
     Optimization. Journal für reine und angewandte Mathematik 217
     (1965).

32   C o u r a n t, R.: Variational Methods for the Solution of Pro-
     blems of Equilibrium and Vibrations. Bull. Am. Math. Soc. 49
     (1943).

33   D e n h a m, W. F., B r y s o n, A. E.: Optimal Programming Problems
     with Inequality Constraints, II: Solution by Steepest-Ascent.
     AIAA-Journal, January 1964.

34   D i c k m a n n s, E. D.: Optimierung von Flugbahnen durch iterative
     Anwendung des Maximum-Prinzips (min-H-Methode). WGLR-Jahrbuch
     1967.

35   D i c k m a n n s, E. D.: Lösung des Randwertproblems der Variations-
     rechnung durch iterative Verbesserung der Steuerfunktion mittels
     Extremierung der Hamiltonschen Funktion, Tagung über "Gewöhnliche
     Differentialgleichungen und Anwendungen". Oberwolfach 1968.

36   G a s t o n, Ch. A.: Graphical Analysis of Singular Trajectories
     for Optimum Navigation. AIAA-Journal, September 1967.

37   M c G i l l, R., K e n n e t h, P.: Solution of Variational Problems
     by Means of a Generalized Newton-Raphson Operator. AIAA-Jour-
     nal, October 1964.

38   G o t t l i e b, G. R.: Rapid Convergence to Optimum Solutions Using
     a Min-H-Strategy. AIAA- Journal, February 1967.

39   H a d a m a r d, J.: Mémoire sur le problem d'analyse relatif à
     l'équilibre des plaques élastiques encastrées. Mém. prés. acad.
     Sci. France 33 (1908).

40 H a l k i n, H.: The Principle of Optimal Evolution, International
    Symposium "Nonlinear Differential Equations and Nonlinear Mecha-
    nics", Colorado Springs/Colorado 1961; New York: Academic Press
    1963.

41 H a n s o n, J. N.: Comparison of Optimization of a Nonlinear Boun-
    dary - Value Problem. AIAA-Journal, October 1968.

42 H a n s o n, J. N.: Time Optimal Control for Interplanetary Flight
    by Dynamic Programming. AIAA-Journal, November 1968.

43 H e s t e n e s, M. R.: Numerical Methods of Obtaining Solutions of
    Fixed Endpoint Problems in the Calculus of Variations, Rand Rpt.
    RM 102 (1949).

44 H o f e r, E., S a g i r o w, P.: Optimal Systems Depending on Para-
    meters. AIAA-Journal, May 1968.

45 J u r o v i c s, St. A., M c I n t y r e, J. E.: The Adjoint Method and
    its Application to Trajectory Optimization. ARS-Journal, Septem-
    ber 1962.

46 K e l l e y, H. J.: Gradient Theory of Optimal Flight Path. ARS-
    Journal 30 (1960).

47 K e l l e y, H. J., K o p p, R. E., M o y e r, H. G.: A Trajektory Opti-
    mization Technique Based upon the Theory of the Second Varia-
    tion. Preprint 63-415, AIAA Astrodynamics Conference, New Ha-
    ven Connecticut, August 1963.

48 K e l l e y, H. J., K o p p, R. E., M o y e r, H. G.: Singular Extremals
    in: Topics in Optimization, New York: Academic Press 1967.

49 K e l l e y, H. J., M y e r s, G. E.: Conjugate Direction Methods for
    Parameter Optimization. 18th Congress of the I. A. F. Belgrad,
    September 1967.

50 L a s t m a n, G. J.: A Modified Newtons Method for Solving Tra-
    jectory Optimization Problems. AIAA-Journal, May 1968.

51 L e i p h o l z, H.: Pontryaginsches Maximumprinzip und Dynamic
    Programming, 2. Lehrgang für Raumfahrttechnik, Braunschweig
    1963.

52 L e w a l l e n, J. M.: A modified Quasi-linearisation Method for
    Solving Trajectory Optimization Problems, AIAA-Journal, May 1967.

53 M i e l e, A.: Generalized Variational Approach to the Optimum
    Thrust Programming for the Vertical Flight of a Rocket, Part
    I, Part II, Zeitschrift für Flugwissenschaften, 6 (1958).

54 M o y e r, H. G., P i n k h a m, G.: Several Trajectory Optimization
    Techniques, Part II: Application in: Computing Methods in Opti-
    mization Techniques ed. A. V. B a l a k r i s h n a n, L. W. N e u-
    s t a d t: Academic Press 1964.

55 P e t e r s o n, E. L.: Theory, Methods and Application of Optimi-
    zation Techniques. AGARD-Tagung, Düsseldorf, Oktober 1964.

56 P o w e l l, M. J. D.: An Iterative Method for Finding Stationary
    Values of a Function of Several Variables, From the Computer
    Journal, July 1962.

57 R e g e n b e r g, S.: Berechnung optimaler Wiedereintrittsbahnen
    mittels Gradientenverfahren, Tagung über "Satelliten- und
    Raumflugtheorie", Oberwolfach 1965.

58 R e g e n b e r g, S.: Teil II: Numerische Behandlung von Opti-
    mierungsproblemen in: Optimierungsverfahren, H. T o l l e, S.
    R e g e n b e r g, Brennpunkt für Navigation, TU Berlin 1966.

59 R o s e n b l o o m, A.: Application of Optimization Techniques,
    AGARD-Tagung, Düsseldorf, Oktober 1964.

60 S a l t z e r, C., F e t h e r o f f, C. W.: A direct Variational Method
    for the Calculation of Optimum Thrust Programs for Power Limited
    Interplanetary Flight, Astronautica Acta, Vol. 7, No. 1 (1961).

61 S c h u l z e, K. H.: Methode des adaptiven Suchschlauches zur Lö-
    sung von Variationsproblemen mit Dynamic Programming Verfahren.
    Elektronische Datenverarbeitung 8 (1966).

62 S m i t h, F. T.: The Application of Dynamic Programming to Orbit
    Transfer Processes, AGARD-Tagung, Düsseldorf 1964.

63 S p e y e r, J. L., B r y s o n, A. E.: Optimal Programming Problems
    with a Bounded State Space, AIAA-Journal, August 1968.

64 S t a n c i l, R. T.: A New Approach to Steepest-Ascent Trajectory
    Optimization, AIAA-Journal 2 (1964).

65 S t e i n, M. L.: On Methods for Obtaining Solutions of Fixed End-
    Point Problems in the Calculus of Variations, Journal of Re-
    search of the National Bureau Standards, 50 (1953).

66 T a p l e y, B. D., L e w a l l e n, J. M.: Comparison of Several Nu-
    merical Optimization Techiques, Journal of Optimization Theory
    and Application, Vol. 1, 1967.

67 T o l l e, H.: Untersuchung zur Schuboptimierung von Höhenraketen,
    3. Europäischer Raumfahrtkongreß, Stuttgart, 1963.

68 T o l l e, H.: Gradientenverfahren zur Behandlung von Optimierungs-
    porblemen, II. Lehrgang für Raumfahrttechnik, Braunschweig 1963.

69 T o l l e, H., R e g e n b e r g, S.: Variationsprobleme mit einer Un-
    gleichung als Nebenbedingung und ihre Lösung durch Gradienten-
    verfahren, III. Lehrgang für Raumfahrttechnik, Aachen 1964.

70 T o l l e , H.: Numerische Optimierungsverfahren, IV. Lehrgang für
    Raumfahrttechnik, München 1967.

3. Übersichten

71 B r ü n i n g , G.: Einführung in die Flugbahnoptimierung, Zusammen-
    gestellt für einen Lehrgang der Carl-Cranz-Gesellschaft über die
    Lenkung von Flugkörpern, Oberpfaffenhofen, September 1967.

72 B r y s o n , A. E.: Applications of Optimal Control Theory in Aero-
    space Engineering, Journal of Spacecraft and Rockets, May 1967.

73 B r y s o n , C. R. (ed.): A Study of Synthesis Techniques for Optimal
    Controllers, Flight Dynamics Laboratory Wright-Patterson Air
    Force Base, Ohio, Report ASD-TDR-63-239, June 1964.

74 P a i e w o n s k y , B.: Optimal Control: A Review of Theory and
    Praxis, AIAA-Journal, November 1965.

75 T o l l e , H., R e g e n b e r g, S.: Optimierungsverfahren, Vorlesung
    im "Brennpunkt für Navigation" der TU Berlin, Oktober 1966.

4. Anmerkungen zur Literatur

[6] ist die grundlegende Darstellung des in diesem Buch benutzen Zu-
gangs zur Variationsrechnung, wobei auch die Existenz der Lösungen
behandelt wird. [11] wäre als Standardwerk für den gesamten Komplex
der klassischen Variationsrechnung zu empfehlen. Daraus können die
historische Entwicklung, die Breite der in der klassischen Variationsrechnung erfaßten Verfahren und die genauen Beweise für die
Lagrangesche Methode usw. entnommen werden.

Für die neueren Verfahren wären als ausführliche Darstellungen [26]
für das Pontryaginsche Maximumprinzip und [3] oder [4] für das Bellmansche Verfahren heranzuziehen. Eine weitgehend die Verbindung mit
der Spezialliteratur herstellende Betrachtung, in der wie im vorliegenden Buch vom Zugang von Carathéodory ausgegangen und die Quer-
verbindung zum Pontryaginschen und Bellmanschen Prinzip hergestellt
wird, ist kürzlich durch [12] gegeben worden. Dies Buch ist als Ver-
tiefung der hier vorgelegten Einführung sehr geeignet.

Eine weitere Ergänzung ist durch [16], [17], [1] und [18] bis [22]
gegeben. In diesen Büchern werden in Einzelkapiteln von verschie-

denen Autoren die modernen Optimierungsprobleme unseres Aufgaben-
kreises behandelt. Besonders empfehlenswert sind [16], in dem alle
wesentlichen Methoden erörtert werden, ohne allerdings die Zusammenhänge näher zu erläutern, und [21], in dem speziell ein Artikel
über die auch hier besprochene logische Verknüpfung zwischen den
Lösungsmethoden für das Randwertproblem und dem Gradientenverfahren
und ein Artikel über Konvergenzuntersuchungen beim Gradientenverfahren von Interesse sein dürften.

Grundsätzlich sind bei einer Verfolgung der Literatur auf dem Gebiet der Optimierungsaufgaben mit Differentialgleichungen als Nebenbedingungen z.Z. in erster Linie die Zeitschriften der Luft-
und Raumfahrttechnik und der Regelungstechnik zu beachten, da diese
beiden Bereiche in den letzten Jahren viele Anregungen für eine
neue Aufgabenstellung geliefert haben und wohl auch weiter liefern
werden.

Sachverzeichnis

Offsetdruck: Julius Beltz, Weinheim/Bergstr.